中等职业教育化学工艺专业系列教材

化工生产单元操作

第三版

尹德胜　储则中　主编
陈金伟　主审

化学工业出版社
·北京·

内容简介

本书全面贯彻党的教育方针，落实立德树人根本任务，有机融入了党的二十大精神。全书包括流体输送机械和典型的过滤装置、换热器、蒸发装置、吸收装置、膨胀式制冷装置、连续精馏装置、萃取装置、干燥装置共9个项目，每个项目下设1～3个子项目，子项目又由若干个任务组成，以真实的生产任务为引领，使学生通过实施任务，探索过程原理、设备结构、操作规范等，实现"做中学"和"学中做"。

本书深浅适度、通俗易懂，通过对知识点的介绍和梳理，以及"想一想""练一练""小调研""观察与思考""知识链接"等小栏目，将化工单元操作知识体系化、条理化、趣味化，突出了应知、应会内容，融入了家国情怀、文化自信、大国工匠精神、前沿科技等。各项目后还设有"思考与练习"，便于读者巩固所学内容和进行自测。

本书可作为中等职业教育化学工艺专业及相关专业的教材，也可作为中高职一体化教材和化工类中级工、高级工的培训教材，对从事化工生产操作的企业人员也具有一定参考价值。

图书在版编目（CIP）数据

化工生产单元操作 / 尹德胜，储则中主编. —3版. —北京：化学工业出版社，2024.4
ISBN 978-7-122-45165-1

Ⅰ.①化… Ⅱ.①尹… ②储… Ⅲ.①化工单元操作-中等专业学校-教材 Ⅳ.①TQ02

中国国家版本馆CIP数据核字(2024)第046806号

责任编辑：提　岩　旷英姿　　文字编辑：崔婷婷
责任校对：李　爽　　　　　　装帧设计：王晓宇

出版发行：化学工业出版社
　　　　　（北京市东城区青年湖南街13号　邮政编码100011）
印　　刷：北京云浩印刷有限责任公司
装　　订：三河市振勇印装有限公司
787mm×1092mm　1/16　印张23　字数362千字
2024年8月北京第3版第1次印刷

购书咨询：010-64518888　　　　售后服务：010-64518899
网　　址：http://www.cip.com.cn
凡购买本书，如有缺损质量问题，本社销售中心负责调换。

定　　价：49.80元　　　　　　　　　　版权所有　违者必究

第三版前言

《化工生产单元操作》(第三版)按项目化教学方式进行编写,以项目为引领、任务为载体、知识点为补充、装置仿真训练为辅助,实现规范的装置操作,最终完成项目。教材力求以学习者为主体,强调对学习者动手能力的锻炼,淡化理论推导和复杂的计算。从认识典型化工生产单元操作装置着手,引领学习者完成"感知(了解)单元操作装置—认识典型设备—熟悉工作原理—熟知操作规程—进行仿真操作训练—现场操作装置—总结提高(完成学习工作页)"的学习过程,实现"做中学、学中做",体现理实一体的教学理念。

本教材将应知部分细化分散于每个具体任务中,以够用为度;为便于学习者学习,通过知识点的形式将各单元操作的应知部分列于相应任务后。教材内容注重紧密联系生产实际,突出学生能适应一线技能型人才的需求,重视培养学生的操作能力;融入先进的化工生产总控技术,力求贴近生产。教材应会部分注重学以致用,强调职业素养的培养;注重与生产实际的结合,将化工生产技术最基本的操作规范(操作规程)作为主线,融入安全生产、生产组织与管理的要素,体现化工行业的新知识、新技术、新业态、新职业等。

教材各项目、任务中设有"想一想""练一练"等栏目,目的是以点带面,使学习者在学习中做到融会贯通;部分任务中还设有富有趣味性的、实用性的、拓展性的阅读材料,可拓展学习者的视野;新增的"知识链接"栏目中,有机融入了爱国情怀、创新精神等元素。各项目后有相应的习题,强调基本技能、基本操作,淡化复杂计算、公式推导等,本次修订优化了习题的形式和数量，以期达到更好的复习巩固效果。

《化工生产单元操作工作页》（第二版）为本教材配套的学生学习工作页（活页式），配合使用可提升一体化教学的效率，实现对学生职业素养的培养。

本教材内容涉及化工生产中的常见单元装置操作和化工单元仿真操作实训。在编写具体项目（单元操作）实训内容时，考虑到各校的实训装置不尽相同，所以安排的训练内容基本上是通用原理性的装置操作。因此，在装置不同的情况下，各校仍可根据本校的实训装置，结合教材中的训练要求进行训练。

本教材由广东轻工职业技术学院尹德胜、储则中担任主编。项目1由尹德胜、储则中编写；项目2由沈阳市化工学校邵博编写；项目3、项目6、项目7由尹德胜编写；项目4、项目8由重庆市工业学校廖权昌、万美春编写；项目5由陕西省石油化工学校薛彩霞编写；项目9由陕西省石油化工学校文美乐编写。全书由尹德胜统稿，广东轻工职业技术学院陈金伟教授主审。

本书在编写过程中，得到了许多领导和同行的关心和支持，尤其是浙江中控科教仪器设备有限公司给予了很大帮助，在此一并表示衷心的感谢。

由于编者水平所限，书中不足之处在所难免，敬请广大读者批评指正！

编者
2024年1月

目录

项目1 流体输送机械

学习目标　　　　　　　　　　　　　　　　　　　　001

项目1.1　操作离心泵　　　　　　　　　　　　　002

任务1　离心泵拆装　　　　　　　　　　　　　　002
　　知识1　离心泵的结构和特点　　　　　　　　002
　　知识2　离心泵的工作过程　　　　　　　　　004
　　知识3　离心泵的性能　　　　　　　　　　　005
　　知识4　离心泵拆装　　　　　　　　　　　　007
　　知识5　离心泵的分类　　　　　　　　　　　008
　　知识6　离心泵的选择　　　　　　　　　　　010
　　知识7　流体及性质　　　　　　　　　　　　013
任务2　认识化工管路　　　　　　　　　　　　　021
　　知识1　认识管路的构成　　　　　　　　　　022
　　知识2　认识简单与复杂管路　　　　　　　　026
　　知识3　泵的组合　　　　　　　　　　　　　028
任务3　离心泵单元操作仿真训练　　　　　　　　031
任务4　离心泵操作实训　　　　　　　　　　　　038
　　知识1　认识离心泵操作（装置）系统　　　　039
　　知识2　学习并掌握离心泵操作的安全与防护措施　　040
　　知识3　安全规范操作离心泵
　　　　　（开车、停车、多泵串联和并联操作）　041

项目1.2　认识往复泵　　044

任务1　认识往复泵　　044
知识1　往复泵的结构及特点　　045
知识2　流体压缩与输送　　046

任务2　往复泵操作实训　　059
知识1　学习并掌握往复泵操作的安全与防护措施　　059
知识2　安全规范操作往复泵（开、停车操作）　　061

项目1.3　认识其他流体输送机械　　062

任务　认识其他流体输送机械　　062
知识1　旋转泵结构、工作过程及特点　　063
知识2　旋涡泵结构、工作过程及特点　　064
知识3　水环泵结构、工作过程及特点　　065
知识4　其他常见的化工用泵　　066

思考与练习　　068

项目2　过滤装置

学习目标　　073

项目2.1　操作板框压滤机　　073

任务1　认识板框压滤机　　073
知识1　板框压滤机结构和特点　　074
知识2　板框压滤机的工作过程　　075
知识3　过滤速率及其影响因素　　076

任务2　板框压滤机操作实训　　077
知识1　板框压滤机操作的安全及防护措施　　077
知识2　安全规范操作板框压滤机　　078
知识3　板框压滤机保养及故障排除　　079

项目2.2　操作转筒真空过滤机　　　　　　　　　　　081

　任务1　认识转筒真空过滤机　　　　　　　　　　　081
　　知识1　转筒真空过滤机结构和特点　　　　　　　082
　　知识2　转筒真空过滤机的工作过程　　　　　　　083
　任务2　转筒真空过滤机操作实训　　　　　　　　　084
　　知识1　转筒真空过滤机操作的安全及防护措施　　084
　　知识2　安全规范操作转筒真空过滤机　　　　　　085
　　知识3　转筒真空过滤机常见故障及处理方法　　　086

思考与练习　　　　　　　　　　　　　　　　　　　086

项目3　换热器

学习目标　　　　　　　　　　　　　　　　　　　　088

项目3.1　认识换热器　　　　　　　　　　　　　　089

　任务1　认识套管式换热器　　　　　　　　　　　　089
　　知识1　了解传热现象　　　　　　　　　　　　　090
　　知识2　认识套管式换热器结构　　　　　　　　　092
　　知识3　认识套管式换热器装置　　　　　　　　　094
　任务2　认识列管式换热器　　　　　　　　　　　　097
　　知识1　认识列管式换热器结构　　　　　　　　　097
　　知识2　认识列管式换热器内部构件——折流板　　098
　任务3　认识板式换热器　　　　　　　　　　　　　099
　　知识1　认识平板式换热器　　　　　　　　　　　100
　　知识2　认识板翅式换热器　　　　　　　　　　　101
　　知识3　认识螺旋板式换热器　　　　　　　　　　101
　任务4　认识其他形式换热器　　　　　　　　　　　102
　　知识1　认识凉水塔　　　　　　　　　　　　　　103
　　知识2　认识混合式冷凝器　　　　　　　　　　　103
　　知识3　认识蓄热式换热器　　　　　　　　　　　104

知识4　认识热管换热器　　　　　　　　　　　　104

项目3.2　列管式换热器的仿真操作训练　　　107

　　任务　列管式换热器的仿真操作训练　　　　　107
　　　知识　列管式换热器单元仿真操作方法　　　107

项目3.3　列管式换热器的操作与计算　　　　112

　　任务　学习列管式换热器的操作　　　　　　　112
　　　知识1　换热器的简单操作　　　　　　　　　113
　　　知识2　热量的计算方法　　　　　　　　　　116
　　　知识3　换热器传热速率的计算　　　　　　　119
　　　知识4　强化传热的方法　　　　　　　　　　122

思考与练习　　　　　　　　　　　　　　　　125

项目4　蒸发装置

学习目标　　　　　　　　　　　　　　　　　128

　　任务1　认识蒸发装置及流程　　　　　　　　　129
　　　知识1　蒸发操作及其工业用途　　　　　　　129
　　　知识2　蒸发操作的分类及特点　　　　　　　131
　　　知识3　蒸发装置及流程　　　　　　　　　　133
　　任务2　认识典型的蒸发设备　　　　　　　　　137
　　　知识1　循环式蒸发器　　　　　　　　　　　138
　　　知识2　单程型蒸发器　　　　　　　　　　　141
　　　知识3　蒸发辅助设备　　　　　　　　　　　143
　　任务3　蒸发装置的开停车操作　　　　　　　　145
　　　知识1　蒸发操作系统的日常运行　　　　　　145
　　　知识2　蒸发操作系统的日常维护与安全操作　148
　　　知识3　蒸发系统的工艺控制　　　　　　　　149

思考与练习　　　　　　　　　　　　　　　　152

项目5 吸收装置

学习目标 155

项目5.1 认识填料吸收塔 156

任务1 认识吸收过程 156
知识1 吸收过程在化工生产上的应用 157
知识2 吸收剂的再生 158

任务2 认识各种吸收设备 160
知识1 填料塔的结构 161
知识2 其他吸收设备 168

项目5.2 操作连续吸收解吸装置 170

任务1 认识吸收解吸装置 170
知识1 吸收解吸现场图及流程 170
知识2 带控制点的吸收解吸装置的工艺流程图 172
知识3 吸收解吸装置中的主要设备 172
知识4 吸收解吸装置中的主要阀门 174
知识5 吸收过程有关产品的计算 174

任务2 学习连续吸收解吸装置操作过程 178
知识1 开车前准备 178
知识2 开车操作 179
知识3 停车操作 180
知识4 正常操作注意事项 181
知识5 数据记录与处理 181
知识6 事故与处理（含隐患排查） 183
知识7 设备维护及工业卫生和劳动保护 184
知识8 操作技能考核 186

任务3 学习吸收过程运行状况 187
知识1 了解影响吸收过程正常运行的条件 188
知识2 了解影响吸收速率的因素 193

项目5.3　吸收解吸装置仿真操作训练　194

任务　吸收解吸单元操作仿真训练　194
- 知识1　仿真系统中的吸收解吸设备及现场阀门　195
- 知识2　认识吸收解吸DCS操作系统　197
- 知识3　吸收解吸仿真操作训练　200

思考与练习　204

项目6　膨胀式制冷装置

学习目标　208

任务1　认识膨胀式制冷装置　209
- 知识1　制冷技术简介　209
- 知识2　认识制冷装置　213
- 知识3　制冷剂　214
- 知识4　学习冷冻能力的计算方法　216
- 知识5　认识其他制冷装置　220

任务2　学习膨胀式制冷装置操作过程　222
- 知识1　开车前准备　222
- 知识2　膨胀式制冷装置开车操作　224
- 知识3　膨胀式制冷装置停车操作　225
- 知识4　事故与处理（含隐患排查）　226

思考与练习　234

项目7　连续精馏装置

学习目标　236

项目7.1　认识连续精馏装置　237

任务1　认识蒸馏装置和简单精馏装置　237
- 知识1　认识蒸馏装置　238

知识2　认识简单精馏装置　　　　　　　　　　　　240
　　　知识3　认识其他类型的精馏塔
　　　　　　（浮阀塔、泡罩塔、筛板塔）　　　　　　　241
　　任务2　认识筛板式连续精馏装置　　　　　　　　　　246
　　　知识1　筛板式连续精馏装置（中试级）
　　　　　　现场图及主要设备和阀门　　　　　　　　　247
　　　知识2　带控制点的筛板式连续精馏装置
　　　　　　工艺流程图　　　　　　　　　　　　　　　248
　　　知识3　筛板式连续精馏装置DCS控制系统　　　　250
　　　知识4　筛板式连续精馏装置流程　　　　　　　　251
　　　知识5　筛板式连续精馏装置有关产品的计算　　　252

项目7.2　操作连续筛板式精馏装置　　　　259

　　任务1　学习连续筛板式精馏装置操作过程　　　　　259
　　　知识1　开车前准备　　　　　　　　　　　　　　259
　　　知识2　常压精馏开车操作　　　　　　　　　　　260
　　　知识3　常压精馏停车操作　　　　　　　　　　　261
　　　知识4　正常操作注意事项　　　　　　　　　　　261
　　　知识5　数据记录与处理　　　　　　　　　　　　262
　　　知识6　事故与处理（含隐患排查）　　　　　　　262
　　　知识7　设备维护及工业卫生和劳动保护　　　　　263
　　任务2　学习精馏过程运行状况　　　　　　　　　　265
　　　知识1　了解精馏过程的运行状况　　　　　　　　266
　　　知识2　了解精馏装置正常运行的条件　　　　　　268
　　　知识3　了解精馏塔混合物进料的热状况及
　　　　　　进料位置对精馏过程的影响　　　　　　　270

项目7.3　连续精馏装置仿真操作训练　　　275

　　任务　连续精馏单元操作仿真训练　　　　　　　　　275
　　　知识1　仿真系统中的精馏设备及现场阀门　　　　275
　　　知识2　认识精馏DCS操作系统　　　　　　　　　276
　　　知识3　精馏仿真操作训练　　　　　　　　　　　278

| 思考与练习 | 283 |

项目8　萃取装置

学习目标	285
任务1　认识填料塔萃取装置的工艺流程	286
知识1　萃取操作的工业运用及原理	286
知识2　萃取流程的种类	289
任务2　认识常用的萃取设备	292
知识1　填料萃取塔的结构、原理及特点	292
知识2　萃取设备的选择	296
任务3　操作填料萃取塔	297
知识1　萃取塔的开车、停车操作要点	298
知识2　影响萃取操作的主要因素	299
知识3　萃取塔异常现象及处理	300
思考与练习	301

项目9　干燥装置

学习目标	305

项目9.1　操作流化床干燥装置　306

任务1　认识流化床干燥工艺流程	306
知识1　认识对流干燥	306
知识2　干燥	311
知识3　对流干燥原理和条件	313
知识4　湿空气的性质	314
知识5　湿物料中所含水分的性质	317
知识6　影响干燥速率的因素	319
任务2　认识流化床干燥设备	325
知识1　流化床干燥器	326

  知识2 干燥器的一般要求 332
  任务3 操作流化床干燥实训装置 334
   知识 熟悉流程、熟悉设备仪表及阀门 334

项目9.2 操作喷雾干燥装置 339

  任务1 认识喷雾干燥的工艺流程 339
   知识 认识喷雾干燥 339
  任务2 认识喷雾干燥设备 341
   知识1 喷雾干燥装置 342
   知识2 其他典型干燥设备 344
   知识3 干燥设备的选择 347
  任务3 操作喷雾干燥实训装置 349

思考与练习 352

参考文献

项目1 流体输送机械

学习目标

知识目标
1. 掌握流体的特点、性质及影响因素；
2. 掌握流体流动的特征、参数及检测方法；
3. 知道流体流动中的阻力产生、能量形式及转换；
4. 了解化工管路及拆装的基本知识；
5. 掌握化工总控基础知识；
6. 掌握离心泵、往复泵等常用流体输送机械的工作过程、原理；
7. 理解流体输送机械选择的依据

技能目标
1. 能识读和绘制简单化工管路工艺流程图；
2. 能识读及正确选用各种流体流动的参数检测仪器仪表；
3. 能正确规范记录各种生产数据；
4. 操作离心泵等的DCS（总控）系统；
5. 能规范操作离心泵、往复泵等流体输送机械；
6. 能规范安全使用各种管路安装工具；
7. 能根据工艺流程图正确安装简单管路；
8. 具备初步判断流体输送机械操作时的事故能力；
9. 具备基本的流体输送机械选型能力

素质目标
1. 具备良好的职业道德，一定的组织协调能力和团队协作能力；
2. 具备吃苦耐劳、严谨求实的学习态度和作风；
3. 具有健康的体魄和良好的心理调节能力；
4. 具有安全环保意识，做到文明操作、保护环境；
5. 具有好的口头和书面表达能力；
6. 具有获取、归纳、使用信息的能力

项目1.1　操作离心泵

任务1　离心泵拆装

 任务描述

任务名称	离心泵拆装	建议学时	
学习方法	1. 分组、遴选组长，组长安排组内任务、组织讨论、分组汇报； 2. 教师巡回指导，提出问题集中讨论，归纳总结		
任务目标	1. 通过离心泵的拆装实训，学习离心泵的基本结构、工作原理及特点； 2. 能按照规范进行离心泵的拆装； 3. 培养团结协作的精神		
课前任务： 1. 分组，分配工作，明确每个人的任务； 2. 预习离心泵的结构		准备工作： 1. 工作服、手套、安全帽等劳保用品； 2. 纸、笔等记录工具； 3. 管子钳、扳手、螺丝刀、卷尺等工具	
场地	一体化实训室		
具体任务			
1. 观察离心泵的外观结构，读取离心泵铭牌； 2. 规范拆卸离心泵，观察内部结构； 3. 按规范将拆卸的离心泵各零部件装配； 4. 离心泵试车（试车过程中应注意的事项）			

 知识准备

化工生产中根据生产的要求常常要将流体从低处送往高处，或者通过管路将流体进行远距离输送，由于流体在流动过程中会损失部分能量，为了达到输送的目的，就需要给流体补充能量，这种为流体补充能量的机械设备称为流体输送机械。流体输送机械有很多种类型，如离心泵、旋涡泵、往复泵、隔膜泵、计量泵、柱塞泵、齿轮泵、螺杆泵、轴流泵等。离心泵是最常用的一种流体输送机械。

知识1　离心泵的结构和特点

以单级单吸单台IS型配电机离心泵结构说明，图1-1展示的是离心泵与电机配套的装置。从外形看，离心泵与电机的大小差不多。那么离心泵是由哪些部件组成的呢？

项目1　流体输送机械

离心泵的主要部件有泵壳、泵盖、泵体、叶轮、密封环、泵轴、机封或填料函、联轴器、轴承等。图1-2为离心泵内部结构示意图。

图1-1　离心泵外形

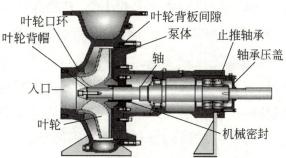

图1-2　离心泵内部结构示意

（1）叶轮　叶轮是离心泵的核心部件。如图1-3所示，叶轮有闭式、半开（闭）式和开式三种结构。通常，闭式叶轮的效率要比开式高，但只适合输送清液；开式叶轮效率低，适合输送含有固体的液体；半开式叶轮介于两者之间。

(a) 闭式

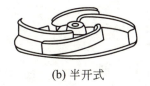
(b) 半开式

(c) 开式

图1-3　离心泵的叶轮

（2）泵壳　它的形状像蜗牛，因此又称为蜗壳。仔细观察图1-4会发现，这种蜗壳的通道空间是逐渐扩大的。当液体从叶轮的中心进入后，沿着高速旋转的叶轮被甩入蜗壳通道，这时液体具有很高的流速，进入蜗壳通道后，空间逐渐扩大，液体的速度逐渐减小，在流速的变化过程中，流体的动能转化成了静压能，当液体从排出口流出时就具有较大的静压能，或者说液体从离心泵的运转过程中获得了能量。

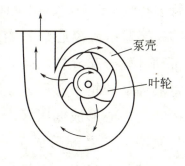

图1-4　泵壳与叶轮

（3）泵轴　离心泵的泵轴（图1-5）的主要作用是传递动力，支承叶轮保持在工作位置正常运转。它一端通过联轴器与电动机轴相连,另一端支承着叶轮作旋转运动,轴上装有轴承、轴向密封等零部件。

(4)轴封装置 从叶轮流出的高压液体,经过叶轮背面,沿着泵轴和泵壳的间隙流向泵外,称为外泄漏。在旋转的泵轴和静止的泵壳之间的密封装置称为轴封装置(法兰)。它可以防止和减少外泄漏,提高泵的效率,同时还可以防止空气吸入泵内,保证泵的正常运行。特别在输送易燃、易爆和有毒液体时,轴封装置的密封可靠性是保证离心泵安全运行的重要条件。常用的轴封装置有填料密封和机械密封两种,图1-6为常用的密封法兰。

图1-5 泵轴　　　　　　图1-6 密封法兰

知识2 离心泵的工作过程

离心泵送液过程如图1-7所示,通常在泵的进水管底部装有一个单向底阀,可以过滤液体中的杂质,在出水管装有流量调节阀,用来调节流量。

接通电源离心泵开始运转,泵轴带动叶轮一起旋转,高速旋转的叶轮将液体从叶轮中心甩入泵壳内,这时在叶轮中心形成低压区,在贮槽液面与泵吸入口之间形成了一定的压差,液体被吸入泵内,这就是离心泵的吸液过程,然后经过泵壳内的通道由出水管排出。流量的大小可以通过调节阀进行调节。

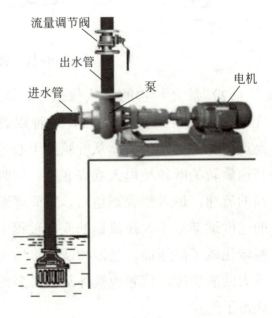

图1-7 离心泵送液过程示意图

> 注意
>
> （1）水沿离心泵的流经方向是沿叶轮的轴向吸入，垂直于轴向流出，即进出水流方向互成90°。
>
> （2）由于离心泵靠叶轮进口形成真空吸水，因此在启动前必须向泵内和吸水管内灌注引水，或用真空泵抽气，以排出空气形成真空，而且泵壳和吸水管路必须严格密封，不得漏气，否则形不成真空，也就吸不上水。
>
> （3）由于叶轮进口不可能形成绝对真空，因此离心泵吸水高度不能超过10m，加上水流经吸水管路带来的沿程损失，实际允许安装高度（水泵轴线距吸入水面的高度）远小于10m。如安装过高，则不吸水；此外，由于山区比平原大气压力低，因此同一台水泵在山区，特别是在高山区安装时，其安装高度应降低，否则也不能吸上水来。密封是靠装在轴上的动环与固定在泵壳上的静环之间端面做相对运动而达到的。

练一练

（1）液体通过离心泵获得能量，使液体在离开离心泵后静压能增大，这部分增加的能量是由_____转化来的。

（2）离心泵在工作时能够从低位将液体吸入，这是因为叶轮开始旋转后，在叶轮中心处产生了_____区，由此形成的压力差将液体吸入。

知识3　离心泵的性能

1.离心泵的性能及特点

实验表明，离心泵的扬程H、轴功率P及效率η等主要性能均与流量q_V有关，如果把它们与流量之间的关系用图表示出来，就构成了离心泵的特性曲线，如图1-8所示。特性曲线一般都是在一定转速和常压常温下以清水作为介质测得的，由泵的生产厂家提供，标在铭牌或产品手册上，当

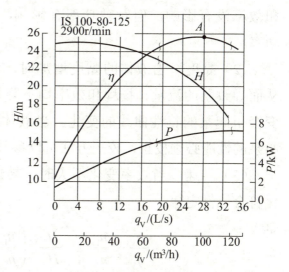

图1-8　IS 100-80-125型离心泵特性曲线

被输送液体的性质与水相差很大时,必须校正。

不同型号的离心泵的特性曲线虽然各不相同,但总体规律是相似的,它们都有如下的特点。

(1)扬程-流量曲线　扬程随流量的增加而减少。少数泵在流量很少时会有例外。

(2)轴功率-流量曲线　轴功率随流量的增加而增加,也就是说当离心泵处在零流量时消耗的功率最小。因此,离心泵开车和停车时,都要关闭出口阀,以达到降低功率,保护电机的目的。

(3)效率-流量曲线　离心泵在流量为零时,效率为零,随着流量的增加,效率也增加,当流量增加到某一数值后,随着流量的增大效率反而下降。通常,把最高效率点称为泵的设计点,或额定状态,对应的性能参数称为最佳工况参数,铭牌上标出的参数就是最佳工况参数。显然,泵在最高效率下运行最为经济,但在实际操作中不太可能,应尽量维持在高效区(效率不低于最高效率的92%的区域)工作。性能曲线上常用破折号将高效区标出,即图中 A 点附近的范围。

2.影响离心泵性能的因素

离心泵样本中提供的性能是以水作为介质,在一定的条件下测定的。当被输送液体的种类改变,或者叶轮直径和转速改变时,离心泵的性能将随之改变。

(1)流体变化　流体改变表现出的变化是密度改变,密度对流量、扬程和效率没有影响,但对轴功率有影响,要根据密度重新计算有效功率和轴功率。

(2)黏度　当液体的黏度增加时,液体在泵内运动时的能量损失增加,从而导致泵的流量、扬程和效率均下降,但轴功率将会增加。因此黏度的改变会引起泵的特性曲线的变化。当液体的运动黏度大于 $2.0\times10^{-6}\,\mathrm{m^2/s}$ 时,离心泵的性能必须校正,校正方法可以参阅有关手册。

(3)转速　当效率变化不大时,转速变化引起流量、扬程和轴功率的变化符合比例定律。

$$\frac{q_{V1}}{q_{V2}}=\frac{n_1}{n_2} \qquad \frac{H_1}{H_2}=\left(\frac{n_1}{n_2}\right)^2 \qquad \frac{P_1}{P_2}=\left(\frac{n_1}{n_2}\right)^3 \qquad (1\text{-}1)$$

（4）叶轮直径　在转速相同时，叶轮直径变化引起流量、扬程和轴功率的变化符合切割定律。

$$\frac{q_{V1}}{q_{V2}}=\frac{D_1}{D_2} \qquad \frac{H_1}{H_2}=\left(\frac{D_1}{D_2}\right)^2 \qquad \frac{P_1}{P_2}=\left(\frac{D_1}{D_2}\right)^3 \qquad (1-2)$$

知识4　离心泵拆装

1.拆装注意事项

（1）对一些重要部件拆卸前应做好记号，以备装复时定位。

（2）拆卸的零部件应妥善安放，以防失落。

（3）对各接合面和易于碰伤的地方，应采取必要的保护措施。

2.拆装步骤

（1）关闭泵的吸、排截止阀。

（2）将电动机的接线脱开，在联轴节处做好记号，拆除固定电动机的螺栓，然后将电动机卸下。

（3）拆下泵座、吸管、排管。

（4）把水泵入口短节卸下，拆掉吸入端端盖。

（5）使用专用工具拆卸离心泵叶轮。用专用扳手拆下叶轮前的反扣螺母及止动垫圈（一般反扣螺母是左旋螺纹），取下止动垫圈，叶轮即可从轴上取下，如取不下来，可利用叶轮平衡孔上的丝牙用专用工具将叶轮从轴上取下。具体方法是：将专用工具的两根螺钉拧入叶轮上有丝牙的平衡孔中，丝杆顶正轴端中心，慢慢转动手柄，将叶轮从泵轴上拉出。如果叶轮锈于轴上而拉不动，可在键连接处刷上少量煤油，稍等片刻，即可拉出叶轮，取下叶轮平键。

（6）使用三爪拉马拆卸滚动轴承。先拆下轴承箱上前后两只轴承盖，然后用一木块垫在联轴器端轴头上，用紫铜棒轻轻敲打木块，就可把泵轴连同轴承一起拆下。从轴上取下轴承时要注意不能损伤轴承，一般用专用工具（拉马的拉钩）钩住滚动轴承内圈、丝杆。

（7）使用拉马拆卸联轴节。具体方法是：将轴固定好，先拆下固定联轴节的锁紧帽，再用专用工具（拉马的拉钩）钩住联轴节，而其丝杆顶正泵轴中心，慢慢转动手柄，可用铜锤或铜棒轻击联轴节，如果拆不下来，可用棉纱蘸上煤油，沿着联轴器四周燃烧，使其均匀热膨胀，这样便会容易拆下。但为了防止轴与联轴器一起受热膨胀，应用湿布把泵轴包好。

离心泵拆卸完毕后，应用轻柴油或煤油将拆卸的零部件清洗干净，按顺序放好，以备检查和测量。

3.离心泵的装配步骤

（1）离心泵零部件检查合格后即可进行装配。

（2）整个转子除叶轮外，其余全部在检修间正式组装完毕，包括轴套、滚动轴承、定位套、联轴器侧轴承端盖、小套、联轴器及螺母等。

（3）转子从联轴器侧穿入泵内，注意填料压盖不要忘记装，轴承端盖上紧后必须保证：

① 轴承端盖应压住滚动轴承外圈。

② 轴承端盖对外圈的压紧力不要过大，轴承的轴向间隙不能消失。用压铅法测量此项压紧力时，可在零对零基础上放出 $0.1 \sim 0.2$mm，然后用手盘动转子，应灵活轻便。

③ 把叶轮及其键、螺母等装在轴上，装上泵盖，盘动转子，看叶轮与密封环是否出现相应摩擦现象。

④ 轴封的装配：该泵采用填料密封，打开填料压盖，切取与轴外周长等长度的盘根数根（其根数依说明书或依泵原旧填料的根数），然后一根一根地压入，压入时每根接口应180°错开，最后装上压盖，但不拧紧螺丝，等到泵工作时，再慢慢拧紧螺丝，直到不漏为止。

⑤ 将泵吊入泵座并将其固定，装妥进、排管。

⑥ 电机安装，用千分表和塞尺对联轴节进行校正。

知识5　离心泵的分类

由于化工生产及石油工业中被输送液体的性质相差悬殊，对流量和扬程的要求千变万化，因而设计和制造出种类繁多的离心泵。按所输送液体的性质可分为清水泵、油泵、耐腐蚀泵和杂质泵等；按吸液方式分单吸泵和双吸泵；按叶轮数分为单级泵和多级泵；按特定使用条件分为液下泵、管道泵、高温泵、低温泵和高温高压泵等；按安装形式分为卧式泵和立式泵。

综合如上分类，工业上应用广泛的几类离心泵如下所示：

$$\text{离心泵}\begin{cases}\text{清水泵}\begin{cases}\text{IS型(单级单吸)}\\ \text{D型(多级)}\\ \text{S型(双吸泵)}\end{cases}\text{输送清水及性质类似水的液体}\\ \text{油泵(系列代号为Y)——输送石油产品,具有良好密封性能}\\ \text{耐腐蚀泵(系列代号为F)——输送酸、碱等腐蚀性液体,由耐腐蚀材料制造}\\ \text{磁力泵(系列代号为C)——高效节能,输送易燃、易爆、腐蚀性液体}\\ \text{杂质泵(系列代号为P)——输送悬浮液及稠厚的液浆,开式或半开式叶轮}\\ \text{屏蔽泵(无密封泵)——输送易燃、易爆、剧毒及放射性液体}\end{cases}$$

以下是化工生产过程中常用的几种离心泵。

1. 清水泵

清水泵是化工生产中使用较多的一种泵,用于输送水及与水相近的其他液体,包括IS型、D型和S型。

IS型泵(图1-9)代表单级单吸离心泵,D型泵(图1-10)是多级离心泵的代号,是将多个叶轮安装在同一个泵轴构成的,工作时液体依次通过每个叶轮,多次接受离心力的作用,从而获得更高的能量,主要用于流量较小但扬程较大的场合,其级数有2～12级。

S型、D型泵分别是双吸和多吸离心泵的代号,有两个或多个吸入口,因此泵的流量较大,范围为120～12500m³/h,扬程为9～140m。

图1-9　IS型单级单吸离心泵

图1-10　D型多级离心泵

2. 油泵

油泵用来输送油类及石油产品,系列代号为Y,由于这些液体多数易燃易爆,因此必须有良好的密封,而且当温度超过473K时还要通过冷却夹套冷却。一般流量5～1270m³/h,扬程5～1740m。

3. 耐腐蚀泵

耐腐蚀泵是用来输送酸、碱等腐蚀性液体的泵的总称,系列代号用F表示。耐腐蚀泵中,所有与液体接触的部件均用防腐蚀材料制造,其轴封装置多采用机械密封。F型泵全系列流量范围2～400m³/h,扬程15～105m。如图1-11所示。

4. 磁力泵

磁力泵是一种高效节能的特种离心泵,通过一对永久磁性联轴器将电机力矩透过隔板和气隙传递给一个密封容器,带动叶轮旋转。其特点是没有轴封、不泄漏、传动时无摩擦,因此安全节能。特别适合输送不含固体颗粒的酸碱盐溶液和易燃易爆、挥发性及有毒液体。磁力泵的系列代号为C,全系列流量范围为0.1～100m³/h,扬程为1.2～100m。如图1-12所示。

图1-11　氟塑料耐腐蚀离心泵

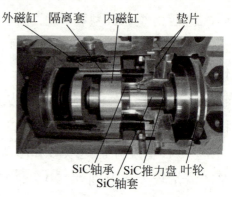

图1-12　磁力泵内部结构

除以上介绍的这些泵外,还有用于输送含有杂质的液体的杂质泵,用于汲取地下水的深井泵,用于输送液化气的低温泵,用于输送易燃易爆、剧毒及具有放射性液体的屏蔽泵,安装在液体中的液下泵等。

知识6　离心泵的选择

离心泵在出厂时均附有一个铭牌,注明在最高效率时的性能参数,离心泵的主要性能参数有流量、压头、效率和轴功率。为了满足输送任务的要求,就要选择合适的离心泵,下面我们来了解选择离心泵的有关知识。

先从离心泵铭牌上的参数说起,见图1-13。

型号:IS——单级单吸清水离心泵;

```
型号        IS 50-32-125
流量 (m³/h)        12.5
扬程 (m)           20
电机功率 (kW)      2.2
有效功率 (kW)      1.8
转速 (r/min)      2900
吸入口径 (mm)      50
排出口径 (mm)      32
```

图1-13　离心泵铭牌

50——吸入口径，mm；

32——排出口径，mm；

125——叶轮的名义直径，mm。

流量（m³/h）：这台泵在最高效率时的流量为12.5m³/h。这个流量称为设计流量或额定流量。离心泵的流量与离心泵的结构、尺寸和转速有关。

扬程（m）：它是1N流体在通过离心泵时所获得的能量，用H表示，单位是m，也叫压头。离心泵铭牌上的扬程是离心泵在额定流量下的扬程。离心泵的扬程与离心泵的结构、尺寸、转速和流量有关。通常流量越大，扬程越小。扬程可以用外加功换算得到，换算公式为$H=W/g$，g为9.81。

电机功率（kW）：离心泵从电动机获得的能量称为离心泵的电机功率或轴功率，是选取电动机的依据。离心泵铭牌上的轴功率是离心泵在额定状态下的轴功率。

有效功率（kW）：离心泵在单位时间内对流体所做的功称为离心泵的有效功率，用N_e表示，有效功率的计算式为$N_e=Hq_V\rho g$。

转速（r/min）：一般离心泵的转速都是2900r/min。

吸入口径和排出口径（mm）：表示与进水管和出水管连接的管口直径，这是为泵的安装提供的参数。

了解了离心泵的铭牌参数，下面来学习如何选择离心泵。

【实例1-1】：见图1-14，这是一个向水洗塔送水的计算，下面列出有关数据，供选择离心泵时使用。

送水量（流量）为15m³/h；

输水管内径为0.052m；

输水管与喷头连接处比贮槽水面高20m；

水从贮槽水面流到喷头的过程中能量损失为49J/kg；

水的密度为1000kg/m³；

外加功$W=447$J/kg；

泵的有效功率N_e为1.863kW；

流速u_2为1.96m/s。

选择向导：

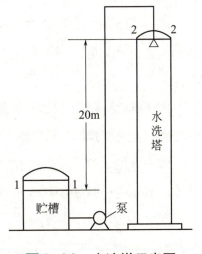

图1-14　水洗塔示意图

（1）离心泵的种类很多，例如油泵、清水泵或低温泵等。首先根据被输送液体的性质及操作条件，确定泵的类型，本例是输送清水，所以选择_____。

（2）本例的输送流量是_____ m^3/h。

（3）已知外加功 $W=447J/kg$，计算扬程 H。

将外加功换算为扬程的计算：$H=\dfrac{W}{g}=$_____$=$_____（m）

（正确答案是46m，你的计算正确吗？）

（4）表1-1列出了几种清水离心泵的型号与参数，请仔细阅读表1-1中的数据，然后按照表格下方的提示，并根据你的数据选择一种合适的离心泵。

表1-1　清水离心泵的型号与参数

序号	型号	流量/（m^3/h）	扬程/m	转速/（r/min）	电机功率/kW	吸入口径/mm	排出口径/mm	效率 η/%
1	IS 65-40-250	25	80	2900	15	65	50	60
2	IS 65-40-315	25	125	2900	30	65	50	60
3	IS 80-65-125	50	20	2900	5.5	80	65	70
4	IS 80-65-160	50	32	2900	7.5	80	65	70
5	IS 80-50-200	50	50	2900	15	80	50	70

根据流量 $15m^3/h$，扬程46m，查阅表1-1可以看出，从能够满足输送任务的要求来看，有几种型号的泵是可以选择的，你可以从节能或者效率比较高的角度考虑你的选择，请将你的选择填入下面的空格内。

选择的离心泵型号为_____。这台泵提供的额定流量是_____ m^3/h，扬程是_____m，吸入口径_____mm，排出口径_____mm，电机功率_____kW。

接下来要核算电机功率是否满足要求。当离心泵与电机直接传动时，电机功率就是泵的轴功率，轴功率可以根据泵的有效功率 N_e 以及效率计算得到。

效率 η 是反映离心泵利用能量情况的参数。由于机械摩擦、流体阻力和泄漏等，离心泵的轴功率总是大于有效功率的，离心泵效率的高低既与泵的类型、尺寸及加工精度有关，又与流量及流体的性质有关，一般小型泵的效率为50%～70%，大型泵的效率要高些，有的可达90%。

项目1 流体输送机械

下面计算轴功率：

轴功率 $N=\dfrac{N_e}{\eta}=$ _____ $=$ _____ （W）

电机功率能满足你的要求吗？_____。

💡 **想一想**

选择清水离心泵时要注意什么？

✈ **知识7　流体及性质**

物质的常规聚集状态分为气、液、固三态，气体和液体合称为流体，如图1-15所示。在化工、石油、生物、制药、轻工、食品等工业中，所涉及的加工对象（包括原料、半成品与产品）多为流体。流体输送操作是化工生产中应用最普遍的单元操作。

流体有多种分类方法：按状态分为气体、液体和超临界流体等；按可压缩性分为不可压缩流体和可压缩流体；按是否可忽略分子之间作用力分为理想流体与黏性流体（或实际流体）；按流变特性可

图1-15　流体

分为牛顿型流体和非牛顿型流体。流体区别于固体的主要特征是具有流动性，其形状随容器形状而变化；受外力作用时内部产生相对运动。那么，流体有哪些性质呢？

1.了解流体的密度

见图1-16，有两块相同大小的材料，一块是木，另一块是铁，同学们一定知道，尽管木和铁的大小是相同的，但质量一定不相同，铁一定比木重，那么在无法称量的情况下，你有办法算出它们的质量吗？请写出你的计算方法_____。

你知道计算方法吗？方法正确吗？请继续下面的学习，你可以找到正确的答案。

（1）什么是密度　物理学上把某种物

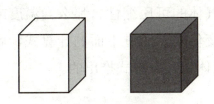

图1-16　比较材料不同、大小相同两种物质的质量

质单位体积的质量，叫作这种物质的密度。每种物质都有一定的密度，例如，金的密度比较大，每立方米金的质量是19300kg；氢气的密度比较小，在标准状况下，每立方米氢气的质量是0.09kg。因此密度可以用来比较相同体积不同物质的质量大小。

各种物质的密度数值，可以在相关资料中查到。

（2）密度的表示方法　密度是指某种物质单位体积的质量，用符号 ρ 表示，它的计算式是：

$$\rho=\frac{m}{V} \tag{1-3}$$

式中　ρ——物质的密度，kg/m^3；

m——物质的质量，kg；

V——物质的体积，m^3。

练一练

（1）在温度为277K时，有$1m^3$的水，它的质量是1000kg，你能计算出277K时水的密度吗？答案是：_____。

（2）有一水池，装有$2m^3$的水，已知水的密度是$1000kg/m^3$，请你计算水池中水的质量是多少。质量是_____。

通过上面的学习，你能够计算出木块和铁块的质量了吗？

（3）温度和压力对流体密度的影响

① 液体的密度　任何流体的密度都与温度和压力有关。但压力对液体密度的影响很小（除了压力极高时），因此工程上常常忽略压力对液体的影响。对大多数液体来说，温度升高，密度就会降低。例如水在277K时的密度是$1000kg/m^3$，在293K时是$998.2kg/m^3$，在373K时是$958.4kg/m^3$。

② 气体的密度　因为气体的体积在温度升高时会增大，这是气体的热膨胀性；在压力增大时体积会明显减小，这是气体的可压缩性。那么当温度或压力发生变化时，气体的密度将发生怎样的变化呢？通过下面的计算式，就能找到答案。这个密度的计算式是通过理想气体状态方程式推出的。

$$\rho=\frac{pM}{RT} \tag{1-4}$$

式中　p——气体的压力，kPa；

M——气体的摩尔质量，kg/kmol；
R——通用气体常数，在国际单位制（SI 制）中，$R=8.314$kJ/(kmol·K)；
T——气体的温度，K。

从气体密度的计算式中，可以看出，当气体的压力增大时密度就会增大，当温度升高时密度就会降低。

✎ **练一练**

是不是在任何温度和压力下，气体的密度都能够用式（1-4）进行计算呢？答案是：不行。同学们可参考相关的书籍，进行深入的学习。

（4）查取流体密度的方法　液体和气体纯净物的密度通常可以从《化学工程手册》或《物理化学手册》中查取。液体混合物的密度通常由实验测定，例如密度瓶法、韦氏天平法及波美度密度计法等。

✎ **练一练**

50℃水的密度是_____；50℃干空气的密度是_____。

（5）气体混合物与液体混合物密度的计算方法　气体和液体混合物的密度也可以通过计算来得到。

对于气体混合物，只要将式（1-4）中的 M 用气体混合物的平均摩尔质量 M_m 代替，M_m 由下式计算：

$$M_m = M_1\varphi_1 + M_2\varphi_2 + \ldots + M_i\varphi_i + \ldots + M_n\varphi_n = \sum_{i=1}^{n} M_i\varphi_i \quad (1-5)$$

式中　M_1、M_2、M_i、M_n——构成气体混合物的各纯组分的摩尔质量，kg/kmol；
　　　φ_1、φ_2、φ_i、φ_n——混合物中各组分的体积分数，理想气体的体积分数等于其压力分数，也等于其摩尔分数。

液体混合物的密度可以由下式计算：

$$\frac{1}{\rho} = \frac{w_1}{\rho_1} + \frac{w_2}{\rho_2} + \ldots + \frac{w_i}{\rho_i} + \ldots + \frac{w_n}{\rho_n} = \sum_{i=1}^{n} \frac{w_i}{\rho_i} \quad (1-6)$$

式中　ρ_1、ρ_2、ρ_i、ρ_n——混合物中各组分的密度，kg/m³；
　　　w_1、w_2、w_i、w_n——混合物中各组分的质量分数。

2. 学习流量的计算方法与测量方法

流体流动时，流量是一个非常重要的参数，它既是表示输送任务的一个指标，又常常是过程控制的重要参数。因此必须要掌握流量的计算方法、流量的测量方法，并且要学会正确地表示流量。

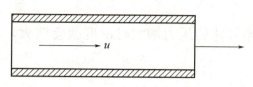

图1-17　流体在圆形管道内的流动

（1）流量的计算方法　见图1-17，某种流体流过一圆形管道，已知流体的流速u是1.5m/s，圆形管的截面积A是0.002m²，流量q_V是多少呢？先学习下面的计算公式，然后完成填空练习。

体积流量计算公式：

$$q_V = uA \qquad (1-7)$$

练一练

在图1-17中表示的流体流动中，体积流量是_____，流量的单位是_____。

当流量的单位是m³/s时，称为体积流量。

那么质量流量应该怎样计算呢？若已知圆管内流体的密度为1000kg/m³，如何用密度将体积换算成质量呢？

练一练

在图1-17表示的流体流动中，质量流量是_____，流量的单位是_____。

质量流量的计算公式：_____。

综合练习

流量有两种表示方法，一种是体积流量；另一种是_____。体积流量的单位是_____；质量流量的单位是_____。将体积流量换算成质量流量的公式为_____；将质量流量换算成体积流量的公式为_____。

（2）流量的测量方法　流量计是测量流量的仪表，根据测量原理的不同，可以将流量计分成许多种类。例如有差压式流量计、转子流量计、涡轮式流量计、电磁流量计、超声波流量计、涡街流量计等，下面来认识这些流量计。

① 孔板流量计　这是一种差压式流量计，它是依靠安装于管道中的流量检测件产生的压差来测量流量的。流量检测件是一块带孔的金属薄板，被称为孔板，见图1-18。孔板用法兰连接在水平的被测管路上，孔板的中心线与管路中心线重叠，它的配件是U形管压差计，压差计的两端分别与孔板的两

侧相接，管内装有指示液。

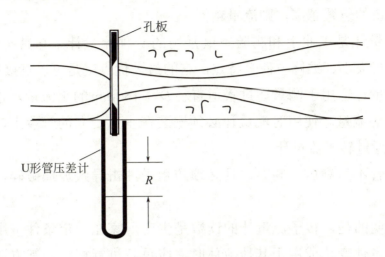

图1-18　孔板流量计结构示意

孔板流量计测量流量利用的是力学原理，也就是伯努利方程原理，这个原理告诉我们，当流体流过孔板时，在孔板前与孔板后流体的压力会发生比较大的变化，这个压力的变化通过U形管内指示液的高度变化反映出来，就是我们从图中看到的高度差R，根据高度差R就可以计算出流体的流量了。通过计算可以得出压差越大，高度差就越大，流量也就越大。孔板流量计的特点是结构简单，安装方便，价格低廉，但流体能量损失大，不适宜在流量变化很大的场合使用，而且不能直接得到流量数值，需要经过计算才能得到流量。

目前这种类型的产品还有楔形流量计、文丘里管流量计、平均皮托管流量计等。

② 转子流量计　转子流量计如图1-19所示。它是由一个截面积自下而上逐渐扩大的锥形玻璃管构成，玻璃管上标有刻度，管内装有一个由金属或其他材料制作的转子，转子可以在锥形玻璃管内自由地上升和下降，当流体流过转子时，能推转子旋转，因此称为转子流量计。

在锥形流道中的转子受到流动流体的作用力而开始向上移动，当转子受到的力平衡

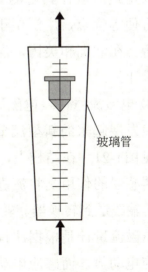

图1-19　转子流量计结构示意图

时，转子就不再移动，而是原地旋转，这时转子对应的刻度就是流量的大小了。转子停留的位置越高，则流量越大。

转子流量计是工业上和实验室最常用的一种流量计。它具有结构简单、直观、能量损失小、维修方便等特点，它的最大优点就是可以直接读出流量。

转子流量计适用于测量通过管道直径$D<150mm$的小流量，也可以测量腐蚀性介质的流量。使用时流量计必须安装在垂直走向的管段上，流体介质自下而上地通过转子流量计。

但玻璃管不耐高压、高温，且必须防止受冲击导致玻璃破碎，安装时必须保持垂直。

需要说明的是，转子流量计的读数是生产厂家在一定条件下用空气或水标定的，当条件变化或用于其他流体时，应重新进行标定，其方法可参阅有关产品手册或书籍。

③ 涡轮式流量计　这种流量计要在管道内安装一个涡轮，流体流过时冲击叶轮，使涡轮产生旋转，通过涡轮旋转的快慢就可以反映流量的大小。家庭中使用的水表就是这种流量计。

涡轮式流量计的外形如图1-20所示。涡轮式流量计是一种速度式流量仪表，涡轮的转速随流量的变化而变化，经磁电转化装置把涡轮转速转化为相应频率电脉冲，经放大后送入显示仪表进行计数和显示，根据单位时间内的脉冲数和累计脉冲数，即可求出瞬时流量和累计流量。

涡轮式流量计具有测量精度高、反应速率快、测量范围广、价格低廉、安装方便等优点，广泛用于石油、各种液体、液化气、天然气、煤气和低温流体等。在欧洲和美国，涡轮式流量计是继孔板流量计之后第二个法定天然气流量计。

④ 电磁流量计　电磁流量计是20世纪50～60年代随着电子技术的发展而迅速发展起来的新型流量测量仪表，用来测量导电液体的体积流量，它的外形见图1-21。在结构上，电磁流量计由电磁流量传感器和转换器两部分组成。传感器的作用是将流进管道内的液体体积流量变换成感应电势信号，并通过传输线送到转换器。转换器再将信号放大，并转换成流量信号输出。

电磁流量计是根据法拉第电磁感应定律制成的，导电体在磁场中运动产生感应电动势，而感应电动势又和流量大小成正比，通过测量电动势来反映管道内的流量大小，根据管径、介质的不同，就可以转换成流量。

图1-20　涡轮式流量计　　　　　图1-21　电磁流量计

电磁流量计的测量精度和灵敏度都较高。工业上多用以测量水、矿浆等介质的流量。可测最大管径达2m，而且能量损失极小。但电导率低的介质，如气体、蒸气等则不能应用。

电磁流量计目前已广泛应用于工业过程中各种导电液体的流量测量，如各种酸、碱、盐等腐蚀性介质；各种浆液流量测量，形成了独特的应用领域。

⑤ 涡街流量计　这种流量计是20世纪70年代开发和发展起来的，属于流体振荡式流量计的一种，它的外形如图1-22所示。它是利用流体在特定流道条件下流动时将会产生振荡，而且振荡的频率与流速成比例的这一原理设计的，当流通截面一定时，流速又与流量成正比，故测量振荡频率即可测得流量。

由于它兼有无转动部件和脉冲数字输出的优点，很有发展前途。它在流量测量方面有许多的优点，例如使用比较方便，量程比较宽，能量损失小，不需要重新标定，不仅可用于封闭的管道，还可用于开放的沟槽等，在现代流量测量中应用越来越广泛。

与涡轮式流量计相比，涡街流量计没有可动的机械部件，维护工作量小，仪表常数稳定；与孔板式流量计相比，涡街流量计测量范围大，能量损失小，准确度高，安装与维护都比较简单。

⑥ 超声波流量计　超声波流量计也是在20世纪70年代发展起来的一种新型流量计，它的外形见图1-23。超声波流量计是通过检测流体流动对超声束（或超声脉冲）的作用来测量流量的仪表，它也是由测量流速来反映流量大小的。

超声波流量计和电磁流量计一样，因仪表流通通道未设置任何障碍件，均属无阻碍流量计，适用于解决流量测量困难的一类流量计，特别在大口径流量测量方面有较突出的优点，它安装简单、操作方便、通用性好，几乎不需维修，广泛用于石油、化工、冶金、采矿、水电等行业。

图1-22 涡街流量计

图1-23 超声波流量计

由于超声波流量计可以制成非接触式，对流体又不产生扰动和阻力，所以很受欢迎，是一种很有发展前途的流量计。

练一练

下面的表格将6种流量计的有关知识进行了归纳，请在空格处填上你的答案。

序号	流量计名称	测量原理	特点
1	孔板流量计		优点：结构简单，安装方便，价格低廉 缺点：流体能量损失大，不宜在流量变化很大的场合使用，且不能直接得到流量数值
2		电磁感应原理，即导电体在磁场中运动时产生感应电动势，而感应电动势又和流量大小成正比	
3	涡街流量计		
4	转子流量计	转子受到流动流体的作用力时开始向上移动，当向上的推力与转子的重力平衡时，转子就不再移动，转子停止的位置与流量的大小有关	
5			优点：测量精度高，反应速度快，测量范围广，价格低廉，安装方便
6	超声波流量计		

知识链接

离心泵市场需求旺盛：在能源、石油、电力、造纸、化工、船舶、制药、食品、环保、冶金等各类设备设施中有着广泛的应用。其性能可适应各种材料，通过压力、流量和其他指标调整参数功能，满足各种环境条件下的流体转动传动需求，可以节能、降耗、消毒和改善工作质量，任务覆盖面广泛，且具有很高的经济价值，因此对离心泵的需求量逐年增加，市场前景非常可观。

随着经济的发展,离心泵行业也跨入进入信息技术时代,全新一代智能化离心泵研发出现,无论是把控点准确、性能可控,精度高达百万分之一,还是有效提升系统的效率都得到了较好的应用。拥有智能化控制的离心泵也逐渐受到了企业的欢迎,其技术迭代迅速,将会进一步提高离心泵的精准性和稳定性,提高行业的综合竞争力。未来,以AI、大数据技术等为基础,建立完备的复杂系统,智能量化管理环境中的空气体积,离心泵行业将会得到大范围的发展。

采用永磁悬浮技术使其稳定运转的世界首台永磁轴承离心泵已在江苏大学研制成功。这一发明向"无轴不转、有轴必有轴承"的传统机械转动理念提出挑战,证明科学界认为"不能稳定"的永磁悬浮技术,在动态条件下"能够稳定"。永磁轴承离心泵有三大优势,一是其转子与泵体无机械接触和摩擦噪声小;二是永磁轴承离心泵内部无机械磨损,无需润滑和密封,不用停机维修和保养,可无限期运转;三是永磁轴承的应用,使离心泵体积更小、能效更高、用途更广。

 小调研

由于流体的体积受温度、压力等参数的影响,用体积表示流量大小时需要给出介质的参数。在介质参数不断变化的情况下,往往难以达到这一要求,因此会造成仪表显示值失真。因此,质量流量计就得到广泛的应用和重视。质量流量计分直接式和间接式两种。直接式质量流量计利用与质量流量直接有关的原理进行测量,间接式质量流量计是用密度计与容积流量直接相乘求得质量流量的。你能查找到有关质量流量计的相关资料吗?

任务2 认识化工管路

任务描述

任务名称	认识化工管路	建议学时	
学习方法	1. 分组、遴选组长,组长安排组内任务、组织讨论、分组汇报; 2. 教师巡回指导,提出问题集中讨论,归纳总结		
任务目标	1. 了解化工管路的组成,学会常见管件、阀件及控制仪表的使用; 2. 掌握简单管路与复杂管路相关特点; 3. 学会化工管路中离心泵和往复泵的组合安装; 4. 培养团结协作的精神		

课前任务：	准备工作：
1. 分组，分配工作，明确每个人的任务；	1. 工作服、手套、安全帽等劳保用品；
2. 查找化工管路方面的资料	2. 管子钳、扳手、螺丝刀、卷尺等工具
场地	一体化实训室
具体任务	
1. 通过相关化工设备学习化工管路的构成（包括管件、阀件及控制仪表）； 2. 学习认识简单与复杂管路； 3. 学习化工管路中，不同种类泵是如何组合安装的（包括离心泵、往复泵及其他泵）	

续表

知识准备

管路是化工生产流程中不可缺少的部分，它对于生产来说就像人体的"血管"一样。物料的输送，设备与设备之间或者从一个车间到另一个车间的物料流动，都要靠管路来实现。在化工生产中，只有管路畅通，阀门调节得当，才能保证各车间及整个工厂生产的正常进行。因此，了解化工管路的构成是非常重要的。

知识1 认识管路的构成

化工管路主要由管子、管件和阀件构成，也包括一些附属于管路的管架、管卡、管撑等辅件，如图1-24所示。由于化工生产中输送的流体是多种多样的，有易燃易爆的、有高黏度或含有固体杂质的、有气相或者是液相的等，输送条件与输送量也是各不相同的，有常温常压、有高温高压，也有的是低温低压，因此，化工管路也必须是各不相同的，以适应不同输送任务的需求。

图1-24 化工管路

项目1 流体输送机械

1. 认识化工管件

管件是用来连接管子、改变管路方向或直径、接出支路和封闭管路的管路附件的总称。一种管件有时能起到上述作用中的一个或多个，比如，弯头既是连接管路的管件，又是改变管路方向的管件。各类管材及其特点见表1-2。

表1-2 各类管材及其特点

序号	管子种类	名称	特点与性能
1	钢管	无缝钢管	其特点是质地均匀、强度高。能在各种温度和压力下输送流体，广泛用于输送易燃易爆、强腐蚀性及有毒的流体
2	钢管	有缝钢管	又称焊接管，分为水、煤气管和钢板电焊钢管。主要用于输送水、煤气、压缩空气、低压蒸气及低腐蚀液体
3	钢管	铸铁管	一般作为埋在地下的给水总管和污水管等，也可以用来输送碱液和浓硫酸等。按照其工作压力，可以分为低压管、普压管及高压管三种。铸铁管价廉而且耐腐蚀，但强度低，不能用于有压、有毒、爆炸性气体及高温液体
4	有色金属管	铜管	是由紫铜或黄铜制成的，由于导热性能好，适用于制造换热器的管子；又由于其延展性好，易于弯曲成型，故常用于油压系统、润滑系统来输送有压力的液体；由于其耐低温性能好，也适用在低温管路中；黄铜管在海水管路上也有广泛使用
4	有色金属管	黄铜管	是由紫铜或黄铜制成的，由于导热性能好，适用于制造换热器的管子；又由于其延展性好，易于弯曲成型，故常用于油压系统、润滑系统来输送有压力的液体；由于其耐低温性能好，也适用在低温管路中；黄铜管在海水管路上也有广泛使用
5	有色金属管	铝管	铝管具有较好的耐酸性，其耐酸能力取决于其纯度，广泛用于浓硝酸和浓硫酸的输送，但耐碱性较差
6	非金属管	陶瓷管	其特点为耐腐蚀性强，除氢氟酸外，对其他物料均有耐腐蚀性，但性脆，机械强度低，不耐压及不耐温度剧变，因此生产中主要用于输送压力小于0.2MPa、温度低于423K的腐蚀性流体
7	非金属管	塑料管	是以合成树脂为原料经加工制成的管子，主要有聚乙烯管、聚氯乙烯管、酚醛塑料管、聚甲基丙烯酸甲酯管、增强塑料管（玻璃钢管）、ABS塑料管和聚四氟乙烯管等。塑料管的优点是耐腐蚀性强、重量小，加工容易。热塑性塑料可任意弯曲或延伸以制成各种形状，缺点是耐热性差、强度低
8	非金属管	水泥管	水泥管主要用于下水道污水管，通常无筋混凝土管作无压流体输送，预应力混凝土管可在有压情况下输送流体，并用于代替铸铁管和钢管
9	非金属管	玻璃管	用于化工生产中的玻璃管主要是由硼玻璃和石英玻璃制成的，用玻璃制作的管子具有透明、耐腐蚀、易清洗、阻力小等特点，其不足之处是性脆、热稳定性差及不耐压力，对除氢氟酸、含氟磷酸、热浓硫酸和热碱外的绝大多数物料均具有良好的耐腐蚀性

管子的规格通常是用"ϕ外径×壁厚"来表示，$\phi38×2.5$表示此管子的外径是38mm，壁厚是2.5mm。

化工管路中的管件类型很多，图1-25展示了部分管件。

| 螺纹弯头 | 螺纹三通 | 螺纹四通 | 活接头 | 内外牙 | 堵头 | Y形三通 |

图1-25 各类管件

练一练

上面展示的管件都有各自的作用，你能说出这些管件的作用吗？请回答下面的问题。

（1）在上面的管件中，用于连接管路的管件有_____。

（2）上面的管件中可以改变流体流动方向的管件有_____。

（3）用于分路或汇流用的管件有_____。

2.认识化工阀件

阀件安装在管路上用以控制流体的流量、流向或压力。控制流量的有旋塞、球心阀、闸阀、蝶阀等。控制流向的有止逆阀，又称单向阀。控制压力的有安全阀（有杠杆式及弹簧式两类）、减压阀等。

图1-26展示了几种生产中常用的阀件。

| 闸阀 | 截止阀 | 蝶阀 | 旋塞 | 球心阀 | 单向阀 |

图1-26 生产中常见的几种阀件

闸阀是利用阀体内闸门的升降以开关管路的，常用于大直径给水管路，也可用于压缩空气，不适宜用于含有固体杂质的管路上。

截止阀是利用圆形阀盘在阀杆升降时改变与阀座间的距离以调节流量或开关管路，可用于各种物料的管路中，但不适用于有悬浮物的流体管路。

蝶阀是用圆盘形蝶板绕着轴线往复旋转90°来开关和调节流体通道，它结构简单、体积小、操作简便、迅速，在欧美等发达国家应用非常广泛。

旋塞也称考克，它是利用阀体内插入的一个中央穿孔的锥形旋塞来启闭管路，操作简便、阻力小，但不宜于调节流量，常用于输送含有沉淀、结晶及黏度较大的物料。

球心阀是利用一个中间开孔的球体作阀芯，依靠球体的旋转来控制阀门的开度，其结构紧凑，操作方便，应用广泛。

单向阀又称止回阀，它是在阀的上下游压力差的作用下自动启闭的阀门，能使介质按一定方向流动而不会发生反向流动，常用在泵的进出口管路中，如离心泵的吸入管口通常装有单向阀。

还有一些其他作用的阀件，如安全阀、减压阀和疏水阀等，这几种阀门能够在系统中某些参数发生变化时自动启闭。

安全阀是一种自动泄压报警装置，它是为了受压管道和设备的安全保险而设置的，它能根据工作压力的大小而自动启闭，从而将管道和设备的压力控制在一定数值，保证其安全。

减压阀是为了降低管道设备压力，并维持出口压力稳定的一种机械装置，通常用在高压设备上，如高压钢瓶上都接有减压阀。

疏水阀是一种自动间歇排除冷凝液，并能阻止蒸汽排出的机械装置。化工生产中经常用水蒸气作为加热源，水蒸气冷凝后所产生的冷凝水必须及时排除，这样才不至于影响水蒸气的传热效率，因此，几乎所有使用蒸汽的地方都要用到疏水阀。

3.认识化工控制仪表

在化工生产过程中，由于各种因素的影响，许多工艺参数经常出现波动，实际的数值与规定的数值之间存在偏差。要达到稳定操作，就必须对这些工艺变量进行实时监测，并对工艺生产过程进行控制，以消除偏差使工艺变量恢复到规定数值。控制的方法可分为手动调节（人工调节）和自动调节（利用相关自动化控制仪表调节）。

在化工生产过程中，对变量的检测、变送和显示，是由化工仪表（如图1-27～图1-29所示）来实现的，代号见表1-3，常见仪表功能及代号见表1-4。

(a) 普通压力表　　　(b) 电容式压力变送器　　　(c) 差压变送器

图1-27　压力显示控制仪表

(a) 普通接触式温度计　　(b) 温度变送器　　(c) 非接触式温度计

图1-28　常见温控仪表

(a) 转子流量计　　(b) 涡轮流量计　　(c) 电磁流量计

图1-29　流量显示控制仪表

表1-3　工艺参数及代号

工艺参数	温度	压力	液位	流量	质量	速度（频率）	湿度
代号	T	P	L	F	W	S	K

表1-4　仪表功能及代号

仪表功能	指示	记录	控制	报警	积分	联锁	变送
代号	I	R	C	A	Q	S	T

知识2　认识简单与复杂管路

1. 认识简单管路

简单管路就是指沿流程管道直径不变，流量也不变的管路，包括单一管路和串联管路。结构特点见表1-5。

表1-5　简单管路结构特点

类型		结构	图示
简单管路	单一管路	直径不变、无分支	
	串联管路	虽无分支但管径多变	

项目1　流体输送机械

2.认识复杂管路

对于重要管路系统,如全厂或大型车间的动力管线(包括蒸汽、煤气、上水及其他循环管路等),一般均应按并联管路铺设,以有利于提高能量的综合利用,减少因局部故障所造成的影响。复杂管路结构特点见表1-6。

表1-6　复杂管路结构特点

类型		结构	图示
复杂管路	分支管路	流体由总管分流到几个分支,各分支出口不同	
	并联管路	并联管路中,分支最终又汇合到总管	

知识链接

随着化工行业的不断发展,对管道材料的性能要求也越来越高。全球化工管材市场规模将保持稳定增长,预计2025年可达到约300亿美元。未来化工管材的发展趋势将会是高性能化、环保化和智能化。高性能化主要表现在管材的耐腐蚀性、耐高温性、耐压性等方面。未来的化工管材需要具备更高的耐腐蚀性、更高的耐高温性、更高的耐压性等性能,以满足化工行业的需求。环保化是未来化工管材的另一个发展趋势。未来的化工管材需要具备更好的环保性能,如低污染、低排放等,以适应环保要求。智能化是未来化工管材的另一个发展趋势。未来的化工管材需要具备更好的智能化性能,如监测、报警、控制等,以提高化工生产的效率和安全性。

例如我国塑料管道行业在"一带一路"、海绵城市建设、城市地下管网及综合管廊建设、清洁能源利用、装配式建筑、黑臭水体治理、农村水利建设、农村人居环境整治等新的市场空间拉动下发展步态稳健,行业发展正逐步向标准化、品质化、智能化、服务化、绿色化方向推进。我国熔体微分电纺纳米纤维绿色制造、聚合物管材旋转挤出等原创新技术居国际领先水平,废旧塑料高效回收处理及高值化再利用、大型厚壁复杂结构塑料件成型等独创性技术跨入世界先进水平行列，双轴取向聚氯乙烯（PV-0）管产业化技术对标国际先进水平。

📎 知识3　泵的组合

1.普通泵在管路中的安装组合

（1）安装前复查

① 基础的尺寸、位置、标高应符合设计要求。

② 设备不应有缺件、损坏和锈蚀等情况，管口保护物和堵盖应完好。

③ 盘车应灵活，无阻滞、卡住现象，无异常声音。

（2）泵的找平

① 卧式和立式泵的纵、横向不水平度不应超过0.1/1000；测量时，应以加工面为基准。

② 小型整体安装的泵，不应有明显的偏斜。

（3）管路安装

① 管子内部和管端应清洗干净，清除杂物，密封面和螺纹不应损坏。

② 相互连接的法兰端面或螺纹轴心线应平行、对中，不应借法兰螺栓或管接头强行连接。

③ 管路与泵连接后，不应再在其上进行焊接和气割，如需焊接或气割时，应拆下管路或采取必要的措施，防止焊渣进入泵内和损坏泵的零件。

④ 管路的配置宜按参考资料进行复检。

（4）泵试运转前检查

① 原动机的转向应符合泵的转向要求。

② 各紧固连接部位不应松动。

③ 润滑油脂的规格、质量、数量应符合设备技术文件的规定，有预润滑要求的部位应按设备技术文件的规定进行预润滑。

④ 润滑、水封、轴封、密封冲洗、冷却、加热、液压、气动等附属系统的管路应冲洗干净，保持通畅。

⑤ 安全、保护装置应灵敏、可靠。

⑥ 盘车应灵活、正常。

⑦ 泵启动前，泵的出入口阀门应处于下列位置：入口阀门，全开；出口

项目1　流体输送机械

阀门、离心泵全闭，其余泵全开（混流泵真空引水时，出口阀全闭）。

2. 离心泵在化工管路中的安装组合

离心泵的安装高度对运行有一定的影响。

观察与思考

图1-30（a）、图1-30（b）都表示用离心泵输送液体的示意图，你能看出这两个输送流程有什么不同吗？

请写出观察结果：_____。

从图1-30中看出，离心泵的安装位置是不同的，图1-30（a）中离心泵的位置要低一些，图1-30（b）中离心泵的位置要高一些。离心泵的安装位置是有一定要求的，否则可能造成离心泵不能正常工作，甚至被损坏。

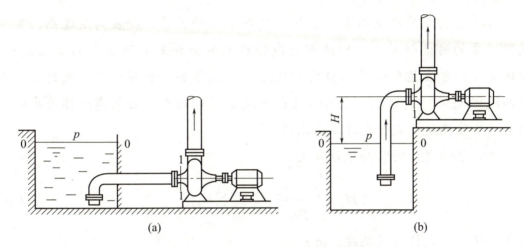

图1-30　确定离心泵安装高度对比图

请再仔细观察并回答问题：图1-30（a）中离心泵吸入管口比贮水槽液面_____；图1-30（b）中离心泵吸入管口比贮水槽液面_____。

完成了上面的观察你一定会问：泵的安装位置有什么要求？在条件允许的情况下，如何确定安装位置的高低呢？要了解这些问题，还要学习下面的有关知识。

拓展知识

离心泵的汽蚀现象与安装高度

1. 汽蚀现象

离心泵的吸液是靠液面与吸入口之间的压差完成的。当液面压力一定时，泵安装得越高，则吸入口处的压力就越小。当吸入口的压力小于操作条件下被输送液体的饱和蒸气压时,液体将会汽化产生气泡,含有气泡的液体进入泵体后,在离心力的作用下,被甩入蜗壳的高压区,气泡在高压的作用下破碎,成为液体,而气泡破碎空出的位置造成局部真空,周围液体在高压作用下高速进入原气泡所占的空间。这种高速冲击频率很高,可以达到每秒几千次,冲击压强可以达到数百个大气压甚至更高,这种高强度高频率的冲击,轻的能造成叶轮的疲劳,重的则可以将叶轮与泵壳破坏,甚至能把叶轮打成蜂窝状。我们把这种被输送液体在泵体内汽化再液化的现象叫作离心泵的汽蚀现象。汽蚀现象发生时,会产生噪声和引起振动,流量、扬程及效率均会迅速下降,严重时不能吸液。工程上当扬程下降3%时就认为进入了汽蚀状态。

2.汽蚀现象与安装高度

离心泵的汽蚀现象与泵的安装高度有很大的关系,安装高度过高,发生汽蚀现象的可能性就大。因此避免汽蚀现象的方法就是限制泵的安装高度,以保证离心泵在运转时泵入口处的压力大于液体的饱和蒸气压,避免出现液体的汽化现象。我们把避免离心泵出现汽蚀现象的最大安装高度称为离心泵的允许安装高度,也叫允许吸上高度。

离心泵的允许安装高度计算式:

$$H_g = \frac{p_0 - p_s}{\rho g} - \Delta h - \sum H_{f,0-1} \qquad (1-8)$$

式中 H_g——允许安装高度,m;

p_0——吸入液面压力,Pa;

p_s——操作温度下液体的饱和蒸气压,Pa;

ρ——液体的密度,kg/m³;

Δh——允许汽蚀余量,m;

$\sum H_{f,0-1}$——操作温度下液体的饱和蒸气压,Pa。

为了离心泵的运行可靠,实际安装高度还应比计算值低0.5~1m。

3.往复泵在化工管路中的安装组合

往复泵的主要性能参数有流量、扬程、功率与效率等,其定义与离心泵是一样的。从往复泵的工作过程中不难看出,往复泵的流量是不均匀的。往复泵的压头与泵的几何尺寸及流量均无关系,只要泵的机械强度和原动机械的功率允许,系统需要多大的压头,往复泵就能提供多大的压头。

往复泵具有自吸能力,启动前不必向泵内灌液,但吸上高度也受到一定的限制。往复泵的特点是利用工作容积的变化来吸液和排液,往复泵启动后必须有一定体积的液体吸入和排出,因此启动往复泵前必须先打开导管上的出口阀,否则泵缸体内压力急剧上升,轴功率增大,导致缸体破裂或电机烧坏,为此必须设置安全阀防止事故发生。通常采用支路调节法,如图1-31所示,操作中支路阀和出口阀不能同时关闭,在这点上与离心泵的操作是不同的。

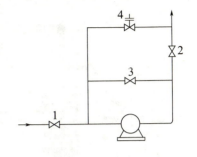

图1-31　往复泵的流量调节

任务3　离心泵单元操作仿真训练

 任务描述

任务名称	离心泵单元操作仿真训练		建议学时	
学习方法	1. 分组、遴选组长,组长安排组内任务、组织讨论、分组汇报; 2. 教师巡回指导,提出问题集中讨论,归纳总结			
任务目标	1. 了解DCS仿真系统和常见DCS专业术语; 2. 掌握离心泵的仿真操作(包括开车、停车和事故处理); 3. 培养团结协作的精神			
课前任务: 1. 分组,分配工作,明确每个人的任务; 2. 查找DCS操作系统的相关资料			准备工作: 1. 工作服、安全帽等劳保用品; 2. 纸、笔等记录工具	
场地	一体化实训室			
具体任务				
1. 学习DCS仿真系统,掌握常见DCS专业术语; 2. 学会离心泵的仿真操作(包括开车、停车和事故处理)				

 知识准备

仿真训练是利用计算机技术,模拟现场和集散控制系统实现与真实物体或系统规律相似的实时动态变化,达到安全、逼真、快速的操作技能培训效果。集散控制系统即集散型计算机控制系统(Distributed Control System,DCS)的简称,是指利用计算机实现控制回路分散化、数据管理集中化的控制系统。

1.认识离心泵单元中的设备与现场阀门

图1-32是离心泵单元现场图,这是一个用离心泵输送带压液体的单元。

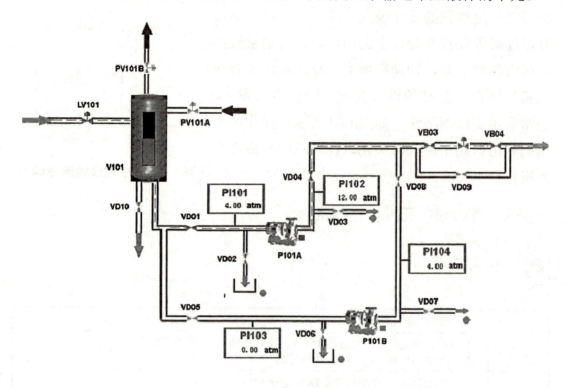

图1-32　离心泵单元现场图

在图1-32中可以看到离心泵单元的设备和阀门,请认真观察现场图,了解离心泵单元的主要设备及现场阀门,并对照表1-7认识这些设备和阀门以及它们的位号。

表1-7　设备和阀门

设备	设备位号	名称	设备位号	名称	设备位号	名称
	P101A	工作泵A	P101B	备用泵B	V101	带压液体贮罐
阀门	位号	名称	位号	名称	位号	名称
	VD01	工作泵入口阀	VD05	备用泵入口阀	VD09	旁通阀
	VD02	工作泵泄液阀	VD06	备用泵前泄液阀	VD10	带压液体贮罐泄液阀
	VD03	工作泵排气阀	VD07	备用泵排气阀	FV101	流量调节阀
	VD04	工作泵出口阀	VD08	备用泵出口阀	VB03	调节阀FV101的前阀
	PV101B	泄压调节阀	PV101A	氮气充压调节阀	VB04	调节阀FV101的后阀
	LV101	原料调节阀				

2.认识离心泵单元的仪表与流程

图1-33是离心泵DCS图。

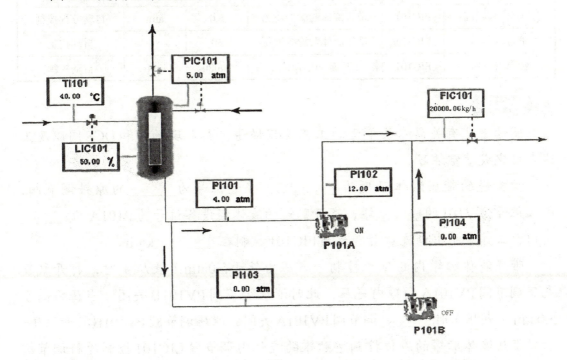

图1-33　离心泵DCS图

在图1-33中可以看到压力和温度的显示仪表,以及压力、温度和流量的调节器,根据需要它们都有各自的位号。流量、液位、压力和温度的位号分别以F、L、P和T开头。

请观察DCS图并对照表1-8认识显示仪表及其正常工况操作参数。

表1-8　显示仪表及其正常工况操作参数

显示仪表名称	位号	显示变量	正常值	单位（或说明）
压力显示仪表	PI101	工作泵入口压力	4.0	atm
	PI102	工作泵出口压力	12.0	atm
	PI103	备用泵入口压力	4.0	atm
	PI104	备用泵出口压力	12.0	atm
温度显示仪表	TI101	被输送液体的温度	40	℃

注：1atm=101325Pa。

请观察DCS图并对照表1-9认识调节器及其正常工况操作参数。

表1-9 调节器及其正常工况操作参数

调节器名称	位号	调节变量	正常值	单位	正常工况
压力分程调节器	PIC101	带压液体贮罐的压力	5.0	atm	自动分程控制
液位调节器	LIC101	带压液体贮罐的液位	50	%	自动控制
流量调节器	FIC101	工作泵的出口流量	20000	kg/h	自动控制

练一练

阅读下述有关离心泵单元的工艺流程描述，参考现场图和DCS图以及上述表格完成填空练习。

被输送的带压液体温度为_____℃，经过位号为_____的原料调节阀，进入位号为V101的_____罐，离开贮罐的液体经设备位号为P101A的_____送出，工作泵的出口流量由调节器FIC101控制在_____kg/h。

带压液体贮罐内的压力控制：当压力低于5.0atm（表压）时，打开氮气充压调节阀PV101A向罐内充压，此时泄压调节阀PV101B关闭；当压力高于5.0atm（表压）时，_____调节阀PV101A关闭，泄压调节阀PV101B打开泄压。

带压液体贮罐的液位控制：贮罐的液位由调节器LIC101控制原料调节阀的开度，调节器LIC101的正常值是_____%。

3.认识离心泵单元中的分程控制调节器PIC101

分程控制调节器PIC101是由PV101A和PV101B两个调节阀组合而成，两调节阀的分程动作如图1-34所示。

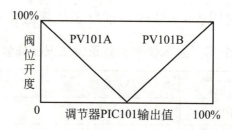

图1-34 调节器PIC101分程动作示意图

请同学按照下面的要求进行练习，在练习的过程中理解分程控制的意义。

练一练

在DCS图中，将压力调节器PIC101的输出值OP分别改变为0、25atm、49atm、50atm、51atm、100atm稳定一段时间后，将你观察到的现象填写在表1-10中。

表1-10 改变压力调节器的输出值

调节器 PIC101 的输出值 OP/atm	调节阀 PV101A 的颜色	调节阀 PV101B 的颜色	罐 V101 的压力变化（升高、降低、不变）
0			
25			
49			
50			
51			
100			

4. 冷态开车

鼠标左键单击"冷态开车",启动冷态开车项目。

(1) 灌液、充压

① 手动打开原料调节阀,开度为50%,向V101灌液。

② 当V101液位大于5%后,将压力分程控制调节器PIC101设定为5.0atm,缓慢打开氮气充压调节阀向V101充压到5.0atm时,并转为自动控制。

③ 待V101液位接近50%时,将液位调节器投自动,设定值SP设为50%。

(2) 灌泵排气

① 当V101充压达到正常值5.0atm后,全开工作泵入口阀,向工作泵充液到其入口压力达5.0atm时,表示充液已完成。

② 全开工作泵排气阀排放不凝气体,当其出口有液体溢出时(显示标志由红变绿),表示泵中不凝气体已排尽,关闭排气阀,此时工作泵的启动准备工作已就绪。

想一想

离心泵启动前灌泵的原因是什么?

(3) 启动离心泵

① 在现场图中点击工作泵,在弹出的窗口中点击按钮ON。

② 待工作泵出口压力大于入口压力时,全开工作泵出口阀。

③ 依次全开工作泵出口流量调节阀的前阀和后阀,逐渐开大调节阀的开度,使工作泵的进、出口压力趋于正常值,可通过压力显示仪表观察压力的变化。

想一想

为什么要等泵出口压力大于入口压力的1.5～2.0倍后才全开出口阀?

（4）参数调整　微调流量调节器FIC101，当其测量值PV与设定值SP的相对误差在5%以内，且流量稳定时，将其投自动，设定值为20000kg/h。

> **想一想**
>
> 本单元中罐V101的液位和顶部压力偏离工艺参数时，该如何调整？

5. 正常停车

鼠标左键单击"正常停车"，启动正常停车项目。

（1）停止向罐V101进料　将罐V101液位调节器LIC101设为手动状态，并关闭原料调节阀，停止向罐内进料。

> **想一想**
>
> 你认为可以在自动状态下关闭原料调节阀吗？为什么？请说明原因。

（2）停泵

① 当罐内液位＜10%时，关闭工作泵的出口阀。

② 用鼠标点击泵，在弹出的窗口中再点击按钮OFF，停泵。

③ 关闭工作泵的入口阀。

④ 将流量调节器FIC101设置为手动状态，并关闭流量调节阀FV101，再依次关闭流量调节阀的后阀和前阀。

> **想一想**
>
> 请在下面写出要等罐内液位＜10%才停泵的理由。

（3）泄液及泄压　全开工作泵泄液阀，当出口不再有液体流出时（显示标志由绿变红），再关闭工作泵泄液阀。

（4）罐V101泄液、泄压

① 当罐V101液位＜10%时，打开贮罐泄液阀VD10。

② 当罐V101液位＜5%时，通过压力分程调节器PIC101打开罐V101的泄压阀PV101B。

③ 当罐V101泄液阀的出口不再有气体流出时（显示标志由绿变红），关闭泄液阀VD10和泄压阀PV101B。

6. 事故及处理方法

离心泵事故及处理方法见表1-11。

项目1　流体输送机械

表1-11　离心泵事故及处理方法

事故名称	主要现象	处理方法
泵P101A故障	P101A泵出口压力急剧下降；FIC101流量急剧减小	切换到备用泵P101B： 1. 按正常操作启动泵P101B； 2. 待P101B进、出口压力指示正常，按停泵顺序停止P101A运转； 3. 通知维修部门
流量调节阀FV101阀卡	FIC101流量无法调节	打开FV101的旁通阀VD09，关闭FV101后阀和前阀VB04、VB03，调节VD09开度，使流量稳定到正常值，并通知维修部门
泵P101A入口管线堵	泵P101A出、入口压力骤降；FIC101流量急降至零	切换为泵P101B
泵P101A汽蚀	泵P101A出、入口压力上下波动；泵P101A出口流量波动大	切换为泵P101B
泵P101A气缚	泵P101A入口压力剧烈波动；泵体震动，并发出噪声；FIC101流量近于零	切换为泵P101B

想一想

你认为怎样才能及时发现事故？并在下面写出平稳调整的方法或体会。

知识链接

化工原理仿真系统是指利用计算机技术，对化工过程中涉及的物理、化学现象进行模拟与计算的软件系统。它基于化工工程学科的原理与理论，通过数值计算方法，解决和预测化工过程中的各种复杂问题。化工原理仿真系统旨在提供高度可靠的仿真结果，以辅助工程师和研究人员进行化工过程的优化与改进。

化工原理仿真系统对未来化工发展存在以下影响。创新驱动：化工原理仿真系统为化学工程与化工技术的创新提供了强有力的支持。它使得研究人员能够更快速地评估新的理念和想法，从而加速新产品、新工艺的开发。资源节约：通过化工原理仿真系统，工程师可以在计算机上进行大量实验和优化，减少了实际实验所需的时间和资源。这有助于降低开发成本，提高资源利用效率。安全性保障：化工原理仿真系统可以帮助评估化工过程中的安全风险，预测潜在的危险情况，从而采取必要的措施，确保工人和设备的安全。环境保护：在化工过程中，化工原理仿真系统能够模拟环境污染的情况，并寻找减少污染的有效方法。通过优化化工过程，降低排放，有助于实现绿色环保的目标。

随着化工行业的发展和安全意识的日益重视，我国的化工VR仿真技术应运而生。化工VR仿真软件提供了丰富的虚拟实验和应急演练场景。学员可以进行各种化工实验的模拟，观察实验结果，并学习实验过程中的安全注意事项。此外，他们还可以在虚拟环境中进行应急情况的模拟演练，学习如何快速响应、正确处置事故，并防止进一步的伤害发生。这种虚拟实验和应急演练的机会有助于学员培养安全意识和应对风险的能力。

任务4　离心泵操作实训

 任务描述

任务名称	离心泵操作实训	建议学时	
学习方法	1. 分组、遴选组长，组长安排组内任务、组织讨论、分组汇报； 2. 教师巡回指导，提出问题集中讨论，归纳总结		
任务目标	1. 认识离心泵输送（装置）系统； 2. 掌握离心泵的规范操作（开车和停车）； 3. 能够辨别离心泵常见故障，并进行处理； 4. 培养团结协作的精神		
课前任务： 1. 分组，分配工作，明确每个人的任务； 2. 预习离心泵的特性		准备工作： 1. 工作服、手套、安全帽等劳保用品； 2. 纸、笔等记录工具； 3. 管子钳、扳手、螺丝刀、卷尺等工具	
场地	一体化实训室		
具体任务			
1. 学习离心泵输送（装置）系统； 2. 学会规范操作离心泵（开车和停车）； 3. 学会辨别离心泵常见故障，并进行处理； 4. 学习离心泵串联和并联			

 知识准备

离心泵操作实训过程主要包括以下步骤：离心泵试车、正常开车、正常运行、正常停车或异常停车。操作时要提高安全使用水、电、气，高空作业不伤人、不伤己等安全防范意识。

项目1 流体输送机械

知识1 认识离心泵操作（装置）系统

1.认识流体输送流程及设备仪表

离心泵操作技能训练装置如图1-35所示，这是一个用离心泵输送水的系统。

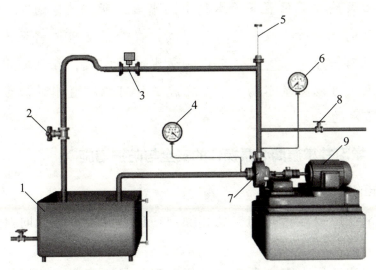

图1-35 离心泵操作技能训练装置

1—水槽；2—出口阀；3—流量计；4—真空表；5—温度计；
6—压力表；7—离心泵；8—灌水阀；9—电机

练一练

请仔细观察训练装置，认识输送系统中的设备与仪表。将对设备或仪表的认识填入表1-12（说明：你可根据学校提供的实训设备完成表1-12的练习）。

表1-12 输送系统中的设备与仪表

离心泵的型号和种类	
管道的直径和材料	
阀门的种类和名称	
流量测量仪器的名称和单位	
压力测量仪表的名称和单位	
其他	

2.认识输送水系统的流程及各设备仪表的作用

练一练

请仔细观察在这个系统中水的流动方向，完成下面的填空练习。

说明：此项练习可以根据图1-35展示的流程来完成，也可根据学校提供的实训方案来完成。

贮存于水槽中的水沿着离心泵的进水管被抽取上来，由离心泵的出水口送出，经过测量流量后，又经过_____阀流回水槽。

由于离心泵的安装位置高于水槽中的水面，所以为了避免_____现象的发生，在泵的出口管上安装了_____阀，在开泵前可以将泵内灌满水。泵的入口处安装有一个_____表，可以测量水的真空度，在泵的出口处安装有一个_____表，可以测量水的_____。流量计可以测量水的流量，出口阀主要是用于调节水的_____。

知识2　学习并掌握离心泵操作的安全与防护措施

1. 离心泵的维护

（1）经常注意泵运转时的振动和噪声，出现异常，要及时判断产生原因并处理。

（2）经常注意压力表、真空表等仪表工作是否正常，超过规定值应立即检查并处理。

（3）经常检查轴承温度是否过高，防止泵轴磨损和轴承烧坏。

（4）泵内无液体时切不可运转，更不能反转，否则损伤叶轮和轴套松扣。

（5）泵出口阀关闭后，运转时间不能太长，否则会造成泵体发热。

（6）经常检查填料函是否密实，以防泄漏量过大，严重时应该停泵检查。

（7）经常保持泵体和电机的清洁，并润滑良好。

2. 常见故障及处理方法

离心泵的常见故障及处理方法见表1-13。

表1-13　离心泵的常见故障及处理方法

故障名称	产生原因	处理方法
流量不足	（1）槽内液面较低或吸入高度增大 （2）密封填料或吸入管漏气 （3）进出口阀门或管路堵塞 （4）叶轮腐蚀或磨损 （5）密封圈磨损严重 （6）泵的转速降低 （7）被输送的液体温度高	（1）调整液面高度 （2）压紧填料 （3）检查清理 （4）更换新叶轮 （5）更换新密封 （6）检查电压或传送带松紧 （7）设法降温

续表

故障名称	产生原因	处理方法
轴承温度高	（1）轴承缺油或磨损严重 （2）轴的中心线偏移	（1）补充油或更换新轴承 （2）调整轴承位置
机身振动和噪声大	（1）轴弯曲变形或联轴器错口 （2）叶轮磨损失去平衡 （3）叶轮与泵壳发生摩擦 （4）轴承间隙过大 （5）泵壳内有气体	（1）调直或更换泵轴 （2）更换新叶轮 （3）拆开调整 （4）调整轴瓦间隙 （5）查出漏气处并堵死
电流增大	（1）液体密度或黏度增大 （2）泵轴的轴向窜动量大，叶轮与泵壳和密封圈发生摩擦 （3）填料压盖过紧 （4）输出量增加	（1）与有关岗位联系解决 （2）调节轴的窜动 （3）稍微松动螺母 （4）减少输出量

知识3　安全规范操作离心泵（开车、停车、多泵串联和并联操作）

1. 离心泵开车

（1）开车前的准备工作

① 检查离心泵的各连接螺栓和地脚螺栓有无松动现象。

② 检查轴承的润滑油是否充足，注意加注的润滑油标号必须与要求相符。

③ 轴封填料是否压紧。

④ 均匀盘车，没有摩擦现象或时紧时松现象，泵内没有杂音。

⑤ 检查所用仪表是否完好，真空表、压力表指针应该指零。

各项检查完毕后，可进行正常开车。

（2）正常开车

说明：下面的操作步骤仅供参考，可根据学校提供的实训设备要求进行操作。

① 关闭与真空表连接管线上的旋塞，以防止在开泵前灌水时水压冲击真空表，造成损坏。

② 打开泵出口阀门，打开灌水阀，向离心泵内灌水，排出泵壳内的气体，当管道出口处有水流出时，表明泵已灌满。

③ 关闭泵的出口阀，开启电源开关，观察电机运转是否正常，有无异常声音等问题，一切正常后，缓慢打开出口阀，根据要求调节水的流量。

④ 打开与真空表连接管线上的旋塞，真空表显示出离心泵进口处的真空度。

⑤ 注意观察离心泵的流量、入口处真空度、出口处表压等参数，若无异常，即表明泵已运行正常。

想一想

为什么在开泵前要关闭离心泵出口阀？请将你的答案写在下面。

_____

_____

（3）输送系统的正常运行　输送系统的正常运行是指能够按照输送要求完成任务。请你按老师给出的输送流量要求进行操作，并注意观察参数的变化情况，并将操作参数记录在表1-14中。

表1-14　操作参数

序号	流量单位（　）	泵入口处真空度单位（　）	泵出口表压单位（　）	流量变化时真空度和表压的变化情况
1				
2				
3				

想一想

流量发生变化后，真空度和表压都会发生变化，这种变化对液体的输送高度、离心泵的工作效率以及离心泵的正常运行有影响吗？请将你的想法写在下面。

_____

_____

（4）离心泵的操作要点　离心泵的流量与压头之间存在一定的关系，这由泵的特性曲线决定，对于给定的管路，其输送的流量与输送任务所要求的压头之间也存在一定的关系，这可由伯努利方程决定，这种关系也称为管路特性。显然，当泵安装在指定管路时，流量与压头之间的关系既要满足泵的特性，也要满足管路的特性。把满足上述两方面要求的交点称为离心泵在指定管路上的工作点，泵只能在工作点条件下工作。

离心泵在启动前，必须使泵体内充满被输送液体，否则，离心泵由于没有自吸能力，启动时不能正常输送液体，把这种现象称为气缚现象。产生这种现象的原因是气体的密度比液体的密度小得多，所产生的离心力也很小，使叶轮中心不能形成足够的真空度以吸入液体，形成叶轮空转。因此，离心泵在启动前必须灌泵,以避免气缚现象。

灌泵后关闭泵的出口阀,使泵在流量为零的情况下启动,这时泵的启动功率最小,以免电机启动时过载而烧坏。泵运转后逐渐打开出口阀,进入正常操作。

泵停车时要先关闭出口阀,再停电机,防止液体倒流冲击叶轮。若停车时间较长,应将泵和管路内液体排放干净,以免锈蚀和冬季冻结。

当泵工作点的流量及压头与输送任务的要求不一致时,或生产任务改变时,必须进行适当的调节,主要的调节方法如下。

① 改变阀门开度　主要是改变泵出口阀门的开度。因为即使吸入管路上有阀门,也不能进行调节,在工作中,吸入管路上的阀门应保持全开,否则易引起汽蚀现象。由于用阀门调节简单方便,因此工业生产中主要采用此方法。

② 改变转速　通过前面对离心泵性能的分析可知,当转速改变时,离心泵的性能也会跟着改变,工作点也随之改变。由于改变转速需要变速装置,使设备投入增加,故生产中很少采用。

③ 改变叶轮直径　通过车削的办法改变叶轮的直径,来改变泵的性能,从而达到改变工作点的目的。由于车削叶轮不方便,需要车床,而且一旦车削便不能复原,因此工业上很少采用。

2. 离心泵停车

(1) 关闭出口阀,避免停泵后出口管路中的高压液体倒流入离心泵内,对泵造成冲击导致损坏。

(2) 关闭真空表连接管线上的旋塞。

(3) 关闭泵的电源开关、各测量仪表电源开关及总电源开关。

(4) 若泵具有水冷却系统,将冷却水系统关闭。

(5) 若离心泵在较长时间内不使用,请将泵内液体排净。

3. 多泵串联、并联操作

(1) 多泵串联操作　在同一管路中,两台泵串联后的扬程增大,但是小于两台泵单独工作时的扬程之和,如图1-36所示。因为串联后的管路流量增大,阻力损失也随之增大,致使串联后的扬程与单泵工作扬程相比不可能成倍增加。管路阻力损失越大或者说管路特性曲线越陡峭,串联扬程与两台单独工作时的扬程之和相差也越小;反之,管路阻力损失越小或者说管路特性曲线越平坦,串联扬程与两台泵单独工作时的扬程之和相差也越大,为提高扬程而采用串联工作的效果就越差。所以说，两台性能相同的离心泵串联工作时既能提高扬程，也能增大流量，但其增加量不取决于泵本身，而取决于管路特征曲线的平坦与陡峭程度。

（2）多泵并联操作　在同一管路中，两台泵并联后的流量增大，但小于两台泵单独工作时的流量之和，如图1-37所示。因为并联后的管路流量增大，阻力损失也随之增大。要保持能量平衡，必须提高扬程，致使单泵流量减少，因此并联后的流量与单泵工作流量相比不可能成倍增加。管路的阻力损失越大或者说管路特性曲线越陡峭，并联流量与两台泵单独工作时的流量之和相差越大，为提高流量而采用并联工作的效果就越差。

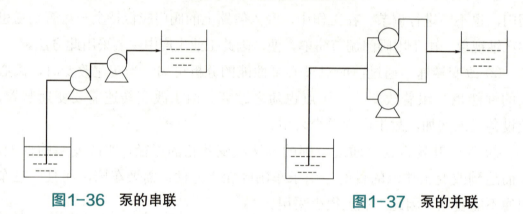

图1-36　泵的串联　　　　　　　　　图1-37　泵的并联

项目1.2　认识往复泵

任务1　认识往复泵

 任务描述

任务名称	认识往复泵	建议学时	
学习方法	1. 分组、遴选组长，组长安排组内任务、组织讨论、分组汇报； 2. 教师巡回指导，提出问题集中讨论，归纳总结		
任务目标	1. 掌握往复泵的基本结构、工作原理及特点； 2. 掌握往复泵的性能； 3. 培养团结协作的精神		
课前任务： 1. 分组，分配工作，明确每个人的任务； 2. 预习往复泵的结构		准备工作： 1. 工作服、手套、安全帽等劳保用品； 2. 纸、笔等记录工具； 3. 管子钳、扳手、螺丝刀、卷尺等工具	
场地	一体化实训室		

项目1　流体输送机械

续表

具体任务
1. 观察往复泵的外观结构，读取往复泵铭牌； 2. 学习往复泵的内部结构； 3. 学懂往复泵的工作原理； 4. 掌握往复泵的主要性能

知识准备

往复泵也是化工生产中常用的一种液体输送机械，如图1-38~图1-40所示。动力端构成：曲轴、机体、连杆、十字头。液力端构成：泵头体、活塞(柱塞)、进液阀、排液阀、填料体、阀体。

图1-38　往复泵外形

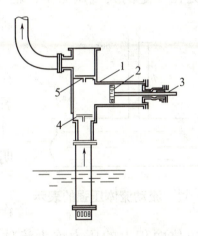

图1-39　往复泵结构示意图
1—泵缸；2—活塞；3—活塞杆；
4—吸入阀；5—排出阀

知识1　往复泵的结构及特点

往复泵的主要构件有泵缸、活塞（或柱塞）、活塞杆及若干个单向阀等，如图1-39所示。泵缸、活塞及阀门间的空间称为工作室。当活塞从左向右移动时，工作室容积增加而压力下降，吸入阀在内外压差的作用下打开，液体被吸入泵内，而排出阀则因内外压力的作用而紧紧关闭；当活塞从右向左移动时，工作室

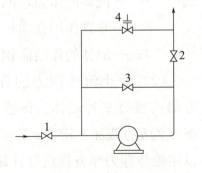

图1-40　往复泵的流量调节

容积减小，活塞的挤压使液体压力增加，这时排出阀打开，液体被排到泵外，而吸入阀则紧紧关闭。如此周而复始，实现往复泵的吸液与排液。同时往复泵的活塞将外功以静压能的方式直接传递给了液体。

知识2　流体压缩与输送

1.流体压力及检测方法

气体和液体统称为流体。而流体的一个重要特征就是它们都有压强，这种压强就是流体的"力量"。通过下面的实例来感受流体压强的存在。

当生活在平原的人来到有一定海拔高度的山上时，都可能会出现头晕、胸闷等高山反应，这是为什么呢？这是因为大气压的变化。人们生活的环境，总是处在一定的大气压力下，而大气压力的大小是与海拔高度有关系的。这种现象说明气体是有压力的。

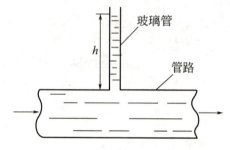

图1-41　流动流体压强的表示

再来看这样一个现象：如图1-41所示，在管路上安装一根垂直的玻璃管，这时可以看到管路中的流体进入了玻璃管内，并且上升到一定的高度，这个上升的液柱高度就表明了液体也是有压力的。

（1）什么是压强　流体在地球重力场的作用下，都具有一定的压力，把流体垂直作用在单位面积上的压力称为流体的压强，在生产中又简称为压力，其定义式为：

$$p=\frac{F}{A} \qquad (1\text{-}9)$$

式中　p——流体的压力，Pa；

F——垂直作用在面积A上的力，N；

A——流体的作用面积，m^2。

（2）静止流体压力的计算　如图1-42所示，容器内盛有某种液体，该液体处于静止状态，在深度为h的截面上压力p是多少，怎样计算呢？可以用流体静力学方程进行计算。

$$p=p_0+\rho gh \qquad (1\text{-}10)$$

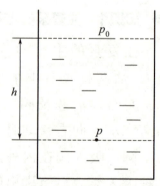

图1-42　静止流体内压力与高度的关系

式中　p——深度为 h 处的压力，Pa；

　　　p_0——液层表面的压力，Pa；

　　　ρ——液体的密度，kg/m³；

　　　h——液层深度，m。

流体静力学方程体现了静止流体内部压力的变化规律。

练一练

（1）当容器内的液体静止时，越深的地方液体的压力_____；深度相同时，越重的液体（密度越大的液体）产生的压力_____。所以，在静止的液体内，压力的大小与液体的_____和深度有关。

（2）当液面上方的压力 p_0 改变时，这个压力会向液体内部传递，使各点的压力发生同样大小的改变，这正是液压传递的基本原理。所以在静止的同一流体内部，p_0 改变时，p 会发生_____的变化。

算一算

已知容器中装有20℃的水，水面上的压力为大气压，数值为101300Pa，计算在深度为2m处的压力 p（单位为Pa）。

计算向导：

（1）20℃时水的密度为_____；

（2）g 是重力加速度，数值为_____；

（3）将已知数据代入式（1-10），计算出2m深处的压力 p 等于_____Pa。

想一想

思考下面的问题，并将答案填入空格中。

在2m深的地方，压力 p 比大气压大多少？_____Pa

在工业生产中，表示压力的大小可以有不同的方法，在"算一算"中算出的压力 p 称为绝对压力；在"想一想"中算出的压力 p 称为表压。

综合练习

现在你能写出表压的计算公式了吧，请完成下面的填空练习，因为在后面的学习中要用到这两个公式。

$$\text{表压} = \text{绝对压力} - \underline{\qquad} \quad (1\text{-}11)$$

$$\text{绝对压力} = \text{大气压} + \underline{\qquad} \quad (1\text{-}12)$$

当一个密闭的容器内装有气体时，见图1-43，贮气钢瓶内气体的压力是多少？可以看到钢瓶上有一个压力表。所以从压力表上就可以读出钢瓶内气体的压力。

💠 **想一想**

读出的压力代表钢瓶内什么地方的气体压力呢？

答案是：读出的压力代表钢瓶内_____地方的气体压力，因为对于气体来说，容器内任一点的压力都是相同的。

图1-43 贮气钢瓶

注意：压力表测出的都是表压，如果要想得到绝对压力，只要用式（1-12）就可以算出来了。

（3）压力的单位　在前面的计算中，只是接触到压力单位"帕"，但在工业生产中，压力的单位还有许多常用的表示方法。

物理大气压：用符号"atm"表示；

工程大气压：用符号"at"表示；

汞柱高度：用符号"mmHg"表示；

水柱高度：用符号"mH_2O"表示；

压力的国际单位：用符号"Pa（帕）"表示。

这些表示方法之间有一定的换算关系：

$$1atm=101325Pa=1.033at=760mmHg=10.33mH_2O$$

式（1-10）也可以改写为

$$h=\frac{p-p_0}{\rho g} \tag{1-13}$$

这个公式表明，压强差的大小可以用一定高度的液体柱来表示，或者说压强的大小也可以用一定高度的液体柱表示。从式（1-13）可知大气压是可以用汞柱高度或水柱高度来表示的。但必须注明液体的种类，如前面所介绍的压力可以用mmHg、mH_2O等单位来计量。

（4）压力的表示方法　表压是压力的一种表示方法。从前面"算一算"的学习中了解到，当绝对压力大于大气压时，可以把高出大气压的部分称为表压。那么在生产中当绝对压小于大气压时，应该如何表示呢？下面学习一个新的概念——真空度。

看图1-44（a），用一个数学坐标来表示压力的大小，从图中可以看出绝对压力小于大气压，真空度就表示比大气压小了多少。

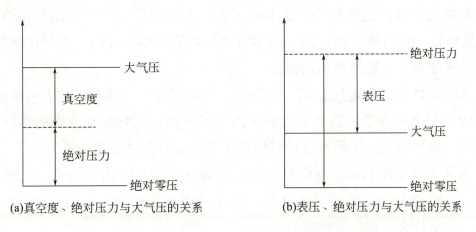

(a)真空度、绝对压力与大气压的关系　　(b)表压、绝对压力与大气压的关系

图1-44　真空度（表压）、绝对压力与大气压的关系

想一想

如果用公式来表示真空度、绝对压力和大气压三者之间的关系，能写出真空度的计算式吗？试一试吧！

真空度=＿＿＿＿－＿＿＿＿

显然，设备内流体的绝对压力越低，则它的真空度就越高。

同样可以用数学坐标来表示表压的大小，见图1-44（b）。

练一练

表压=绝对压力－＿＿＿＿

真空度=大气压－＿＿＿＿

有很多化工生产过程都不是在常压（大气压力）下进行的，它们或者是在正压系统（压力高于大气压力）下操作，或者是在负压系统（压力低于大气压力）下操作。化工生产中广泛应用的测压仪表主要有两种，一种叫压力表；另一种叫真空表，但它们的读数都不是系统内的绝对压力，从压力表上读出的数据叫表压，它是设备内的绝对压力比大气压高出的数值；从真空表上读出的数据叫真空度，它是设备内的绝对压力低于大气压的数值。

为了使用时不至于混淆，压力用绝对压力表示时可以不加说明，但用表压和真空度表示时必须注明。例如：600kPa表示绝对压力；0.2MPa（表压）表示系统的表压；30kPa（真空度）表示系统的真空度。

2.U形管压差计

U形管压差计是一种非常简单的常用的压力测量仪器，是液柱式测压计中最普通的一种，它的外形如图1-45所示。主要部件是一个两端开口的垂直U形玻璃管，管内装有指示液。指示液要与被测流体不互溶，不起化学作用，而且其密度要大于被测流体的密度。

从图1-45中你一定注意到一个现象，当U形管的两端开口与大气相通时，即作用在两支管内指示液液面上的压力是相等的，此时两支管内的指示液液面在同一水平面上。下面来讨论U形管压差计如何测量流体的压力。

测量原理见图1-46。将U形管的两个端口分别与管路上的两个测压口相连接，这时会发现一个明显的现象，指示液出现了高度差，如图中R代表高度差，这是什么原因造成的呢？

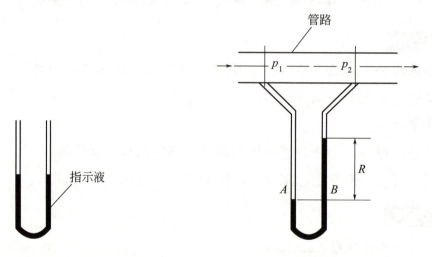

图1-45　U形管压差计　　　　图1-46　测量压力差

请注意观察，在U形管的A截面，指示液的液位低，这说明A截面上受到的压力大，那么在B截面上受到的压力比较小，这样就形成指示液的高度差，因此可以推断，在流体流动的方向上，压力p_1和p_2是不相等的，而且$p_1 > p_2$，所以p_1和p_2之间的压力差通过U形管内指示液的高度差反映出来，用高度差R就可以算出两测压点之间的压力差了，计算公式如下：

$$p_1 - p_2 = (\rho_i - \rho) R g \tag{1-14}$$

式中　　p_1、p_2——流体在不同截面的压力，Pa；

R——指示液的高度差，m；

ρ_i、ρ——指示液和被测流体的密度，kg/m³。

练一练

用式（1-14）算出的压力差是绝对压还是表压？建议你与同学们一起讨论，或向老师请教，寻找正确的答案。

答案是：_____。

U形管压差计不仅可以用来测定管路两端的压力差，同样也可以用来测量表压或真空度。只要将压力计的一端接通大气，就可以用压差计的读数R算出测压点流体的表压或真空度。

练一练

见图1-47，从图中可以看出U形管的安装形式改变了，只有一个端口与管路连接。在这种情况下指示液也形成了高度差R，请回答：

（1）管路内流体的压力p_____p_a。（你的选择是"大于"或"小于"）

（2）式（1-14）中p_1相当于管路中流体的压力p，那么p_2应该用哪个压力来代替呢？你确定后请写出计算公式：_____。

（3）你能说明算出的压力p是真空度呢还是绝对压？

3.差压变送器

差压变送器是测量变送器两端压力之差的变送器，如图1-48所示。与一般的压力变送器不同的是它们均有两个压力接口，分为正压端和负压端，一般情况下，差压变送器正压端的压力应大于负压端压力才能测量。差压变送器具有以下特点。

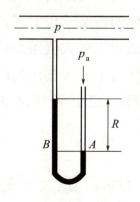

图1-47　测量管内流体的压力

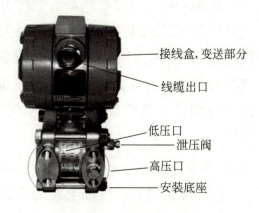

图1-48　差压变送器

（1）具有工作可靠、性能稳定等特点；

（2）专用V/I集成电路，外围器件少，可靠性高，维护简单、轻松，体积小、重量轻，安装调试极为方便；

（3）铝合金压铸外壳，三端隔离，静电喷塑保护层，坚固耐用；

（4）4~20mA DC二线制信号传送，抗干扰能力强，传输距离远；

（5）LED指示表头，现场读数十分方便，可用于测量黏稠、结晶和腐蚀性介质；

（6）高准确度，高稳定性。

4.其他压力检测装置

图1-49展示了各类测压仪表的外形。在化工生产中，经常可以看到或者经常用到的压力测量仪表就是压力表、真空表或压力真空表了，也是最简单的测量压力的仪表。

　　压力表　　　　　　　真空表　　　　　　压力真空表

图1-49　压力表、真空表及压力真空表

从图1-49中可以看到，表上标有数字刻度和单位，还有指示读数的指针，这是一种指针式压力表。还有直接显示压力数值的数字式压力表。这三种表的差异在于使用的场合不同。当设备容器内的压力大于大气压力时，用压力表进行测量，其读数为表压；当设备容器内的压力小于大气压力时，用真空表进行测量，其读数为真空度；而压力真空表则在上述两种情况下都可以使用。

【实例1-2】　某设备上压力表的读数为280kPa，当地大气压为100kPa，问设备内的绝对压力是多少？

采用式（1-12），可以得出：

绝对压力=大气压+表压

=100+280

=380（kPa）

【实例1-3】 某设备内的流体的绝对压力是15kPa，当地大气压为100kPa，问该设备上真空表的读数是多少？

计算向导：真空表的读数表示设备内流体的压力，那么已知流体的绝对压力，怎样计算真空度呢？

你选择的计算公式是：_____；

你的计算结果：真空表的读数是_____。

5.流体输送中的能量形式

我们知道，水之所以能从自来水厂流到千家万户，是因为它有一定的能量。那么，流体的流动与哪些形式的能量有关呢？

流体流动时主要与机械能有关，机械能包括位能、静压能和动能。

① 位能　是流体处在一定的空间位置而具有的能量。位能是相对值，与所选定的基准水平面有关，其值等于把流体从基准水平面提升到当前位置所做的功。质量为m（kg），距基准水平面垂直距离为Z（m）的流体具有的位能是mgZ，单位是J。

② 动能　是流体具有一定的流动速度而具有的能量。质量为m（kg），流速为u（m/s）的流体具有的动能是$mu^2/2$，单位是J。

③ 静压能　静压力不仅存在于静止流体中，而且也存在于流动流体中，流体因为具有一定的静压力而具有的能量称为流体的静压能。质量为m（kg），压力为p（Pa）的流体具有的静压能为mp/g，单位是J。

流体在流动时，三种能量之间可以相互转换，三种能量之和称为总机械能。

当流体从一处稳定流向另一处时要遵守能量守恒定律，也就是说进入系统的总机械能等于离开系统的总机械能。见图1-50。分别确定两个能

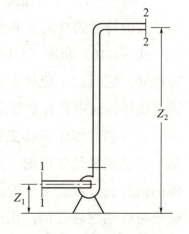

图1-50　能量衡算示意图

量衡算的截面,即1—1截面和2—2截面,流体是从1—1截面流向2—2截面。设1—1截面距基准水平面的距离为Z_1,2—2截面距基准水平面的距离为Z_2,两截面处的流速、压强分别为u_1、p_1和u_2、p_2,流体在两截面处的密度均为ρ,以1kg流体为基准,可以得到:

$$gZ_1+\frac{p_1}{\rho}+\frac{1}{2}u_1^2=gZ_2+\frac{p_2}{\rho}+\frac{1}{2}u_2^2 \quad \text{J/kg} \quad (1-15)$$

由于流体在流动时,需克服流动阻力,就会消耗机械能,把克服流动阻力而消耗的机械能,被看作是输出的能量,称为能量损失,用ΣE_f表示。正是因为流体在流动过程中要消耗能量,就需要靠输送机械补充能量,通过流体输送机械(泵)获得的外加能量,被看作是输入的能量,用W表示,称为外加功。这样能量衡算方程又可以写成:

$$gZ_1+\frac{p_1}{\rho}+\frac{1}{2}u_1^2+W=gZ_2+\frac{p_2}{\rho}+\frac{1}{2}u_2^2+\Sigma E_f \quad \text{J/kg} \quad (1-16)$$

在工程上,常常以1N流体为基准,计量流体的各种能量,并把相应的能量称为压头,单位为m,即1N流体的位能、动能、静压能分别称为位压头、动压头、静压头,1N流体获得的外加功称为外加压头,也称为扬程。1N流体的能量损失称为损失压头等。用压头表示的能量守恒定律如下:

$$Z_1+\frac{p_1}{\rho g}+\frac{1}{2g}u_1^2+H=Z_2+\frac{p_2}{\rho g}+\frac{1}{2g}u_2^2+\Sigma H_f \quad \text{m} \quad (1-17)$$

式中 H——1N流体获得的外加功,m;

ΣH_f——1N流体在流动过程中的能量损失,m。

其他符号的意义及单位与前面相同。

式(1-16)和式(1-17)是实际流体的机械能衡算式,习惯上称为伯努利方程式,它反映了流体在流动过程中,各种能量的转化与守恒规律,这一规律在流体输送中具有重要意义。

伯努利方程还告诉我们,在流体流动过程中,各种能量形式可以相互转化,但总能量是守恒的。为了分析方便,以没有阻力、不存在外加能量的流体的伯努利方程式来分析能量的变化规律。设$Z_1=Z_2$,可以看出,动能与静压能是可以相互转化的,由此可以推出,在流动最快的地方,压力最小,这也是人不能离运行的火车太近、高速航行的两艘船靠得太近会发生碰撞的原因。

在工程上,利用这一规律,制造设计了流体动力式真空泵,也正是这一规律,使飞机飞上了天,制造了球类比赛中的旋转球。

在用伯努利方程求解流体输送问题时,需要知道能量损失的大小才能进行相关的计算。造成能量损失的原因主要是流体在流动时产生的阻力,阻力的大小还关系到流体输送过程的经济性,因此,了解流体阻力产生的原因及其影响是十分重要的。

实际流体流动时,由于具有黏性,使得流体内部以及流体与管壁之间产生内摩擦力,造成能量损失,这种在流体流动过程中因为克服摩擦力而消耗的能量叫流体阻力。因此,黏性是流体阻力产生的根本原因。黏度作为表征黏性大小的物理量,其数值越大,说明在同样流动条件下,流体阻力就会越大。不同流体在同一条管路中流动时,流体阻力的大小是不同的,但研究也发现,同一种流体在同一条管路中流动时,也能产生大小不同的流体阻力,因此,决定流体阻力大小的因素除了黏性以外,还取决于流体的流动状况,即流动形态。流体流动都有哪些形态呢?1883年,雷诺用实验回答了这个问题。

(1)雷诺实验和流动形态 雷诺实验装置如图1-51所示,图中水槽内的液位通过溢流管始终保持恒定,高位水瓶内为有色液体,与高位水瓶相接的细管喷嘴保持水平,并与透明管的中心线重合。

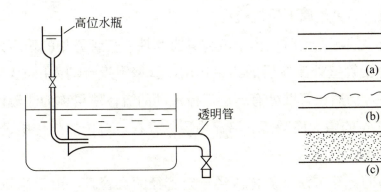

图1-51 雷诺实验装置示意图　　图1-52 雷诺实验结果比较

实验时,分别打开透明管上的阀门和高位水瓶细管上的阀门,调节有色液体的流速和透明管内水的流速。通过实验可以观察到,当透明管内水的流速不大时,管中心的有色液体成一直线,如图1-52(a)所示,说明玻璃管内的水是彼此平行并沿着管轴的方向做直线运动,这种流动类型称为滞流或层流。当透明管内水的流速逐渐加大到一定数值时，管中心的有色液体细线开始出现波浪形，如图1-52（b）所示。若流速继续增大至某一值时，细线便完全消失，如图1-52（c）所示，整个玻璃管内的水呈现出均匀的颜色，这种现象说明水除了沿着管道向前流动外，还存在着径向的复杂运动，这种流动类型称为湍流或紊流。

雷诺做了大量的实验后发现，引起流体的流动状态改变的原因，除了流速，还有管径d、流体的黏度μ和密度ρ。将上述影响因素综合成一个无量纲特征数，该特征数就称为雷诺数，其表达式为：

$$Re = \frac{du\rho}{\mu} \tag{1-18}$$

雷诺数是没有单位的一个无量纲数群。

实验证明，流体在直管内流动时，当$Re \leqslant 2000$时，流动类型为滞流，当$Re \geqslant 4000$时，流动类型为湍流，若Re在2000～4000的范围内，流体处于一种过渡状态，可能是滞流，也可能是湍流，或交替出现，主要取决于外来的干扰情况。另外，在湍流时，Re越大，湍动程度越高，也就是流体质点运动的杂乱无章的程度越高，产生的内摩擦力越大，流体阻力就越大。

流体在湍流流动时，除了靠分子的热运动传递动量、热量和质量外，还靠质点的随机运动来传递动量、热量和质量，而且后者的传递能力更强，因此在化工生产中的流动多数属于湍流流动。

流体在圆管内呈湍流流动时，由于流体具有黏性，使管壁处的速度为零，邻近管壁处的流体受管壁处流体层的约束作用，管壁附近流动为层流，因此即使在湍流状态下，仍然在管壁处有一层滞流流动的流体薄层称为滞流内层。滞流内层的厚度随Re的增大而减薄。滞流内层的存在，对传热与传质过程都有重要的影响。

（2）流体阻力的计算方法　流体流经一定管径的直管时，由于流体的内摩擦力而产生的阻力，称为直管阻力。流体流经管路中的管件、阀门及截面的突然扩大和缩小等局部地方所引起的阻力，称为局部阻力。

① 直管阻力的计算　直管阻力的计算通式为：

$$E_f = \lambda \frac{l}{d} \times \frac{u^2}{2} \tag{1-19}$$

式中 E_f——直管阻力，J/kg；

λ——摩擦系数，其值随流体流动类型及管壁的粗糙度而变化，可通过查图、经验公式计算或实验测定等方法确定；

l——直管的长度，m；

d——直管的内径，m；

u——流体在管内的流速，m/s。

该公式对于滞流和湍流均适用。

② 局部阻力的计算　流体流过管件、阀件、出入口等局部元件时，由于流通截面积突然变化而引起能量的损失。因为各种元件的结构不同，因此造成阻力的大小也不完全相同，目前只能通过经验方法计算局部阻力，主要的方法有局部阻力系数法和当量长度法两种。

a.局部阻力系数法　将局部阻力所引起的能量损失表示为动能的一个倍数。其计算式为：

$$E_f' = \zeta \frac{u^2}{2} \tag{1-20}$$

式中，ζ 称为局部阻力系数，可由图表查阅。

b.当量长度法　将流体流过管件、阀门等局部地区所产生的阻力折合成相当于流体流过长度为 l_e 的同直径管道时所产生的阻力，l_e 称为当量长度。其计算式为：

$$E_f' = \lambda \frac{l_e}{d} \times \frac{u^2}{2} \tag{1-21}$$

l_e 值由实验测定，同样可以通过查阅图表得到。

③ 管路总能量损失的计算　管路的总阻力为管路上的直管阻力和局部阻力之和。对于直径不变的管路，如果局部阻力都按当量长度来表示，则：

$$\Sigma E_f' = \lambda \frac{l + \Sigma l_e}{d} \times \frac{u^2}{2} \tag{1-22}$$

如果局部阻力都按阻力系数来表示，则：

$$\Sigma E_f' = \left(\lambda \frac{l}{d} + \Sigma \zeta \right) \frac{u^2}{2} \tag{1-23}$$

一方面，流体阻力越大，输送流体的动力消耗也越大，造成操作费用增加；另一方面，流体阻力的增加还能造成系统压力的下降，严重时将影响工艺过程的正常进行。因此，化工生产中应尽量减小流体阻力，从流体阻力计算公式可以看出，减少管长、增大管径、降低流速、简化管路和降低管壁面的粗糙度都是可行的，主要措施有：

a.在满足工艺要求的前提下，应尽可能缩短管路；

b.在管路长度基本确定的前提下，应尽可能减少管件、阀件，尽量避免管路直径的突变；

c.在可能的情况下，可以适当放大管径，因为当管径增加时，在同样的输送任务下，流速显著减少，流体阻力就会显著减少；

d.在被输送介质中加入某些药物，如丙烯酰胺、聚氧乙烯氧化物等，以减少介质对管壁的腐蚀和杂物沉积，从而减少旋涡，使流体阻力减少。

知识链接

在与各类泵的对比中，往复泵以其独特的技术优势处于领先地位，具体来说，优点表现在如下方面。可获得高排压，压力变化对流量无影响，扬程无限高；对输送的介质具有广泛适用性。泵的性能稳定，几乎不受介质的物理化学性质限制。可以推广至石油、生活污水、强酸碱等腐蚀性液体、放射性核素废液等多种流体的转运输送；自吸效果好，使用时无需灌泵。

往复泵发展前景广阔且意义重大。在理论研究方面，结合多学科模拟分析算法，着重解决液缸布置方式和泵送压力不够的问题；在使用材料方面，整合具有耐磨、耐腐蚀、高强度的新型材料作为易损部件；在动力传动方式方面，摒弃传统曲柄连杆机械驱动而尝试气压、液压等方式；在结构设计方面，简化零部件组装和易损件使用情况等。可以展望，未来的往复泵应该向着体积小型化、输出流量均匀、泵送压力高、系统稳定、故障率低、检修方便、应用广泛、高效节能的方向发展。

我国胜利油田创新式使用注水注聚合物用凸轮卧式恒流量往复泵，动力端采取力封闭和几何封闭相结合的盘式凸轮机构，两个滚子分别安装在凸轮左右两侧，与凸轮相接触的左右两滚子的中心距在任意时刻均为定值，可以实现强迫复位，使运动过程中滚轮与凸轮紧密接触，避免撞击、脱开和运转不灵活等现象的发生。

项目1 流体输送机械

任务2 往复泵操作实训

 任务描述

任务名称	往复泵操作实训	建议学时	
学习方法	1. 分组、遴选组长，组长安排组内任务、组织讨论、分组汇报； 2. 教师巡回指导，提出问题集中讨论，归纳总结		
任务目标	1. 认识往复泵输送（装置）系统； 2. 掌握往复泵的规范操作（开车和停车）； 3. 能够辨别往复泵常见故障，并进行处理； 4. 培养团结协作的精神		
课前任务： 1. 分组，分配工作，明确每个人的任务； 2. 预习往复泵的特性		准备工作： 1. 工作服、手套、安全帽等劳保用品； 2. 纸、笔等记录工具； 3. 管子钳、扳手、螺丝刀、卷尺等工具	
场地	一体化实训室		
具体任务			
1. 学习往复泵输送（装置）系统； 2. 学会规范操作往复泵（开车和停车）； 3. 学会辨别往复泵常见故障，并进行处理			

 知识准备

往复泵操作实训过程主要包括以下步骤：往复泵试车、正常开车、正常运行、正常停车或异常停车。操作时要提高安全使用水、电、气，高空作业不伤人、不伤己等安全防范意识。

知识1 学习并掌握往复泵操作的安全与防护措施

1.往复泵操作的安全

（1）泵在启动前必须进行全面检查，检查的重点是：盘根箱的密封性、润滑和冷却系统状况、各阀门的开关情况、泵和管线的各连接部位的密封情况等。

（2）盘车数周，检查是否有异常声响或阻滞现象。

（3）具有空气包的往复泵，应保证空气包内有一定体积的气体，应及时补充损失的气体。

（4）检查各安全防护装置是否完好、齐全，各种仪表是否灵敏。

（5）为了保证额定的工作状态，对蒸汽泵通过调节进汽管路阀门改变双冲程数；对动力泵则通过调节原动机转数或其他装置。

（6）泵启动后，应检查各传动部件是否有异声，泵负荷是否过大，一切正常后方可投入使用。

（7）泵运转时突然出现不正常，应停泵检查。

（8）结构复杂的往复泵必须按制造厂家的操作规程进行启动、停泵和维护。

2.往复泵常见故障及防护措施

往复泵常见的故障及防护措施见表1-15。

表1-15　往复泵常见故障及防护措施

常见故障	原因	处理方法
1.泵无法启动	（1）过负荷开关自动跳闸	更换适当的过负荷开关
	（2）电路断路或接触不良	检查电路或重接
	（3）电压过低	检查原因，进行调整
2.泵流量不足	（1）进口管路阻塞或阻力太大	疏通进口管路及采取措施减小阻力
	（2）填料漏损严重	拧紧或更换填料
	（3）泵体内或管路内有空气	排除空气
	（4）进、出口单向阀处密封泄漏	检查密封面或更换密封圈
	（5）进口管路连接处空气进入	拧紧连接丝扣或密封面接口
	（6）进出口单向阀关闭不严	清洗或更换阀球，检查阀座凡尔线，清除缺陷
	（7）输送介质不清洁	用过滤等方法除净
3.计量精度低	（1）同上述各原因	按上述方法采取相应措施
	（2）电机转速不稳	稳定电网频率及电压
	（3）调量螺杆磨损或窜动	更换磨损件或找出原因进行消除
4.传动机构振动及噪声	（1）泵超负荷运转	降低负荷量
	（2）填料过紧引起发热磨损力过大	放松或更换填料
	（3）蜗杆窜动	找出原因并调整
	（4）传动零件间隙增大	找出原因，调整间隙或更换磨损件
5.曲轴箱温度过高	（1）超负荷运转	检查输出压力，阀门的开启程度和是否被异物堵塞
	（2）润滑油不适当	更换规定的润滑油
	（3）外界气温过高	采取环境降温措施

续表

常见故障	原因	处理方法
6. 电机过热	（1）电源电压不正常	调整电源
	（2）曲轴箱内油量不正常	调整油量
	（3）排出压力过高	适当降压
	（4）填料过紧	放松或重新安装
	（5）传动件装配间隙不当	按规定重新调整间隙
	（6）润滑油选用不当	更换润滑油
7. 泄漏	（1）蜗杆、十字头油封泄漏	检查更换油封，十字头
	（2）蜗轮、蜗杆轴封泄漏	清洗检查油封衬套，更换油封衬套及 O 形环

知识2 安全规范操作往复泵（开、停车操作）

1. 往复泵开车操作

（1）启动前的准备工作

① 检查电动机的接地线必须牢固可靠。

② 检查各部螺丝不得松动及防护罩是否齐全紧固。

③ 检查所有配管及辅助设备安装是否符合要求。

④ 检查压力表是否好用。

⑤ 检查传动部件（包括十字头、柱塞等）是否完好。

⑥ 检查泵机箱内要灌注68号机械油（冬季用40号机械油），油位在游标中间处。

⑦ 检查电机旋转方向是否和电机上的箭头指示一致。

⑧ 行程调至最大处，盘动联轴器，使柱塞前后移动数次，各运动部件不得有松动、卡住、撞击等不正常的声音和现象。

（2）往复泵的启动和试机

① 用冲程调节手柄把冲程调到"0"的位置。

② 关闭泵的入口阀，打开出口阀。

③ 给电，启动泵，进行空负荷试运转，检查柱塞冲程是否和调量表的指示相符。

④ 在排出压力为零的情况下，打开入口阀通液。

⑤ 调节计量旋钮，使泵达到正常流量，旋转调量表时，应注意不得过快过猛，应按照从小流量往大流量方向调节，若需要从大流量往小流量方向调

节时应把调量表旋过数格,再向大流量方向旋至刻度。调节完毕后,用锁紧螺丝锁紧。

⑥ 利用安全阀逐渐加压至规定的全负荷。此时,应检查泵的运转情况,各运转部件不应有强烈的振动和不正常的声音,否则,应停车检查原因,排除故障后再投入运行。

⑦ 如有必要,泵机械运转正常后,可以进行流量校验。若经多次测定证明流量与冲程保持线性关系,且容积效率变化不大,则可投入正常运行。

(3) 运转中的检查

① 检查泵的进、出口压力,流量、电流是否正常。

② 检查泵的轴承温度是否正常,泵体温度不得超过65℃。

③ 检查泵的振动、声音是否正常。

④ 检查填料压盖压紧力不得太紧,泄漏量为每分钟2滴以下。

⑤ 电动机温度不得超过70℃。

⑥ 检查润滑油液位及其质量。

⑦ 检查有无其他异常情况。

⑧ 搞好泵的卫生,按规定时间做好各项记录。

2. 往复泵停车操作

(1) 切断电源停泵;

(2) 先关吸入阀,再关排出阀;

(3) 当外界温度低于0℃时,应放尽泵缸和阀箱内存水,以防冻裂;

(4) 长期停用时,应拆泵将水擦干,各运动件涂敷油脂。

项目1.3 认识其他流体输送机械

任务 认识其他流体输送机械

 任务描述

任务名称	认识其他流体输送机械	建议学时	
学习方法	1. 分组、遴选组长,组长负责安排组内任务、组织讨论、分组汇报; 2. 教师巡回指导,提出问题集中讨论,归纳总结		
任务目标	1. 了解旋转泵、旋涡泵和水环真空泵的基本结构、工作原理及特点; 2. 了解旋转泵、旋涡泵和水环真空泵的性能; 3. 培养团结协作的精神		

项目1　流体输送机械

续表

课前任务： 1. 分组，分配工作，明确每个人的任务； 2. 预习旋转泵、旋涡泵和水环真空泵的结构	准备工作： 1. 工作服、手套、安全帽等劳保用品； 2. 纸、笔等记录工具； 3. 管子钳、扳手、螺丝刀、卷尺等工具
场地	一体化实训室
具体任务	
1. 观察旋转泵、旋涡泵和水环真空泵的外观结构，读取旋转泵铭牌； 2. 学习旋转泵、旋涡泵和水环真空泵的内部结构； 3. 学懂旋转泵、旋涡泵和水环真空泵的工作原理； 4. 掌握旋转泵、旋涡泵和水环真空泵的主要性能	

 知识准备

其他流体输送机械主要包括旋转泵（齿轮泵和螺杆泵）、旋涡泵、水环真空泵、磁力泵和气体输送装置往复式压缩机。

知识1　旋转泵结构、工作过程及特点

旋转泵是依靠转子转动造成工作室容积改变来对液体做功的机械。其特点是流量不随扬程而变，有自吸能力，启动前不需要灌泵，流量采用旁路调节，流量小且比较均匀，扬程较高。常用的旋转泵有齿轮泵和螺杆泵两种。

1. 齿轮泵

齿轮泵的外形如图1-53所示。齿轮泵的泵壳是椭圆形，壳内装有两个齿轮，见图1-54。其中一个是主动齿轮，由传动件带动直接旋转。另一个是从动轮，与主动齿轮啮合且旋转方向相反。当两齿轮按图中的箭头方向旋转时，左部工作室呈负压并吸入液体，液体被吸入后分成两股随齿轮转动，从右部工作室排出。齿轮泵是通过两个相互啮合的齿轮的转动对液体做功的。

图1-53　齿轮泵外形

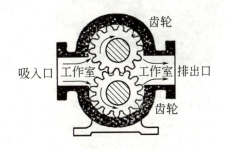

图1-54　齿轮泵的结构

齿轮泵的流量小，但比较均匀。扬程高，适于输送高黏度及膏状液体，比如润滑油，但不宜输送含有固体杂质的悬浮液。

2. 螺杆泵

螺杆泵主要由泵壳与一根或多根螺杆所构成，以双螺杆泵为例，它的外形如图1-55所示，结构如图1-56所示。

图1-55　双螺杆泵外形

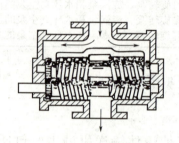

图1-56　双螺杆泵结构

螺杆泵是通过两个相互啮合的螺杆来对液体做功的，它的工作原理与齿轮泵很相似。它的流量均匀，但比较小，具有扬程高、效率高、运转平稳、噪声低等特点。适应于高黏度液体的输送，在合成纤维、合成橡胶工业中应用较多。

知识2　旋涡泵结构、工作过程及特点

旋涡泵也是依靠离心力对液体做功的泵，它的外形如图1-57所示。

旋涡泵的叶轮是个圆盘，其外边缘两侧铣成许多小的辐射状的径向叶片，吸入口与排出口同在泵壳的顶部，由隔板隔开，如图1-58所示。

图1-57　旋涡泵外形

 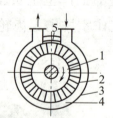

图1-58　旋涡泵的叶轮及壳体

1—叶轮；2—叶片；3—泵壳；4—引液道；5—隔舌

旋涡泵在工作时，液体反复流过每个叶片，多次接受机械转动的能量，

因此能形成更大的压头，但能够输送的流量较小。由于液体在叶片中运动，造成大量能量损失，因此泵的效率较低，为15%～40%。在流量减小时压头升高得很快，因此旋涡泵的流量调节也采用支路调节法。旋涡泵在开动前需要向泵壳内灌液。

旋涡泵适用于输送流量小而压头高的场合，虽然效率低，但体积小，结构简单，在化工生产中应用较广。

知识3　水环泵结构、工作过程及特点

水环泵的外形和结构如图1-59和图1-60所示。水环泵最初用作自吸水泵，而后逐渐用于石油、化工、机械、矿山、轻工、医药及食品等许多工业部门。在工业生产的许多工艺过程中，如真空过滤、真空引水、真空送料、真空蒸发、真空浓缩、真空回潮和真空脱气等，水环泵得到广泛的应用。由于真空应用技术的飞跃发展，水环泵在粗真空获得方面一直被人们所重视。由于水环泵中气体压缩是等温的，故可抽除易燃、易爆的气体，此外还可抽除含尘、含水的气体，因此，水环泵应用日益增多。

图1-59　双级水环式真空泵外形

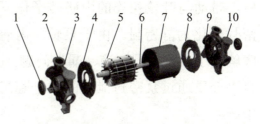

图1-60　双级水环式真空泵结构

1—轴承端盖；2—吸气口；3—端盖；
4—前吸排气圆盘；5—叶轮；
6—轴；7—泵体；8—后吸排气圆盘；
9—端盖；10—排气口

如图1-61所示，水环泵在工作时，泵体中装有适量的水作为工作液。当叶轮按图中顺时针方向旋转时，水被叶轮抛向四周，由于离心力的作用，水形成了一个决定于泵腔形状的近似于等厚度的封闭圆环。水环的上部分内表面恰好与叶轮轮毂相切，水环的下部内表面刚好与叶片底端接触（实际上叶片在水环内有一定的插入深度）。此时叶轮轮毂与水环之间形成一个月牙形空间，而这一空间又被叶轮分成和叶片数目相等的若干个小腔。

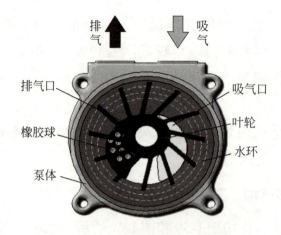

图1-61 水环式真空泵工作原理

知识4　其他常见的化工用泵

1. 磁力泵

磁力泵的外形和结构如图1-62、图1-63所示。磁力泵主要由泵体、磁力传动器、电动机三部分组成。磁力传动器由外磁转子、内磁转子和不导磁的隔离套组成。当电动机带动外磁转子旋转时，磁场能穿透空气隙和非磁性物质，带动与叶轮相连的内磁转子作同步旋转，实现动力的无接触传递，将动密封转化为静密封。由于泵轴、内磁转子被泵体、隔离套完全封闭，从而彻底解决了"跑、冒、滴、漏"问题，消除了炼油化工行业易燃、易爆、有毒、有害介质通过泵密封泄漏的安全隐患，有力地保证了职工的身心健康和安全生产。

图1-62　磁力泵外形

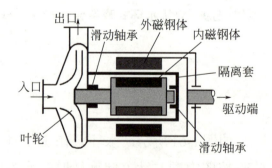

图1-63　磁力泵内部结构

2. 往复式压缩机

往复式压缩机属于气体输送机械。化工生产中所用的气体输送和压缩机械的基本形式及操作原理与液体输送机械类似，但是由于气体具有可压缩性，在压送过程中，其体积和温度都随之变化，因此气体压送机械具有其自身的特点。

通常，按终压或压缩比（气体出口压力与进口压力之比），可将气体压送机械分为4类。

① 通风机　终压不大于15kPa（表压），压缩比为1～1.15；
② 鼓风机　终压不大于15kPa（表压），压缩比为1～1.15；
③ 压缩机　终压在300kPa（表压）以上，压缩比大于4；
④ 真空泵　终压为当地大气压，压缩比取决于所造成的真空度。

往复式压缩机可分活塞式压缩机和隔膜式压缩机两种。

活塞式压缩机的外形如图1-64所示。活塞式压缩机的主要运动部件由气缸、活塞和阀门等构成。在运转时，活塞在气缸内作往复运动而将气体吸入、压缩和排出。

由于气体的密度小，且具有可压缩性，因此，往复压缩机的吸入阀及排出阀必须更加轻便灵活、紧凑严密。另外，气体在压缩过程中会发生温度升高，为了及时除去压缩过程产生的热量，缸外必须设冷却水夹套，而缸内必须使用润滑油以保持良好润滑。

图1-64　活塞式压缩机的外形

往复式压缩机的主要性能如下。

① 排气量　是指在单位时间内，压缩机排出的气体体积，是在入口状态下的体积。排气量又称为压缩机的生产能力，用Q表示，单位m^3/s。与往复泵相似，其理论排气量只与气缸的结构尺寸、活塞的往复频率及每一工作周期的吸气次数有关，但由于余隙内气体的存在、摩擦阻力、温度升高、泄漏等因素，使其实际排气量要小。往复式压缩机的流量也是脉冲式的，很不均匀。为了改善流量的不均匀性，压缩机出口均安装油水分离器，既能除去气体中夹带的油沫和水沫，使其在罐内沉降下来，又能起到缓冲作用，稳定流量。同时在吸入口处需安装过滤器，以免吸入杂物。

② 功率与效率　往复式压缩机理论上消耗的功率可以根据气体压缩的基本原理进行计算，可参阅有关书籍，实际消耗的功率要比理论功率大，两者的差别同样用效率表示，其效率范围为0.7～0.9。

目前，工业生产中的气体压送机械有往复式压缩机与真空泵、离心式通风机、鼓风机与压缩机、液环式真空泵、喷射式真空泵、罗茨风机、轴流式风机等多种形式。其中，往复式和离心式应用最广，特别是离心式压缩机，由于其技术的日趋成熟，它的应用已越来越广泛。

知识链接

在对泵类流体机械的研究过程中，根据我国实际情况开发了很多适合我国国情的泵类流体机械产品，如潜水排污泵、新型涡旋前伸式双叶片污水泵等我国急需的泵类产品。这些产品不仅性能优异，而且成本低易于操作，同时安全性也比较高。如在水资源不足的限制下，对农用泵类流体机械提出了更高的要求。在此种背景下，射流式自吸喷灌泵应运而生，这种泵类流体机械就是针对我国国情而设计开发的产品。在使用过程中不仅节约了水资源，且可靠性也得到了很大的提高，对我国农业科学化的发展起到了很好的促进作用。

就目前泵类流体机械的研究情况而言，特别是在泵现代设计理论和方法的研究上主要是靠理论与实际经验相结合。这是因为，泵类流体机械极其复杂，泵内液体的受力情况以及影响受力的因素都是复杂多变的，没有规律可循，因此在设计开发泵类流体机械产品的过程中，开发者的经验就显得尤为重要。随着党中央建立节约型可持续发展型社会口号的提出，在泵类流体机械的研究过程中让泵类流体机械最大限度地节能减排正成为研究的重点。在设计过程中，应该提高泵的密封性，降低泵运行过程中产生的噪声，不断优化泵的结构，改进泵的制造工艺，改善用于制造泵的材料性能等。

思考与练习

一、简答题

1. 气体与液体有什么相同点和不同点？
2. 化工生产中的流体输送有哪些方法？分别适用于什么场合？
3. 举例说明流量的概念。常用的流量计有哪些？
4. 流体内部任一截面的压力与哪些因素有关？表压、真空度与绝压和大气压之间的关系是什么？
5. 流体在什么条件下才会发生自流？在生产中如何将流体从低能位送到高能位？
6. 为什么人站在高速行驶的火车附近会感到有一股吸力？

项目1　流体输送机械

7. 流体阻力是怎样产生的？生产中有哪些减少阻力的措施？
8. 层流与湍流有什么不同？如何判别？
9. 化工管路标准化有什么意义？选择管子和管路附件的主要依据是什么？
10. 在输送（1）水；（2）浓硝酸；（3）石油产品；（4）硫酸等流体时，应选择什么材质的管路？
11. 你见过哪些阀门？试分析它们的使用场合及操作特征。
12. 说明气缚和汽蚀的产生原因及差异。
13. 生产中要将水从低位贮槽送到高位槽，所用离心泵的安装位置是否可以在任意高度？为什么？
14. 启动离心泵后没有液体出来，可能的原因有哪些？
15. 你见过哪些类型的泵和压缩机？试说明离心泵和往复压缩机的构成及操作要求。

二、判断题

1. 泵对流体的机械能就是升举高度。（　　）
2. 并联管路中各条支流管中能量损失不相等。（　　）
3. 伯努利方程说明流体在流动过程中能量的转换关系。（　　）
4. 大气压等于760mmHg。（　　）
5. 当泵运转正常时，其扬程总是大于升扬高度。（　　）
6. 当流量为零时旋涡泵轴功率也为零。（　　）
7. 当流体处于雷诺数Re为2000～4000的范围时，流体的流动形态可能为湍流或为层流，要视外界条件的影响而定，这种无固定形态的流动形态称为过渡流，可见过渡流是不定常流动。（　　）
8. 化工管路中的公称压力就等于工作压力。（　　）
9. 静止液体内部压力与其表面压力无关。（　　）
10. 离心泵的安装高度与被输送液体的温度无关。（　　）

三、选择题

1. 某设备进、出口测压仪表中的读数分别为p_1（表压）=1200mmHg（1mmHg=133.322Pa）和p_2（真空度）=700mmHg，当地大气压为750mmHg，则两处的绝对压力差为（　　）mmHg。

　　A.500　　　　　　B.1250　　　　　　C.1150　　　　　　D.1900

2.符合化工管路布置原则的是（　　）。

A.各种管线成列平行，尽量走直线

B.平行管路垂直排列时，冷的在上，热的在下

C.并列管路上的管件和阀门应集中安装

D.一般采用暗线安装

3.离心泵中Y型泵为（　　）。

A.单级单吸清水泵　　B.多级清水泵　　C.耐腐蚀泵　　D.油泵

4.离心泵的轴功率（　　）。

A.在流量为零时最大　　　　　　　　B.在压头最大时最大

C.在流量为零时最小　　　　　　　　D.在工作点处为最小

5.齿轮泵的工作原理是（　　）。

A.利用离心力的作用输送流体

B.依靠重力作用输送流体

C.依靠另外一种流体的能量输送流体

D.利用工作室容积的变化输送流体

6.下列单位换算不正确的一项是（　　）。

A.1atm=1.033kgf/m^2　　　　　　　B.1atm=760mmHg

C.1at=735.6mmHg　　　　　　　　D.1at=10.33mH$_2$O

7.下列选项中不是流体的一项为（　　）。

A.液态水　　　B.空气　　　C.CO$_2$气体　　D.钢铁

8.泵壳的作用是（　　）。

A.汇集能量　　　B.汇集液体

C.汇集热量　　　D.将位能转化为动能

9.单位质量的流体所具有的（　　）称为流体的比容。

A.黏度　　　B.体积　　　C.位能　　　D.动能

四、计算题

1.贮槽内存有密度为1600kg/m³的溶液10t，则该贮槽的体积至少有多少立方米？

2.计算空气在25℃、300kPa下的密度。

3.某真空精馏塔在大气压力为100kPa的地区工作，其塔顶的真空表读数

为90kPa，当塔在大气压力为86kPa的地区工作时，若维持原来的绝对压力，则真空表读数变为多少？

4. 在敞口容器中盛有密度为950kg/m³的油，油的高度为6m，求容器底部所受的压力。

5. 如图容器内存有密度为860kg/m³的液体，U形管压差计的指示液为汞（密度为13600kg/m³），读数R为30cm，容器上方的压力表读数为10kPa，求容器内液面高度h。

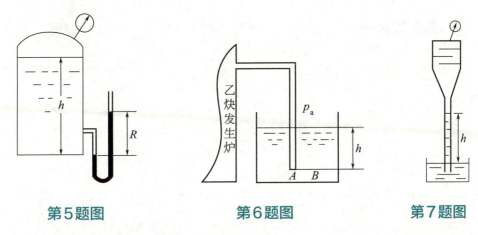

第5题图　　　　第6题图　　　　第7题图

6. 如图乙炔发生炉内压强不超过20kPa（表压），问安全液封管应插入槽内水面下的多少米深度？

7. 如图混合冷凝器，真空表读数为50kPa，求水封管中水上升的高度h（下为一敞口水槽）。

8. 如图所示容器内盛有油和水，油层高度$h_1=0.6m$，密度$\rho_1=850kg/m^3$，水层高度$h_2=0.8m$，密度$\rho_2=1000kg/m^3$，计算水在玻璃管内的高度h。

9. 某水管内水的流量为45m³/h，采用的钢管为$\phi 114 \times 4$，试求水在管内的流速。

10. 流量为10m³/h的水稳定地流过内径分别为32mm和50mm组成的串联管路，试求水在两管内水的流速。

11. 如图所示，水槽液面至水管出口的垂直距离保持6.2m，水管为$\phi 114 \times 4$钢管，能量损失为58J/kg，试求管内流速及流量（m³/h）。

12. 如图所示，欲将密度为1120kg/m³的溶液从敞口贮槽送到5.8m高处的设备中，流量为115m³/h，设备内表压为40kPa，管路规格为$\phi 140 \times 4.5$，管路的全部阻力损失为100J/kg，问该泵应提供多少外加能量？

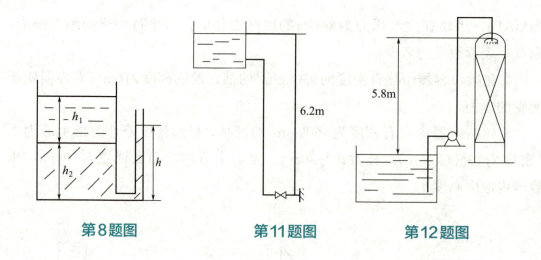

第8题图 　　　　第11题图 　　　　第12题图

项目 2 过滤装置

学习目标

知识目标
1. 掌握典型过滤设备结构及特点;
2. 掌握典型过滤设备工作过程;
3. 了解过滤速度及其影响因素

技能目标
1. 能识读和绘制简单化工管路工艺流程图;
2. 能正确规范记录各种生产数据;
3. 能规范操作典型过滤装置(试车前检查、试车、开车、正常运行、停车);
4. 初步具备操作过程中对异常事故的判断和处理能力

素质目标
1. 具备良好的职业道德,一定的组织协调能力和团队使用能力;
2. 具备吃苦耐劳、严谨求实的学习态度和作风;
3. 具有健康的体魄和良好的心理调节能力;
4. 具有安全环保意识,做到文明操作、保护环境;
5. 具有好的口头和书面表达能力;
6. 具有获取、归纳、使用信息的能力

项目2.1 操作板框压滤机

任务1 认识板框压滤机

任务描述

任务名称	认识板框压滤机	建议学时	
学习方法	1. 分组、遴选组长,组长负责安排组内任务、组织讨论、分组汇报; 2. 教师巡回指导,提出问题集中讨论,归纳总结		

续表

任务目标	1. 能说出板框压滤机的基本结构及特点； 2. 能解释板框压滤机的工作过程	
课前任务： 1. 分组，分配工作，明确每个人的任务； 2. 预习板框压滤机的结构	准备工作： 1. 工作服、手套、安全帽等劳保用品； 2. 纸、笔等记录工具	
场地	一体化实训室	
具体任务		
1. 观察板框压滤机的结构； 2. 解释板框压滤机的工作过程		

 知识准备

板框压滤机是一种古老却仍在广泛使用的过滤设备，如图2-1所示，这是一种间歇操作的设备，其过滤推动力为外加压力。它是由多块滤板和滤框交替排列组装于机架而构成，滤板和滤框的数量可在机座长度内根据需要自行调整，过滤面积一般为 $2\sim 80 m^2$。

图2-1 板框压滤机

知识1 板框压滤机结构和特点

1. 板框压滤机结构

板框压滤机的结构如图2-2所示。滤板和滤框的结构如图2-3所示，板和

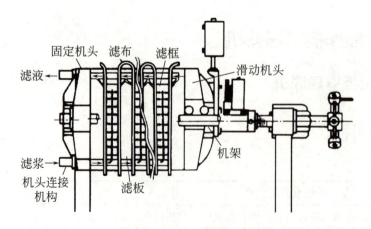

图2-2 板框压滤机的结构

框的四个角都开有圆孔,组装压紧后构成四个通道,可供滤浆、滤液和洗涤液流通。组装时将四角开孔的滤布置于板和框之间,再利用手动、电动或液压传动压紧板和框。组装时板和框的排列顺序为非洗涤板—框—洗涤板—框—非洗涤板……一般两端都是非洗涤板。

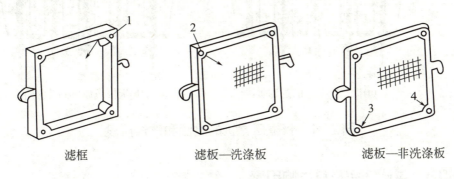

图2-3 滤框与滤板

1—滤浆通道;2—洗涤液入口通道;3—滤液通道;4—洗涤液出口通道

2.板框压滤机特点

板框压滤机的优点是结构简单,制造方便,附属设备少,占地面积较小而过滤面积较大,操作压力高,对各种物料的适应能力强,所以应用非常广泛。但因为是间隙操作,故生产效率较低,劳动强度大,滤布损耗也较快。

知识2 板框压滤机的工作过程

板框压滤机为间歇操作,每一操作循环由组装、过滤、洗涤、卸饼、清理五个阶段组成。板框组装完毕,开始过滤,滤浆在指定压力下由滤框角上的滤浆通道并行进入各个滤框,滤液分别穿过滤框两侧的滤布,沿滤板面上的沟槽至滤液出口排出;颗粒则被滤布截留在框内,待滤渣充满每个框后,停止进料过滤结束,关闭滤浆进口阀和滤液出口阀。如图2-4(a)所示。

洗涤时洗水从洗涤板角上的洗水通道并行进入各洗涤板的两侧,在压差推动下先穿过一层滤布和整个滤饼层,再穿过一层滤布后沿过滤板面上的沟槽至洗涤出口排出。这种洗涤方法称为横穿洗涤法,其特点是:洗水路径为过滤终了时过滤路径的两倍,洗涤面积为过滤面积的一半。如图2-4(b)所示。

洗涤结束后,旋开压紧装置,将板框拉开卸出滤饼。对板、框和滤布进行清理后,重新组装进行下一个循环。

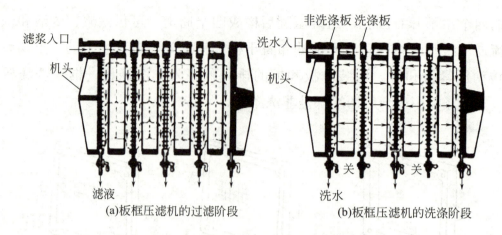

图2-4 板框压滤机的过滤和洗涤阶段

知识3 过滤速率及其影响因素

1. 过滤速率

过滤速率是指单位时间内通过单位过滤面积上的滤液体积,即：

$$\mu = \frac{dV}{Ad\tau}$$

式中 μ——瞬时过滤速率，$m^3/(m^2 \cdot s)$；

A——过滤面积，m^2；

dV——滤液体积，m^3；

$d\tau$——过滤时间，s。

实践证明，过滤速率与过滤的推动力成正比，与过滤阻力成反比。要想提高过滤速率，应增加过滤推动力，减小过滤阻力。

2. 影响过滤速率的因素

（1）悬浮液的性质　悬浮液的黏度越小，过滤速率越快。因此，有时还将滤浆先适当预热，使其黏度下降。

（2）过滤推动力　要使过滤操作得以进行，必须保持一定的推动力。即：在滤饼和介质的两侧之间保持有一定的压差。可采用加压或抽真空的方法获得较大压差。但只适用于不可压缩滤饼。

（3）过滤介质和滤饼性质　过滤介质的影响主要表现在过程阻力和过滤效率上。例如金属网与棉毛织品的空隙大小相差很大，则生产能力和过滤效果差别也就很大。滤饼的影响因素主要为颗粒的形状、大小，滤饼的紧密度和厚度等。

任务2　板框压滤机操作实训

任务描述

任务名称	板框压滤机操作实训	建议学时	
学习方法	1. 分组、遴选组长，组长负责安排组内任务、组织讨论、分组汇报； 2. 教师巡回指导，提出问题集中讨论，归纳总结		
任务目标	1. 能说出板框压滤机的安全防护措施； 2. 能安全规范操作板框压滤机； 3. 能对常见的故障进行处理		
课前任务： 1. 分组，分配工作，明确每个人的任务； 2. 预习板框压滤机的操作过程		准备工作： 1. 工作服、手套、安全帽等劳保用品； 2. 纸、笔等记录工具	
场地	一体化实训室		
具体任务			
1. 说出板框压滤机的安全防护措施； 2. 安全规范操作板框压滤机			

知识准备

板框压滤机操作实训过程主要包括以下步骤：开车前准备、开车、正常运行、正常停车或异常停车。操作时要提高安全使用水、电、气，高空作业不伤人、不伤己等安全防范意识。

知识1　板框压滤机操作的安全及防护措施

（1）在压滤机运行过程中，如果需要安全暂停，可以推拉拉杆暂停开关，这时压滤机安全停机以便清理滤饼。

（2）在压滤机运行中出现突发事件或机器故障，可以拍按紧急停止按钮，系统会断电停机以保护人身和机器的安全。

（3）拉杆暂停开关需每周测试一次，在压滤机运行时，推拉拉杆暂停开关。如果机器安全停车说明拉杆暂停开关功能正常；如果机器继续运转，则拍按急停，请通知相关人员对拉杆暂停开关进行维护。

（4）紧急停止按钮每周测试一次，在压滤机运行时按紧急停止按钮，如果机器安全停车说明紧急停止功能正常,如果机器继续运转请切断主电源并通知相关人员进行维护。

知识2　安全规范操作板框压滤机

1. 开车前准备

(1) 在滤框两侧先铺好滤布,注意要将滤布上的孔对准滤框角上的进料孔,铺平滤布。滤布如有折叠,操作时容易发生泄漏。

(2) 板框装好后,压紧活动机头上的螺旋。

(3) 将待分离的滤浆放入贮浆槽内,开动搅拌器以免滤浆产生沉淀。在滤液排出口准备好滤液接收器。

(4) 检查滤浆进口阀及洗涤水进口阀是否关闭。

(5) 开启空气压缩机,将压缩空气送入贮浆罐,注意压缩空气压力表的读数,待压力达到规定值,可以准备开始过滤。

2. 过滤操作

(1) 开启过滤压力调节阀,注意观察过滤压力表读数,等待过滤压力达到规定数值后,通过调节来维持过滤压力的稳定。

(2) 开启过滤出口阀,接着全部开启滤浆进口阀,将滤浆送入过滤机,过滤开始。

(3) 观察滤液,若滤液为清液时,表明过滤正常。当发现滤液有浑浊或带有滤渣,说明过滤过程中出现问题。应停止过滤,检查滤布及安装情况,滤板、滤框是否变形,有无裂纹,管路有无泄漏等。

(4) 定时读取并记录过滤压力,注意滤板与滤框的接触面是否有滤液泄漏。

(5) 当出口处滤液量变得很小时,说明板框中已充满滤渣,过滤阻力增大使过滤速度减慢,这时可以关闭滤浆进口阀,停止过滤。

(6) 洗涤。开启洗涤水出口阀,再开启洗水进口阀向压滤机内送入洗涤水,在相同压力下洗涤滤渣,直至洗涤符合要求。

3. 停车

关闭过滤压力表前的调节阀及洗水进口阀,松开活动机头上的螺旋,将滤板、滤框拉开,卸出滤饼,将滤板和滤框清洗干净,以备下一个循环使用。

项目2 过滤装置

✈️ **知识3 板框压滤机保养及故障排除**

1. 保养

(1) 使用时做好运行记录,对设备的运转情况及所出现的问题记录备案,并应及时对设备的故障进行维修。

(2) 保持各配合部位的清洁,并补充适量的润滑油以保证其润滑性能。

(3) 对电控系统,要进行绝缘性试验和动作可靠性试验,对动作不灵活或动作准确性差的元件一经发现,及时进行修理或更换。

(4) 经常检查滤布的密封面,保证其光洁、干净,检查滤布是否折叠,保证其平整、完好。

(5) 液压系统的保养,主要是对油箱液面、液压元件各个连接口密封性的检查和保养,并保证液压油的清洁度。

(6) 如设备长期不使用,应将滤板清洗干净,滤布清洗后晾干。

2. 常见故障及排除

板框压滤机常见故障及排除见表2-1。

表2-1 板框压滤机常见故障及排除

序号	故障现象	产生原因	排除方式
1	滤板之间跑料	(1) 油压不足 (2) 滤板密封面夹有杂物 (3) 滤布不平整、折叠 (4) 低温板用于高温物料,造成滤板变形 (5) 进料泵压力或流量超高	(1) 参见序号3 (2) 清理密封面 (3) 整理滤布 (4) 更换滤板 (5) 重新调整
2	滤液不清	(1) 滤板破损 (2) 滤布选择不当 (3) 滤布开孔过大 (4) 滤布袋缝合处开线 (5) 滤布带缝合处针脚过大	(1) 检查并更换滤布 (2) 重做实验,更换合适滤布 (3) 更换滤布 (4) 重新缝合 (5) 选择合理针脚重新缝合
3	油压不足	(1) 溢流阀调整不当或损坏 (2) 阀内漏油 (3) 油缸密封圈磨损 (4) 管路外泄漏 (5) 电磁换向阀未到位 (6) 柱塞泵损坏 (7) 油位不够	(1) 重新调整或更换 (2) 调整或更换 (3) 更换密封圈 (4) 修补或更换 (5) 清洗或更换 (6) 更换 (7) 加油
4	滤板向上抬起	(1) 安装基础不准 (2) 滤板密封面除渣不净 (3) 半挡圈内球垫偏移	(1) 重新修正地基 (2) 除渣 (3) 调节半挡圈下部调节螺钉

续表

序号	故障现象	产生原因	排除方式
5	主梁弯曲	(1) 滤板排列不齐 (2) 滤布密封面除渣不净	(1) 排列滤板 (2) 除渣
6	滤板破裂	(1) 进料压力过高 (2) 进料温度过高 (3) 滤板进料孔堵塞 (4) 进料速度过快 (5) 滤布破损	(1) 调整进料压力 (2) 换高温板或过滤前冷却 (3) 疏通进料孔 (4) 降低进料速度 (5) 更换滤布
7	保压不灵	(1) 油路有泄漏 (2) 活塞密封圈磨损 (3) 液控单向阀失灵 (4) 安全阀泄漏	(1) 检修油路 (2) 更换 (3) 用煤油清洗或更换 (4) 用煤油清洗或更换
8	压紧,回程无动作	(1) 油位不够 (2) 柱塞泵损坏 (3) 电磁阀无动作 (4) 回程溢流阀弹簧松弛	(1) 加油 (2) 更换 (3) 如属电路故障需要重接导线,如属阀体故障需清洗更换 (4) 更换弹簧
9	时间继电器失灵	(1) 传动系统被卡 (2) 时间继电器失灵 (3) 拉板系统电器失灵 (4) 拉板电磁阀故障	(1) 清理调整 (2) 检修或更换 (3) 检修或更换 (4) 检修或更换
10	拉板装置动作失灵	(1) 控制时间调整不当 (2) 电器线路故障 (3) 时间继电器损坏	(1) 重新调整时间 (2) 检修或更换 (3) 更换

知识链接

过滤器是一种用于去除气体或液体中的杂质的设备,通常由多孔性或纤维性材料制成。根据不同的应用领域和功能要求,过滤器可以分为多种类型,如空气过滤器、水过滤器、油过滤器、燃油过滤器等。空气过滤器,即用于清除空气中的尘埃、花粉、病菌、异味等的过滤器。专业咨询集团数据显示,2022年全球过滤器市场规模达到了约1300亿美元,2023年全年达到约1400亿美元,年复合增长率为6.37%。

随着全球科技创新和数字化转型的加速,对过滤器的智能性能和功能提出了更高的要求。因此,能够实现远程控制、自动调节、故障诊断、数据分析等功能,并且能够与其他设备和系统实现互联互通的智能型过滤器将受到更多的青睐。中国空气过滤器厂商不断加大研发投入,开发出更符合国内市场需求和国际标准的先进过滤器产品。例如,上海宝钢集团开发了一种基于纳米复合材料的高效除尘过滤器,可以有效去除PM2.5等细微颗粒物。中车长春轨道客车股份有限公司开发了一种基于活性炭技术的新型空气过滤器,可以有效去除空气中的有害气体和异味。北京北方微电子股份有限公司开发了一种基于纳米复合材料的高效超纯水过滤器，可以有效去除水中的金属离子和有机物。

项目2.2　操作转筒真空过滤机

任务1　认识转筒真空过滤机

 任务描述

任务名称	认识转筒真空过滤机	建议学时	
学习方法	1. 分组、遴选组长，组长负责安排组内任务、组织讨论、分组汇报； 2. 教师巡回指导，提出问题集中讨论，归纳总结		
任务目标	1. 能说出转筒真空过滤机的基本结构及特点； 2. 能解释转筒真空过滤机的工作过程		
课前任务： 1. 分组，分配工作，明确每个人的任务； 2. 预习转筒真空过滤机的结构		准备工作： 1. 工作服、手套、安全帽等劳保用品； 2. 纸、笔等记录工具	
场地	一体化实训室		
具体任务			
1. 观察转筒真空过滤机的结构； 2. 解释转筒真空过滤机的工作过程			

 知识准备

转筒真空过滤机是将过滤、洗涤、除渣等各项工艺操作在转筒中一次完成，是一种连续操作的过滤机（见图2-5）。

图2-5　转筒真空过滤机

知识1　转筒真空过滤机结构和特点

1.转筒真空过滤机的结构

转筒真空过滤机的结构如图2-6所示。

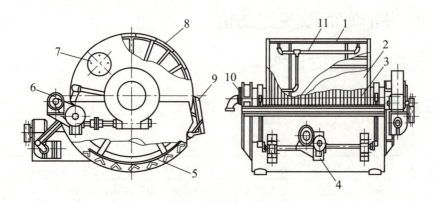

图2-6　转筒真空过滤机的结构

1—转筒；2—滤布；3—金属网；4—搅拌器传动；5—摇摆式搅拌器；
6—传动装置；7—手孔；8—过滤室；9—刮刀；10—分配间；11—滤渣管路

主要部件如下。

（1）转筒　转筒（图2-7）是过滤机的关键部件。转筒表面有一层金属网，网上覆盖滤布，筒的下部浸入滤浆中。转筒沿径向分成若干个互不相通的扇形格，每格端面上的小孔与分配头相通。凭借分配头的作用，转筒在旋转一周的过程中，每个扇形格可按顺序完成过滤、洗涤、卸渣等操作。

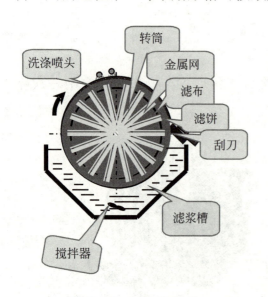

图2-7　转筒的结构

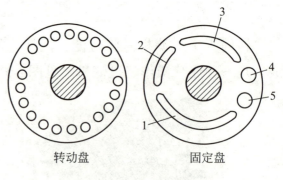

图2-8　分配头结构原理图

1，2—与真空滤液罐相通的槽；
3—与真空洗涤液罐相通的槽；
4，5—与压缩空气相通的圆孔

（2）分配头 分配头（图2-8）由固定盘和转动盘构成，两者借弹簧压力紧密贴合。转动盘与转筒一起旋转，其孔数、孔径均与转筒端面的小孔相一致，固定盘开有5个槽（或孔），槽1和槽2分别与真空滤液罐相通，槽3和真空洗涤液罐相通，孔4和孔5分别与压缩空气管相连。转动盘上的任一小孔旋转一周，都将与固定盘上的5个槽（或孔）连通一次，从而完成不同的操作。

（3）滤浆槽 它是一个半圆形的开口长槽，滤浆进口管通常设在槽后侧中部。滤浆缓缓流入槽内，其流向与转筒转向相反，以使滤浆分布均匀。滤浆槽上除设有滤浆溢流口外，还要设置液面自动调节机构来控制滤浆的进入量，以保持滤浆液面的稳定。滤浆槽底部通常装有搅拌器，以防止滤浆在槽底产生沉淀。

2.转筒真空过滤机的特点

（1）优点 能连续自动操作，省人力，操作可完全自动，生产能力大，劳动生产率高，适用于处理含过滤颗粒多的浓悬浮液。

（2）缺点 附属设备较多，投资费用高，过滤面积不大。过滤推动力有限，使用压差只能在1atm以下，不宜过滤高温的悬浮液。

📎 知识2 转筒真空过滤机的工作过程

转筒过滤机的工作循环分5个步骤完成，这5个步骤分别对应于转鼓上的5个区，分别用号码Ⅰ、Ⅱ、Ⅲ、Ⅳ、Ⅴ表示，如图2-9所示。

Ⅰ区为过滤区。对应于图中第1～7扇形格的位置。当转筒的Ⅰ区转入滤浆槽内时，分配头转动盘上的小孔与真空管相通，在负压的作用下，滤液被吸入转筒内，滤渣则吸附在转筒表面形成滤饼。

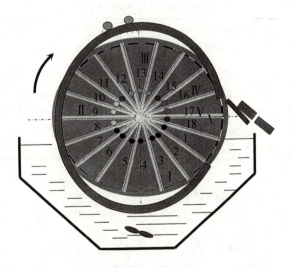

图2-9 转筒真空过滤机工作过程

Ⅱ区为吸干区。对应于图中第8～11扇形格的位置。当转鼓处于Ⅱ区的位置时，分配头转动盘上的小孔仍与真空管相通，在负压的作用下，滤饼被进一步吸干。

Ⅲ区为洗涤区。对应于图中第12～15扇形格的位置。当转鼓处于Ⅲ区的位置时，洗涤水喷嘴开启，扇形格上的小孔通道与分配头固定盘上洗涤水通道接通，在负压的作用下，洗涤水被吸入。

Ⅳ为吹松区。对应于图中第16扇形格的位置。当转鼓处于Ⅳ区的位置时，扇形格上的小孔通道与分配头固定盘上压缩空气通道接通，压缩空气将滤饼吹松。

Ⅴ为卸料区。对应于图中第17、18扇形格的位置，当转鼓处于Ⅴ区的位置时，吹松的滤饼被刮刀刮下后进入输送器，同时向扇形格内送入水或蒸汽、空气，将滤布洗净。然后开始下一个工作循环。

任务2　转筒真空过滤机操作实训

任务描述

任务名称	转筒真空过滤机操作实训	建议学时	
学习方法	1. 分组、遴选组长，组长负责安排组内任务、组织讨论、分组汇报； 2. 教师巡回指导，提出问题集中讨论，归纳总结		
任务目标	1. 能说出转筒真空过滤机的安全防护措施； 2. 能安全规范操作转筒真空过滤机； 3. 能对常见的故障进行处理		
课前任务： 1. 分组，分配工作，明确每个人的任务； 2. 预习转筒真空过滤机的操作过程		准备工作： 1. 工作服、手套、安全帽等劳保用品； 2. 纸、笔等记录工具	
场地	一体化实训室		
具体任务			
1. 说出转筒真空过滤机的安全防护措施； 2. 安全规范操作转筒真空过滤机			

知识准备

转筒真空过滤机操作实训过程主要包括以下步骤：试车、开车、正常运行、停车。操作时要提高安全使用水、电、气，高空作业不伤人、不伤己等安全防范意识。

知识1　转筒真空过滤机操作的安全及防护措施

（1）开机前，要全面检查机器，传动部件应灵活转动，所有紧固螺栓不得松动，各管道应畅通，阀门应调节正常。

（2）真空系统是过滤机的关键，应使真空度达到工艺要求，并不得有任何泄漏。

（3）筒身内各扇形格相互间不得相通，要先试车检查其密封情况。其他所有密封件均应配合紧密。

（4）转筒浸入滤浆的深度要视其过滤特性来决定。对于极易生成滤渣的滤浆，浸没率可小一些。常用的浸没率为20%～40%。

（5）分配头的转动盘和固定盘间属于滑动配合。由于它既与真空源相通，又与压缩空气源相通而使压力差很大，故接合面必须光滑和平整。应注意调节弹簧压力，并给以适当润滑。

（6）滤布在工作一段时间后（时间视滤浆的性质而不同），因其毛细孔被固体微粒堵塞而影响过滤的正常进行故要定期取下洗刷干净。

（7）转筒的转速取决于滤浆的性质。滤浆浓度高，转速可快一些；反之，则应低一些。

（8）滤渣的厚度，一般控制在20mm以下。对于难过滤的胶质滤浆，滤渣厚度应小于10mm。

（9）刮刀与滤布之间的距离太大会影响卸渣效果，太小又会损坏滤布，一般为2～5mm。

（10）工作完毕，要彻底清洗滤布和滤浆槽等机件，以备下次使用。

知识2　安全规范操作转筒真空过滤机

1.试车前检查

（1）检查滤布。滤布应清洁无缺损，注意不能有干浆。

（2）检查滤浆。滤浆槽内不能有沉淀物或杂物。

（3）检查转筒与刮刀之间的距离，一般为1～2mm。

（4）查看真空系统真空度大小和压缩空气系统压力大小是否符合要求。

（5）给分配头、主轴瓦、压辊系统、搅拌器和齿轮等传动机构加润滑脂和润滑油，检查和补充减速机的润滑油。

2.试车

（1）检查机体所有紧固螺栓是否旋紧，传动齿轮的啮合是否合适，滚筒托轮有无异常，电动机的接线是否正确，滤筒传动是否轻便。

(2)启动电机,观察滤筒转向是否正确,齿轮传动是否正常,进浆阀门开启是否灵活,注意有无异常现象,机架是否稳定。可试空车和洗车15min。

3.开车

开启过滤浆阀门向滤槽注入滤浆,当液面上升到滤槽高度的1/2时,再打开真空、洗涤、压缩空气等阀门。开始正常生产。

4.正常操作

(1)经常检查滤槽内的液面高低,保持液面高度为滤槽的3/5～3/4,高度不够会影响滤饼的厚度。

(2)经常检查各管路、阀门是否有渗漏,如有渗漏应停车修理。

(3)定期检查真空度、压缩空气压力是否达到规定值,洗涤水分布是否均匀。

(4)定时分析过滤效果,如:滤饼的厚度、洗涤水是否符合要求。

5.停车

(1)关闭滤浆入口阀门,再依次关闭洗涤水阀门、真空和压缩空气阀门。

(2)洗车。除去转筒和滤槽内的物料。

知识3　转筒真空过滤机常见故障及处理方法

转筒真空过滤机常见故障及处理方法见表2-2。

表2-2　转筒真空过滤机常见故障及处理方法

序号	故障现象	产生原因	排出方法
1	滤饼厚度达不到要求,滤饼不干	(1)真空度达不到要求 (2)滤槽内滤浆液面低 (3)滤布长时间未清洗或清洗不干净	(1)检查真空管有无漏气 (2)增加进料量 (3)清洗滤布
2	真空度过低	(1)分配头磨损漏气 (2)真空泵效率低或管路漏气 (3)滤布有破损 (4)错气窜风	(1)修理分配头 (2)检修真空泵和管路 (3)更换滤布 (4)调整操作区域

思考与练习

一、简答题

1.对板框压滤机,一个过滤周期包括几个阶段?

2.影响过滤速率的因素有哪些?

项目2　过滤装置

3.转筒真空过滤机的主要部件包括哪些？各部件的作用是什么？

二、选择题

下列措施中不一定能有效地提高过滤速率的是（　　）。

A.在过滤介质上游加压　　　　　　B.在过滤介质下游抽真空

C.加热滤浆　　　　　　　　　　　D.及时卸渣

三、综合练习

下面的表格将两种过滤设备的有关知识进行了归纳，请在空格处填上你的答案。

设备名称	操作方式	结构特征	特点
板框压滤机			优点是结构简单，制造方便，附属设备少，占地面积较小而过滤面积较大，操作压力高，对各种物料的适应能力强，应用广泛。缺点是生产效率较低，劳动强度大，滤布损耗也较快
		主体是一个卧式转筒，关键部件是中心的分配头，由固定盘和转动盘构成	

项目3 换热器

学习目标

知识目标

1. 掌握在化工生产中热量传递的作用、特点及影响因素；
2. 掌握热量传递的参数及检测方法；
3. 知道换热器内冷热流体流动的方式及效率；
4. 掌握热量计算的方法；
5. 掌握传热系数的计算方法；
6. 掌握传热的强化方法以及工业上的应用；
7. 掌握换热器等热量传递设备的工作过程、原理；
8. 理解热量传递设备的分类及选择的依据

技能目标

1. 能识读和绘制简单化工设备构造图；
2. 能识读及正确选用各种参数检测仪器仪表；
3. 能正确规范记录各种生产数据；
4. 操作换热器等的DCS（总控）系统；
5. 能叙述换热器工作流程；
6. 能规范操作换热器；
7. 具备初步判断换热器操作时出现的事故以及简单解决的能力；
8. 具备初步的换热器选型能力

素质目标

1. 具备良好的职业道德，一定的组织协调能力和团队协作能力；
2. 具备吃苦耐劳、严谨求实的学习态度和作风；
3. 具有健康的体魄和良好的心理调节能力；
4. 具有安全环保意识，做到文明操作、保护环境；
5. 具有好的口头和书面表达能力；
6. 具有获取、归纳、使用信息的能力

项目3 换热器

项目3.1 认识换热器

任务1 认识套管式换热器

 任务描述

任务名称	认识套管式换热器	建议学时	
学习方法	1. 学生分组，每组选一名组长，组长负责安排组内学生的分解任务，进行分工并负责召集本组学生讨论、归纳任务内容； 2. 教师巡回指导，集中讨论，归纳总结		
任务目标	1. 通过套管式换热器的拆装实训，掌握套管式换热器的基本结构、工作原理及特点； 2. 培养规范的拆装和测量操作习惯，养成严谨的工作态度； 3. 培养学生团结合作的精神、辩证思维能力； 4. 考查学生对套管式换热器内部结构熟悉程度，对化工设备安全性检验知识及技能掌握的程度		
课前任务： 1. 分组，分配工作，明确每个人的任务； 2. 读懂结构图		准备工作： 1. 工作服、劳保手套、安全帽； 2. 纸、笔、橡胶板； 3. 管子钳、扳手、螺丝刀、卷尺等工具	
场地	一体化实训室		
具体任务			
参照下图套管式换热器结构图，进行换热器拆装 (a)外观　　　　　　　　　　(b)结构			

 知识准备

自然界中热量的传递方式主要有三种，即热传导、热对流和热辐射。工业生产中较常见的换热器为套管式换热器。

知识1　了解传热现象

观察与思考

冷和热是人们对自然界的一种最普通的感觉，这也说明冷和热与人们的生活密切相关。认真观察在厨房里煮饭、做菜的过程，无论是电饭煲煮饭、炒锅炒菜、烧开水都是利用热的传递进行的。热量的传递有三种方式，即热传导、热对流和热辐射。很显然炒菜主要是利用热传导方式传递热量。那么烧水时主要是利用什么方式进行热量传递的呢？从图3-1中可以看出烧水时的对流现象，当水壶底部的水接受热量后密度变小，会自然上升，而水壶上部的水则由于温度较低密度较大而向下运动，这样在水壶内形成了水的上下循环运动，水壶中的水也就能均匀地接受热量了。这种靠水分子的运动使热量传递的方式就称为对流。

再来认识一下"暖气"，见图3-2。我国的北方天气非常寒冷，为了保证室内的温度适合人们的工作、学习和生活，常采用一种叫作"暖气"的设备使室内的温度变得非常舒适，你知道这种设备是如何使房间暖和的吗？制作暖气的材料一般都是金属，因为金属的导热性能比较好，热水进入暖气后将热量传递给金属暖气片，暖气片再将热量传到室内，使室内空气的温度升高。现在考虑一个问题：暖气中的水通过暖气片将热量向室内传递，这种热量传递都有哪几种方式？

图3-1　烧水时水的对流现象

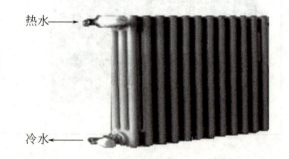

图3-2　暖气

请将你的答案写在下面。

热量传递的方式有：_____。

与暖气片传热方式类似的过程在工业生产中也是很常见的。见图3-3，在

项目3 换热器

生产盐酸的过程中,从合成塔出来的氯化氢气体,首先进入冷却器,这种冷却器又被称为蛇管换热器,在冷却器中氯化氢气体将热量传递给冷却剂,氯化氢气体的温度降低了。

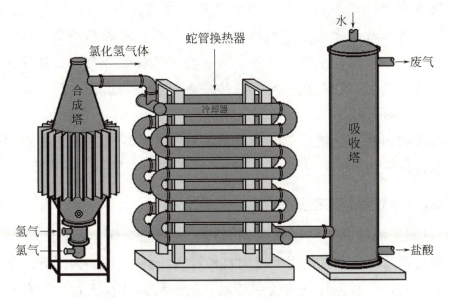

图3-3 盐酸生产过程

再来看看在硝酸的生产过程中热量传递都发生在哪些过程中。同时我们还可以感觉到,热量交换被广泛地应用在化学工业生产中,而且换热任务不同时采用的换热设备也是不同的。从图3-4表示的硝酸生产工艺中,可以找到

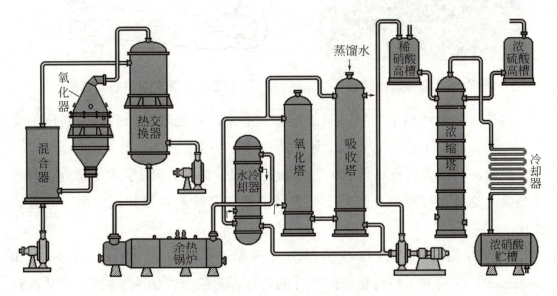

图3-4 硝酸生产过程

四台换热设备在进行着热量的交换,它们分别是热交换器、余热锅炉、水冷却器以及冷却器,这四种换热器的外形各异,有立式的、卧式的,还有蛇管的。它们有什么区别呢?

上述各种换热设备的主要任务都是热量交换,但它们外形却完全不同,有立式、卧式以及蛇管式;它们的名称也不一样,有的称为热交换器,有的又称为余热锅炉,还有水冷却器等。看来换热设备的外形、安装方式、用途等都有一定的讲究。要完成一定的换热任务,应该选用什么样的换热设备也都要遵循一定的规则。

要思考的问题是:换热设备的外形不同、名称不同是否表示它们的内部结构也不相同呢?

📧 知识2　认识套管式换热器结构

图3-5展示的就是生产中使用的套管式换热器,图3-6展示了它的结构。简单来说套管式换热器就是用一根大直径管套一根小直径管,如图3-6中展示的内管和外管,一种流体在内管中流动,另一种流体在大直径管和小直径管之间的环隙中流动,热量通过内管壁从热流体传递给了冷流体。

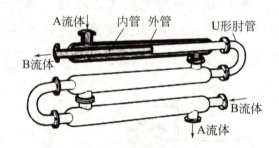

图3-5　套管式换热器　　　　图3-6　套管式换热器的结构

这种换热器结构很简单,易于维修和清洗,并能适用于高温、高压的流体。如果工艺条件变动,可以改变套管的根数,以增减传热的负荷。

目前,对套管式换热器有了许多新的研究,如图3-7展示的是螺旋式套管换热器,这种换热器的外形与上面介绍的传统套管换热器相比发生了很大的变化。

还有专门针对内管形状的研究,最早在1944年,由De Lorenzo B.和Anderson E.D.研究了内管带纵向翅片的套管,它的形式如图3-8所示,从内管形状的角度看,这是一种最早而且是最简单的一种形状变化,这项研究最早用在了加热轮船的燃油上。近几年对换热内管的研究更趋多样化,内管的形状也呈现出更多的样式,见图3-9。

图3-7 螺旋式套管换热器

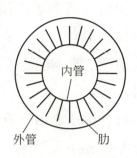

图3-8 带有纵向翅片的内管

从换热过程中可以了解到,换热面积的大小对传热效果有很大的影响。从前面提到的改变套管的根数来增减传热负荷并不是一种非常经济有效的办法。因此对换热管形状研究的主要目的就是要提高换热面积,图3-9中展示的各类换热管形状就是在不改变换热管长度的条件下提高了换热面积。

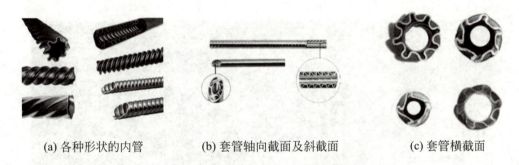

(a) 各种形状的内管　　(b) 套管轴向截面及斜截面　　(c) 套管横截面

图3-9 各类换热管外形及截面

另外流体流动的扰动程度也对传热效果很有影响,因此,许多专家也在不断研究如何提高流体流动时的扰动程度。内管形状的变化不仅增大了换热面积,同时又是对流体流动扰动程度的一个重要改进,这使得内管和外管间隙中流体流动的扰动程度增大了,对传热效果的提高也起到了非常好的作用。

套管式换热器具有构造简单、耐高压等优点,适当地选择外管和内管的直径,使内管和外管之间的环隙截面积变小,这样可以使冷、热流体的流速较大,而且保证了冷、热流体是严格的逆流状态,这都非常有利于传热。即使流量很小也可获得高速流动,能增加传热效果。

阅读填空，将学习的要点总结如下。

对传热效果产生影响的因素有：①改变换热管的形状主要是提高了换热_____；②同时增大了流体流动的_____程度；③减小流动的环隙截面积，增大了流体的流动_____；④冷、热流体的流动方向是严格的_____，所以对传热效果产生影响的因素是：_____、_____、_____、_____以及相互间的流动方向。

另外套管换热器由于管间接头较多、容易发生泄漏。单位换热器长度具有的传热面积较小。因此在需要传热面积不太大而要求压强较高或传热效果较好时，可采用套管式换热器。

再来认识另一种换热器，它的外管内不仅套了一根内管，而是套了许多根内管。

知识3　认识套管式换热器装置

套管式换热装置外观及工艺流程如图3-10、图3-11所示。

图3-10　套管式换热装置外观

项目3 换热器

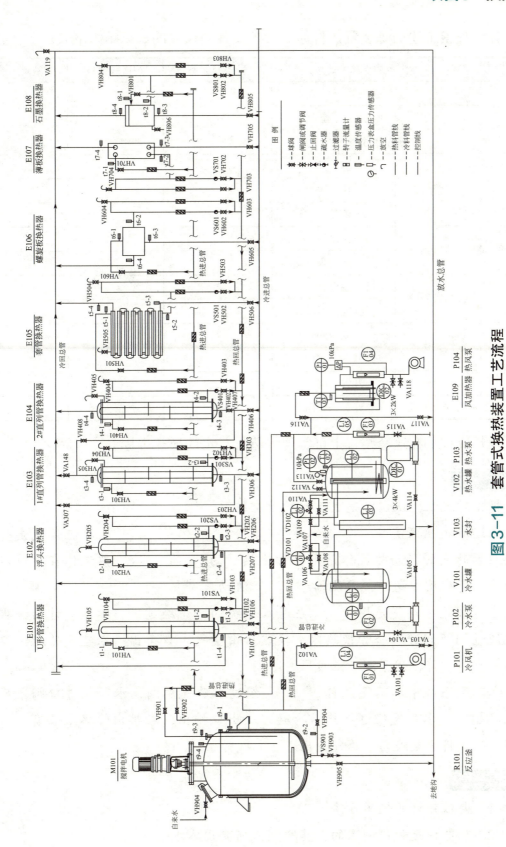

图3-11 套管式换热装置工艺流程

仔细观察上述训练装置，将你对设备及各类仪表的认识填入下表。

项目	内容		种类及名称	规格或型号	数量
主要设备	套管换热器				
	风机				
	蒸气发生器				
仪器、仪表	空气系统	温度计			
		压力表			
		流量计			
	水蒸气系统	温度计			
		压力表			
	换热管系统	温度计			
		压降测量仪表			
开关、阀门	蒸气发生器	安全阀			
		开关、阀门			
	换热管	开关、阀门			
	空气及风机	开关、阀门			

换热流程：在这套装置上可实现水蒸气与水的换热过程。

练一练

根据对流程的认识，完成下面的填空练习。

在这套换热装置中，热流体是_____，冷流体是_____，冷流体是走套管换热器的内管，而热流体是走套管换热器的_____。冷、热流体在换热器中的流动是相反方向的，因此属于_____流动。

空气系统：空气是用_____泵送入系统的，先经过_____流量计后，再通过流量调节阀进入套管换热器，换热后由空气出口排出。在空气的进出口都装有_____计，用于测量温度。

水蒸气系统：水蒸气来自_____，经过水蒸气总阀、水蒸气进口阀之后进入换热器，水蒸气经过换热后冷凝，从出口排出，在排出管路上装有_____阀，用于将冷凝液与水蒸气分离。

想一想

（1）电位差计的使用方法。

（2）热电偶是如何测温的？其冷端为何要用冰水？

项目3 换热器

任务2 认识列管式换热器

 任务描述

任务名称	认识列管式换热器	建议学时	
学习方法	学生分组,每组选一名组长,组长负责安排组内学生的分解任务,进行分工并负责召集本组学生讨论、归纳任务内容;老师巡回指导,集中讨论,归纳总结			
任务目标	1. 通过认识列管式换热器的拆装实训,掌握换热器的基本结构、工作原理及特点; 2. 培养规范的拆装和测量操作习惯,养成严谨的工作态度; 3. 培养学生团结合作的精神、辩证思维能力; 4. 考查学生对列管式换热器内部结构熟悉程度,对化工设备安全性检验知识及技能掌握的程度			
课前任务: 1. 分组,分配工作,明确每个人的任务; 2. 读懂结构图		准备工作: 1. 工作服、劳保手套、安全帽; 2. 纸、笔、橡胶板; 3. 管子钳、扳手、螺丝刀、卷尺等工具		
场地:实训室			
具体任务			
参照下图列管式换热器结构图,进行换热器拆装 (a) 外观　　　　　　　　(b) 结构 1—封头法兰;2—介质A接管法兰;3—壳体;4—换热管束; 5—封头;6—介质B接管法兰			

 知识准备

列管式换热器是应用很广的一种换热器。在进行换热时,一种流体由封头的接管处进入,在管内流动,从封头另一端的出口管流出,称为管程;另一种流体由壳体的接管进入,从壳体上的另一接管处流出,称为壳程。

知识1 认识列管式换热器结构

列管式换热器又称为管壳式换热器。图3-12是一种卧式的列管式换热器外形。从图3-13中可以看到列管式换热器的内部结构,它是由壳体、换热管、管板、折流板等部件组成。壳体多为圆筒形，里面装有许多换热管，换热管的两端固定在管板上。进行换热的冷、热流体，一种在管内流动，称为管程流体；另一种在管外流动，称为壳程流体。换热管的壁面就是传热面，冷、热流体的热量就是通过壁面进行传递的。

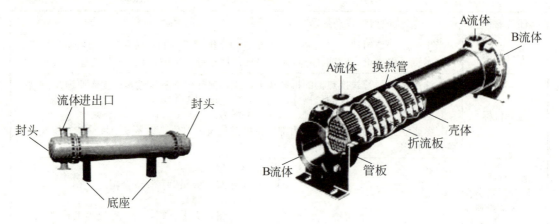

图3-12　列管式换热器外形　　　图3-13　列管式换热器的内部结构

下面对列管式换热器的结构做一个简单的分析，这样可以帮助我们更好地了解换热器的结构对换热效果的影响。

列管式换热器的主要部件就是换热管，它的作用主要是：①为流体提供流动的通道，并将冷、热流体间隔开；②因为流体间传出或接受热量都是通过换热管的壁面来完成的，因此大量的换热管为完成换热任务提供了足够的换热面积。

知识2　认识列管式换热器内部构件——折流板

如图3-14所示为折流板的结构及安装情况。

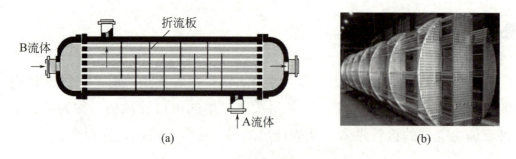

图3-14　列管式换热器的折流板

从图3-14（b）中可以看出折流板是圆缺形的，每个折流板上都有许多小孔，每个小孔都会有一根换热管穿过，这时折流板就像是一个管架，在托起换热管的同时也把管子整齐地排列了起来,所以折流板的第一个作用就是充当"管架"。

再来看看壳程流体的流动情况。见图3-15。流体进入壳体后,在折流板间上下流动,并流过所有折流板。

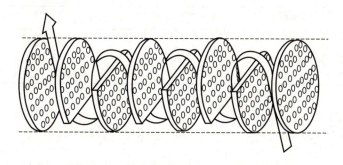

图3-15 流体在折流板间的流动

 想一想

壳程流体的这种流动方式对换热效果有什么影响吗?在认识套管换热器时了解到改变换热管的形状可以提高流体的扰动程度。那么折流板是否对流体流动的扰动程度也起到了相同的作用呢?

一般来说,列管式换热器制造容易,选材范围广,清洗方便,适应性强,处理量大,工作可靠,且能适应高温高压,因而在化工、石油、能源等行业的应用中仍处于主导地位。在换热器向高温、高压、大型化发展的今天,随着新型高效传热管的不断出现,使得管壳式换热器的应用范围得以扩大,更增添了管壳式换热器新的生命力。

任务3 认识板式换热器

任务描述

任务名称	认识板式换热器	建议学时	
学习方法	学生分组,每组选一名组长,组长负责安排组内学生的分解任务,进行分工并负责召集本组学生讨论、归纳任务内容;老师巡回指导,集中讨论,归纳总结			
任务目标	1. 通过板式换热器的拆装实训,掌握换热器的基本结构、工作原理及特点; 2. 培养规范的拆装和测量操作习惯,养成严谨的工作态度; 3. 培养学生团结合作的精神、辩证思维能力; 4. 考查学生对板式换热器内部结构熟悉程度,对化工设备安全性检验知识及技能掌握的程度			

课前任务： 1. 分组，分配工作，明确每个人的任务； 2. 读懂结构图	准备工作： 1. 工作服、劳保手套、安全帽； 2. 纸、笔、橡胶板； 3. 管子钳、扳手、螺丝刀、卷尺等工具
场地：实训室	
具体任务	
1. 认识平板式换热器； 2. 认识板翅式换热器； 3. 认识螺旋板式换热器	

 知识准备

板式换热器是一种用金属板材构成传热面的间壁式换热器。这类换热器结构紧凑，单位体积的传热面积较大。主要类型有：平板式换热器、板翅式换热器、螺旋板式换热器。

知识1　认识平板式换热器

图3-16展示的是一个平板式换热器的外形。它是由金属波纹薄板平行排列构成，见图3-17。板片结构分A、B两种，A、B相邻板片的边缘衬上垫片，起到密封作用。由于A、B两板片导流槽方向不同，使冷、热流体分别在波纹板两侧的流道中流过，并经板片进行换热。

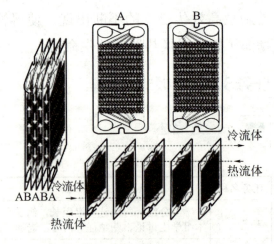

图3-16　平板式换热器的外形　　　图3-17　金属波纹薄板

平板式换热器的传热系数比管壳式换热器高出2～4倍，因此传热效率高。这种换热器还有容易拆洗，并具有可增减板片数以调整传热面积的优点。

知识2　认识板翅式换热器

图3-18展示的是一台板翅式换热器。它是由平隔板、翅片、封条组成。在相邻两个平隔板间放置翅片、封条组成一个夹层，见图3-19，将这样的夹层根据流体流动的不同方式叠起来，焊成一个整体便组成了板束，见图3-20，板束是板翅式换热器的核心，配以必要的封头、接管、支撑等就组成了板翅式换热器。另外我们注意到，翅片在组合时使流体的通道互为垂直，这样能保证冷、热流体的流动为逆流或错流，在逆流或错流的情况下可提高传热效率。由于材料轻薄，结构紧凑，每立方米换热器体积具有的换热面积最高可达4000m^2，传热系数一般为管壳式换热器的3倍。

图3-18　板翅式换热器

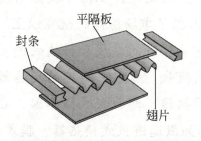

图3-19　板束组装示意图

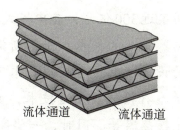

图3-20　板束

板翅式换热器适应性强，可适用于气-气、气-液、液-液、各种流体之间的换热以及相变换热。通过流道的布置和组合能够适应逆流、错流、多股流、多程流等不同的换热情况。通过单元间串联、并联、串并联的组合可以满足大型设备的换热需要。工业上可以定型、批量生产以降低成本，通过积木式组合扩大互换性。但板翅式换热器流体流动通道狭小、易堵塞，清洗维修比较困难，制造工艺也比较复杂。

知识3　认识螺旋板式换热器

螺旋板式换热器是由两张保持一定间距的平行金属板卷制而成，见图3-21。冷、热流体分别在金属板两侧的螺旋形通道内流动。由于冷、热流体可作完全的逆流流动，所以平均温度差大；这种换热器的传热系数比管壳式换热器大1～4倍，因此换热效率也比较高。

 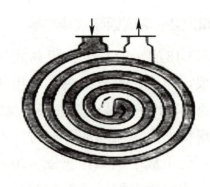

图3-21　螺旋板式换热器

知识链接

换热器产业的市场规模不断扩大。据统计，2019年全球换热器市场规模达到了220亿美元，其中板式换热器、管式换热器和空气换热器是市场上的三大主流产品。我国是全球最大的换热器生产国之一，2019年换热器产业市场规模达到了近300亿元，其中板式换热器占据了市场份额的60%以上。

换热器产业的技术水平不断提高。随着经济的发展和科技的进步，换热器产品的设计、制造和应用技术不断更新换代。目前，我国的换热器企业已经掌握了多种换热器制造技术，如板式换热器、螺旋板式换热器、管式换热器、空气换热器等。同时，一些高新技术如微通道板式换热器、膜式换热器、螺旋线管式换热器等也逐渐得到了应用。

任务4　认识其他形式换热器

任务描述

任务名称	认识其他形式换热器	建议学时	
学习方法	学生分组，每组选一名组长，组长负责安排组内学生的分解任务，进行分工并负责召集本组学生讨论、归纳任务内容；老师巡回指导，集中讨论，归纳总结		
任务目标	1.通过对凉水塔、混合式冷凝器、蓄热式换热器和热管换热器的认识，掌握这些换热器的基本结构、工作原理及特点； 2.培养规范的拆装和测量操作习惯，养成严谨的工作态度； 3.培养学生团结合作的精神、辩证思维能力； 4.考查学生对换热器内部结构熟悉程度，对化工设备安全性检验知识及技能掌握的程度		

项目3　换热器

续表

课前任务： 1. 分组，分配工作，明确每个人的任务； 2. 读懂结构图	准备工作： 1. 工作服、劳保手套、安全帽； 2. 管子钳、扳手、螺丝刀、卷尺等工具
场地：实训室	
具体任务	
1. 认识凉水塔； 2. 认识混合式冷凝器； 3. 认识蓄热式换热器； 4. 认识热管换热器	

　知识准备

凉水塔是用来冷却热水的构筑物，一般在电厂、化工厂、水泥厂等需要控制水温的工厂比较常见。高度是根据换热量计算而定，是节约用水、循环用水的一种构筑物。

知识1　认识凉水塔

凉水塔的外形见图3-22。凉水塔是一种用冷空气冷却热水的换热设备，在塔内，热水由上往下喷淋，而冷空气自下而上吹入，热水和冷空气相互接触进行热量交换，在这个过程中，冷空气被加热，热水被冷却。

图3-22　发电厂凉水塔

知识2　认识混合式冷凝器

从凉水塔的冷却过程中可以认识到，冷、热流体是在直接混合的过程中传递热量的。在化工厂还有一种直接混合式的冷凝器，见图3-23。

这种混合式冷凝器主要是由一个圆筒形的塔体和数块塔板组成的。冷、热流体间的传热过程与凉水塔是一样的。从图中可以看出要完成的任务是使蒸汽冷凝。冷却剂是水，水从冷凝器的上部进入，经过每一层塔板向下流动；蒸汽从冷凝器的下部

图3-23　混合式冷凝器

进入并向上运动，水与蒸汽在塔板上充分接触，由于水和蒸汽间存在温度差，这样蒸汽中的热量就传递给了水，蒸汽传出热量后温度降低，变成了冷凝液。

凉水塔和混合式冷凝器都属于同一种换热方式，都被称为直接混合式换热器。"直接混合"就代表了这种换热器的特点。通过实践发现只要冷、热流体间混合良好或接触良好，就具有较好的传热效果。

直接混合式还有很多种，由于用途不同，其外形也就不同。常见的还有洗涤塔、文氏管等。直接混合式换热器传热效果好，设备结构简单，传热效率高。

知识3　认识蓄热式换热器

蓄热式换热器亦称回流式换热器或蓄热器，见图3-24。

冷、热流体借助于蓄热器内的蓄热体进行换热。首先是热流体进入换热器与蓄热体接触，并将热量传递给固体蓄热体，蓄热体温度升高，热流体流出；然后冷流体进入换热器与蓄热体接触，固体蓄热体又将热量传给冷流体，蓄热体温度下降，从而达到冷、热流体换热的目的。蓄热器内蓄热体是一种热容量比较大的固体物质，常用的有耐火砖等。

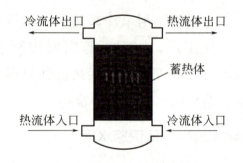

图3-24　蓄热式换热器

知识4　认识热管换热器

热管起源于20世纪60年代的美国，1967年一根不锈钢水热管首次被送入地球卫星轨道并运行成功。我国自20世纪70年代开始对热管进行研究，自80年代以来相继开发了热管气-气换热器、热管气-水换热器、热管余热锅炉、热管蒸汽发生器等热管产品，并在各类工程领域中得到了广泛的应用。

热管（见图3-25）是一种高导热性能的传热元件。它通过在全封闭真空管内介质的蒸发与凝结来传递热量。介质的主要任务是从加热段吸收热量，通过相变把热量输送到冷却段，从而实现热量转移。热管具有很高的导热性和良好的等温性，而且冷热两侧的传热面积可任意改变，可远距离传热，可控制温度等。

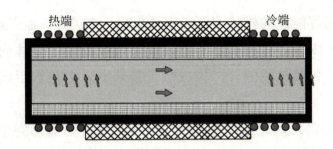

图3-25 热管工作原理

热管按种类可分成高温、中温和低温热管三种，其形式有重力热管、分离式热管和吸液芯热管。

重力式热管的工作原理如图3-26所示，典型的热管由管壳、外部扩展受热面、端盖组成，将管内抽成$1.3\times(10^{-4}\sim10^{-1})$Pa的负压后充入适量的工作液体，然后加以密封。

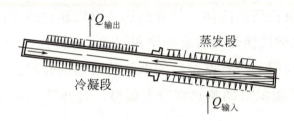

图3-26 重力式热管的工作原理

当热管的蒸发段受热时热管内的介质蒸发汽化，蒸汽在微小压差下流向冷凝段放出热量并凝结成液体，在重力的作用下流回蒸发段。如此循环热量由一端传到了另一端。热管内热量传递是通过介质的相变过程进行的。

分离式热管也是利用介质的汽化-凝结来传递热量，只是将受热部分与放热部分分离，用蒸汽上升管与冷凝液下降管相连接，可应用于冷、热流体相距较远或冷、热流体绝对不允许接触的场合。

热管的传热原理决定着热管具有以下基本特性。

① 较大的传热能力，热管巧妙地组织了热阻较小的沸腾和凝结两种相变过程，使它的热导率高达紫铜管热导率的数倍以至数千倍。

② 优良的等温性，热管内腔的蒸汽处于饱和状态，饱和蒸汽由蒸发段流向冷凝段的压力差很小，因而热管具有优良的等温性。

③ 不需要输送泵，结构简单无运动部件和噪声。一根长0.6m、直径13mm、重0.34kg的热管在100℃工作温度下，输送200W能量，其温差仅

0.5℃，而输送同等能量同样长的实心铜棒质量为22.7kg，温差高达70℃。

将热管元件按一定行列间距布置，成束装在框架的壳体内，用中间隔板将热管的加热段和散热段隔开，构成热管换热器。由热管组成的热管换热器具有以下优点。

① 热管换热器可以通过换热器的中间隔板使冷热流体完全分开，在运行过程中单根热管因为磨损、腐蚀、超温等发生破坏，也只是单根热管失效，而不会发生冷热流体的掺杂。所以热管换热器用于易燃、易爆、腐蚀等流体的换热场合具有很高的可靠性。

② 热管换热器的冷、热流体完全分开流动，可以比较容易地实现冷、热流体的完全逆流换热；同时冷热流体均在管外流动，由于管外流动的换热系数远高于管内流动的换热系数，且两侧受热面均可采用扩展受热面。用于品位较低的热能的回收非常经济。

③ 对于含尘量较高的流体，热管换热器可以通过改变热管结构尺寸，扩展受热面形式，以解决换热器的磨损堵灰问题。

④ 热管换热器用于带有腐蚀性的烟气的余热回收时，可以通过调整蒸发段、冷凝段的传热面积来调整热管管壁温度，使热管尽可能避开最大的腐蚀区域。

知识链接

换热器产业的未来发展趋势是技术创新。随着市场需求的增加，换热器的功能要求也越来越高，需要更加高效、环保、智能化的产品。因此，换热器企业需要不断加大技术研发投入，掌握更多的先进技术，开发出更加高效、智能化的产品。

换热器产业的未来发展趋势是绿色环保。随着环保意识的增强，绿色环保已经成为企业发展的重要方向。换热器作为一种节能环保设备，在生产和使用过程中也需要注重环保问题。因此，换热器企业需要加强环保意识，采用环保材料和先进的环保技术，减少污染排放，推进绿色生产和绿色应用。

换热器产业的未来发展趋势是智能化。随着信息技术的发展，智能化已经成为制造业的重要发展方向。换热器企业需要通过智能化技术实现生产、管理和服务的智能化，提高产品质量和效率，减少人工成本和资源浪费，推动产业转型升级。

换热器产业的未来发展趋势是多元化。随着市场需求的变化和技术的更新换代,换热器企业需要不断拓展产品线,开发出多种不同类型的产品,满足不同客户的需求。同时,也需要通过多元化的经营策略,拓展市场份额,提高企业的竞争力和盈利能力。

项目3.2 列管式换热器的仿真操作训练

任务 列管式换热器的仿真操作训练

 任务描述

任务名称	列管式换热器的仿真操作训练	建议学时	
学习方法	学生分组,每组选一名组长,组长负责安排组内学生的分解任务,进行分工并负责召集本组学生讨论、归纳任务内容;老师巡回指导,集中讨论,归纳总结			
任务目标	一、操作技能要求 1. 学会流程的基本方法,能正确选择流程; 2. 能进行换热器仿真软件中的开、停车操作; 3. 能对各工艺参数进行操作控制,使之达到规定的工艺要求和质量指标。 二、设备的使用和维护要求 1. 能正确进入仿真操作软件并调试各参数; 2. 能够说出仿真操作的基本流程; 3. 联系实际,说出换热器工作的基本流程			
课前任务: 1. 分组,分配工作,明确每个人的任务; 2. 读懂流程图		准备工作: 1. 工作服、劳保手套、安全帽; 2. 纸、笔	
场地:实训室			
具体任务			
查看换热实训流程图,熟悉设备布局,进行换热器的仿真操作训练			

 知识准备

列管式换热器单元仿真操作实训过程主要包括以下步骤:准备工作、冷态开车、正常运行、停车。操作时要遵守国家法规或企业相关安全规范。

知识 列管式换热器单元仿真操作方法

通过前面的学习我们已掌握了传热的基本原理,工业中常见换热器的基本结构、工作原理和一些简单的操作技能,下面我们将进行换热器操作技能的仿真训练。

1. 认识列管式换热器单元的流程与仪表

（1）列管式换热器DCS图如图3-27所示。

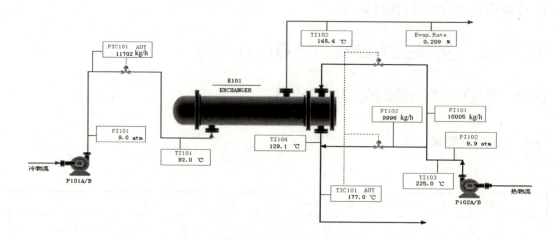

图3-27　列管式换热器DCS图

（2）列管式换热器现场图如图3-28所示。

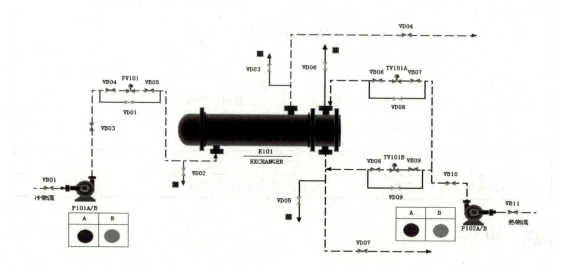

图3-28　列管式换热器现场图

换热器单元带控制点工艺流程如图3-29所示。

实训设备的设计采用管壳式换热器。来自前工段的92℃冷物料（沸点198.25℃）由泵P101A/B送至换热器E101的壳程，被流经管程的热物料加热至145℃，并有20%被汽化。冷物料流量由流量控制器FIC101控制，正常流量为12000kg/h。从另一工段输送而来的225℃热物料，经泵P102A/B送至换热器E101与流经壳程的冷物料进行热交换，热物料出口温度由TIC101控制（177℃）。

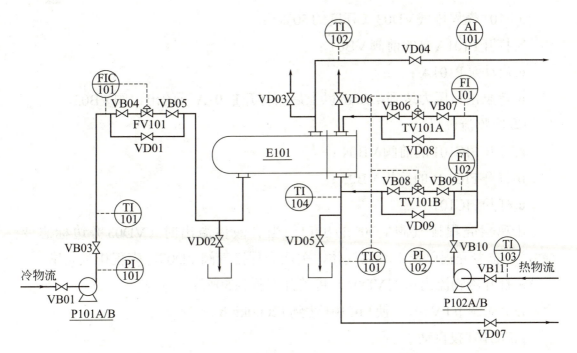

图3-29 换热器单元带控制点工艺流程

离心泵输入的10.0atm、225℃的热流体分两路，一路经调节阀TV101A流入换热器管程，另一路经调节阀TV101B直接到换热器出口与换热后的流体汇合。

2. 列管式换热器单元仿真DCS操作控制要点说明

（1）FIC101流量控制　冷物料通过手动调节控制阀FIC101可以调节流量大小，正常运行时FIC101投自动，若流量小于12000kg/h，控制阀FIC101自动增大开度，当流量大于12000kg/h时，控制阀FIC101自动减小开度，使流量自动保持在12000kg/h左右。

（2）TIC101控制　调节阀TV101A和TV101B为分程控制TIC101，正常运行时TIC101投自动，热流体出料温度约为177℃，在换热器出口温度低于177℃时，调节阀TV101A增大开度，同时调节阀TV101B减小开度；当换热器出口温度高于177℃时，调节阀TV101A减小开度，同时调节阀TV101B增大开度，使出料温度保持在177℃左右。

3. 换热器单元仿真DCS操作步骤

（1）冷态开车操作步骤

① 启动冷物流进料泵 P101A

a. E101 壳程排气 VD03（开度约50%）；

b. 打开 P101A 泵的前阀 VB01；

c. 启动泵 P101A；

d. 待泵出口压力达到 4.5atm 以上后，打开 P101A 泵的出口阀 VB03。

② 冷物流进料

a. 打开 FIC101 的前阀 VB04；

b. 打开 FIC101 的后阀 VB05；

c. 打开 FIC101；

d. 观察壳程排气阀 VD03 的出口，当有液体溢出时（VD03 旁边标志变绿），标志着壳程已无不凝性气体，关闭壳程排气阀 VD03，壳程排气完毕；

e. 打开冷物流出口阀 VD04，将其开度置为 50%；

f. 手动调节 FV101，使 FIC101 达到 12000kg/h；

g. FIC101 投自动；

h. FIC101 设定值 12000；

i. 冷流入流量控制 FIC101；

j. 冷流出温度 TI102。

③ 启动热物流入口泵 P102A

a. 开 E101 管程排气阀 VD06（50%）；

b. 打开 P102A 泵的前阀 VB11；

c. 启动 P102A 泵；

d. 打开 P102A 泵的出口阀 VB10。

④ 热物流进料

a. 打开 TV101A 的前阀 VB06；

b. 打开 TV101A 的后阀 VB07；

c. 打开 TV101B 的前阀 VB08；

d. 打开 TV101B 的后阀 VB09；

e. 观察 E101 管程排气阀 VD06 的出口，当有液体溢出时（VD06 旁边标志变绿），标志着管程已无不凝性气体，此时关管程排气阀 VD06，E101 管程排气完毕；

　　f.打开E101热物流出口阀VD07；

　　g.手动控制调节器TIC101输出值，逐渐打开调节阀TV101A至开度为50%；

　　h.调节TIC101的输出值，使热物流温度分别稳定在177℃左右，然后将TIC101投自动；

　　i.热流入口温度控制TIC101。

（2）正常停车操作步骤

①停热物流进料泵P102A

　　a.关闭P102A泵的出口阀（VB10）；

　　b.停P102A泵；

　　c.关闭P102A泵入口阀（VB11）。

②停热物流进料

　　a.TIC101改为手动；

　　b.关闭TV101A；

　　c.关闭TV101A的前阀（VB06）；

　　d.关闭TV101A后阀（VB07）；

　　e.关闭TV101B的前阀（VB08）；

　　f.关闭TV101B后阀（VB09）；

　　g.关闭E101热物流出口阀（VD07）。

③停冷物流进料泵P101A

　　a.关闭P101A泵的出口阀（VB03）；

　　b.停P101A泵；

　　c.关闭P101A泵入口阀（VB01）。

④停冷物流进料

　　a.FIC101改手动；

　　b.关闭FIC101的前阀（VB04）；

　　c.关闭FIC101的后阀（VB05）；

　　d.关闭FV101；

　　e.关闭E101冷物流出口阀（VD04）。

⑤E101管程泄液

a.打开管程泄液阀VD05；

　　b.待管程液体排尽后，关闭泄液阀VD05。

　⑥ E101壳程泄液

　　a.打开泄液阀VD02；

　　b.待壳程液体排尽后，关闭泄液阀VD02。

练一练

请写出换热器单元开、停车操作平稳的关键因素。

想一想

你认为如何才能及时发现事故？并在下面写出平稳调整的方法。

项目3.3　列管式换热器的操作与计算

任务　学习列管式换热器的操作

 任务描述

任务名称	学习列管式换热器的操作	建议学时	
学习方法	学生分组，每组选一名组长，组长负责安排组内学生的分解任务，进行分工负责召集本组学生讨论、归纳任务内容；老师巡回指导，集中讨论，归纳总结		
任务目标	一、操作技能要求 1.学会流程的基本方法，能正确选择流程； 2.能进行传热单元的开、停车操作； 3.能对各工艺参数进行操作控制，并达到规定的工艺要求和质量指标； 4.能及时发现、报告并处理系统的异常现象及事故，进行紧急停车。 二、设备的使用和维护要求 1.能正确使用仪器仪表； 2.会检查相关的管道与阀门的泄漏情况，掌握设备、管路的维护、维修方法。 三、设备的调节与计算 1.掌握换热器总传热系数K的测定方法； 2.对比流体的流量和流向不同对总传热系数的影响； 3.在掌握换热器操作的基础上了解强化途径		
课前任务： 1.分组，分配工作，明确每个人的任务； 2.读懂流程图，找出需要记录的温度点和其他参数项		准备工作： 1.工作服、劳保手套、安全帽； 2.纸、笔、计算器	
场地：实训室			

项目3　换热器

续表

具体任务
查看换热实训流程图，熟悉设备布局，岗位到人，进行换热器总传热系数的测定 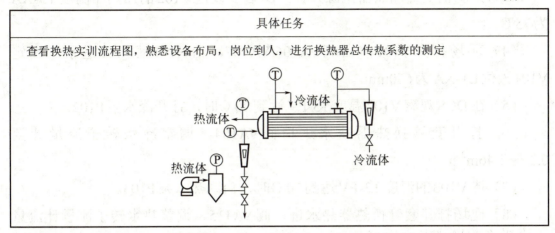

 知识准备

列管式换热器操作实训过程主要包括以下步骤：准备工作、开车准备与检查、换热装置开车运行、换热装置的正常停车及换热器的调节计算。操作时要提高安全使用水、电、气，高空作业不伤人、不伤己等安全防范意识。

知识1　换热器的简单操作

1.换热装置的开车准备与检查

要求掌握换热装置开车前的准备工作，开车的基本要点和基本要求，并能正确、稳步地进行换热装置的开车。

认真阅读下列步骤，按照准备工作的内容和要求逐项完成。

（1）检查水、电是否正常。

（2）检查系统所有仪表、阀门、管路、设备是否正常，以及有无泄漏。如正常且无泄漏，则进行下一步。如有问题及时报告老师进行处理。

（3）启动电源。

2.换热装置正常开车及运行

掌握换热器开车的基本要求及操作方法，学会换热器开车的基本操作要点。

（1）现场打开自来水总阀。

（2）现场打开V102前后阀VA109/VA110，给热水罐V102进水，设定V102液位L3-XA为650mm。

（3）控制柜上开加热器电源开关，DCS上设定V102的加热器温度T3-XA为75℃。

（4）现场打开V101前后阀VA106/VA107，给冷水罐V101进水，设定V101液位L1-XA为650mm。

（5）在DCS观察V102温度T3-PV达到70℃时，打开冷水泵P102。

（6）打开套管换热器冷水进口阀VA104，调整冷水转子流量计至0.2～1.46m³/h。

（7）待V102的温度T3-PV达到70℃时，启动热水泵P103。

（8）现场打开套管换热器热水进口阀VA115，调整热水转子流量计流量为0.4～1.2m³/h。

（9）半开套管换热器放空阀VH505、热水回路总管放空阀VH504，排不凝气体，有水溢出时，关闭VH505、VH504。

（10）在DCS上观察套管换热器的热水进出口温度（T1-1、T1-2）及冷水进出口温度（T1-3、T1-4），并每2min记录温度一次，直到温度稳定后，再记录3组数据。

（11）改变两次热媒流量，重复温度记录。

想一想

（1）换热器开车时为什么先送入冷流体（空气），再送入热流体（水蒸气）？

（2）电位差计在开车前调零后，是否在每次测量数据时都需要再次调零？

（3）送入热流体时为何要排放不凝性气体？

（4）空气流量调节完成后能否立即测量相关参数？

（5）当蒸汽压力波动时能否测量相关数据？

（6）本实验中所测定的壁面温度是接近蒸汽侧的温度，还是接近空气侧的温度？为什么？

3.换热装置的正常停车

掌握换热装置正常停车的基本要求、操作方法及注意事项，操作要点和操作步骤如下所示。

（1）在DCS系统上关闭V102加热电源，停止加热，后关闭控制柜加热器电源。

(2) 现场关闭热水泵出口阀 VA115。

(3) 关闭控制柜的热水泵 P103 开关,停泵。

(4) 现场关闭冷水泵出口阀 VA104。

(5) 关闭控制柜的冷水泵 P102 开关,停泵。

(6) 关闭控制柜总电源。

(7) 打开阀门 VH502、VH505、VA114,将热水罐内热水排空(口述)。

(8) 打开阀门 VH506、VA104、VA104、VA105,将冷水罐内冷水排空(口述)。

(9) 将所有阀门归位。

想一想

(1) 停车时能否先停空气,再停水蒸气?为什么?

(2) 为什么要排尽换热管和蒸汽发生器中的液体?

4.异常现象及处理方法

异常现象及处理方法见表 3-1。

表 3-1 异常现象及处理方法

异常现象		产生原因	处理方法
污垢导致传热效率下降		① 换热管内不凝性气体未排尽; ② 换热管内凝液增多; ③ 管路或阀门堵塞; ④ 换热管内、外结垢严重	① 排尽不凝性气体; ② 排尽管内凝液; ③ 清理管路或阀门; ④ 充分了解易结垢部位、致污物质、污垢程度等,并及时进行清洗
换热管振动		① 管内外流体流速太快造成冲击; ② 管路与泵共振	① 调节空气或水蒸气流量,或在流体进口处设置缓冲器; ② 加固管路
泄漏	法兰泄漏	可能不够坚固,或因热胀引起松动	经常检查并及时坚固
	连接部位泄漏	连接不牢或安装不当;或流体的冲击	重新连接;或在送入流体时避免流速过大
管子磨损与腐蚀		① 污垢腐蚀; ② 流体腐蚀; ③ 管内固体堵塞; ④ 管内流体流速过大	① 定期清洗; ② 加强管子防腐措施; ③ 流体入口处设置过滤网; ④ 保持适当的流体流速
其他		在操作过程中出现参数异常时,要密切注意并查找原因,及时修复	

> **想一想**
>
> (1) 测量时若发现壁温数据比蒸汽的低,会是什么原因造成的?应该如何调整呢?
>
> (2) 你能根据测量出的数据分析传热过程的效果吗?

换热装置操作数据记录表

班级_____ 姓名_____ 学号_____
操作装置号_____ 操作时间_____
加热管长度____mm;加热管内径____mm;传热面积____m^2;管质材料____

序号	空气流量计读数	进口蒸汽压力表读数	空气进口温度		空气出口温度		蒸汽温度		管壁温度	
	m 液柱	Pa	mV	℃	mV	℃	mV	℃	mV	℃

指导教师_____
日期____年____月____日

知识2 热量的计算方法

【实例3-1】 图3-30表示在一台套管换热器中硝基苯与冷却水的换热过程,从图中可以看出,硝基苯的温度从360K降至320K,冷却水的温度从288K升至303K,硝基苯的流量是2500kg/h,比热容是1.47kJ/(kg·K)。请计算:①硝基苯在被冷却的过程中放出了多少热量?②要将硝基苯放出的热量带走,需要用多少冷却水呢?

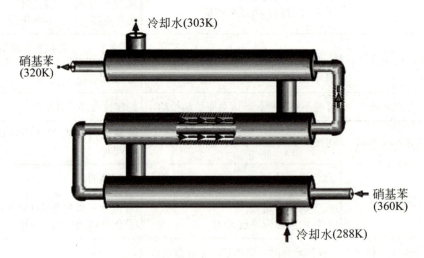

图3-30 硝基苯与冷却水的换热过程

项目3 换热器

计算向导：

（1）热量计算式 $\quad Q=Gc_p(T_1-T_2)$ （3-1）

式中 Q——热量，W 或 J/s；

G——质量流量，kg/s；

c_p——平均比热容，kJ/(kg·K)；

T_1、T_2——冷流体或热流体的进口和出口温度，K。

（2）分析硝基苯的已知条件

硝基苯的质量流量 $G=$_____kg/h，比热容 $c_{p\text{硝基苯}}=$_____kJ/(kg·K)

硝基苯的进口温度 $T_\text{进}=$_____K，出口温度 $T_\text{出}=$_____K

（3）计算硝基苯传出的热量

$Q=$_____×1.47×(_____−_____)=_____(kJ/h)=_____(J/s)

[答案是：$Q=40833.3$ J/s（W）。你算对了吗？]

（4）分析水的已知条件

水的进口温度 $T_\text{进}=$_____K，出口温度 $T_\text{出}=$_____K

（5）计算水的平均比热容

水的平均温度 $T_\text{平均}=\dfrac{303+288}{2}=295.5$（K）

查工具书得到 $c_{p\text{水}}=4.18$ kJ/(kg·K)

（6）计算冷却水的用量　根据换热原理，在不考虑热损失的情况下，硝基苯传出的热量全部给了冷却水，也就是说冷却水得到的热量等于硝基苯传出的热量。仍然可以用热量计算式来计算冷却水得到的热量。

冷却水得到的热量：$Q_\text{冷}=G_\text{冷}\times 4.18\times(303-288)$

因为：$Q_\text{冷}=Q_\text{热}=$_____kJ/h（注意单位）

$$G_\text{冷}\times 4.18\times(303-288)=147000\,(\text{kJ/h})$$

冷却水的用量 $G_\text{冷}=\dfrac{147000}{\underline{\quad}\times(\underline{\quad}-\underline{\quad})_\text{热}}=$_____（kg/h）

（答案是：2344.5 kg/h，你算对了吗？）

通过上面的实例计算，我们了解当流体的温度发生变化时热量的计算方法，因此热量计算式 $Q=Gc_p(T_1-T_2)$ 就是一个非常重要的公式了。

化工生产中的换热还有另外一种情况，请看下面的实例。

【实例3-2】 图3-31表示在夹套换热器中进行的换热过程，在这个过程中是用100℃的水蒸气将容器中的液体加热，水蒸气经过夹层时放出热量并发生了相变化，相变后的冷凝水由底部出口排出。水蒸气的质量流量是100kg/h，可以查出水蒸气的汽化热是2221kJ/kg。在这个换热过程中，水蒸气放出的热量是多少？

我们先来分析一下这个换热过程和【实例3-1】中的换热过程有什么不同。

在这个换热过程中，我们注意到水蒸气传出热量后冷凝成了水，这就是常说的相变传热。而【实例3-1】中冷、热流体在换热的过程中都没有发生相的变化。那么相变时放出的热量如何计算呢？

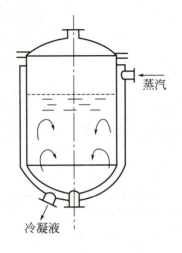

图3-31 夹套换热器中蒸汽换热过程

计算向导：

（1）流体有相变时的热量计算式

$$Q=Gr \quad 或 \quad Q=G(H_1-H_2) \quad (3-2)$$

式中　Q——热量，W 或 J/s；

　　　G——质量流量，kg/s；

　　　r——汽化潜热，kJ/kg；

　　　H——焓，kJ/kg。

（2）分析水蒸气的已知条件

水蒸气的质量流量$G_{蒸汽}=$_____kg/h；温度$T=$_____℃；

查工具书得到水蒸气的汽化潜热$r=2221$J/kg。

（3）计算水蒸气冷凝放出的热量

$Q_热=G_{蒸汽}r=$_____=222100kJ/h=_____J/s（W）

这两个热量计算公式都有一定的应用条件，请仔细思考，并回答下面的问题：

当流体在传热过程中只发生温度变化时，热量计算式为：_____。

当流体在传热过程中发生了相变化时，热量计算式为：_____。

项目3 换热器

📝 **练一练**

在【实例3-2】中,如果100℃的水蒸气发生相变成为100℃的冷凝水之后,没有马上排出,而是继续传出热量,温度下降到50℃,那么在水蒸气发生相变化和温度降低这两个过程中一共传出多少热量呢?可以利用上面介绍的两个热量计算公式解决这个问题。请将计算以及答案写在下面。

知识3 换热器传热速率的计算

在【实例3-1】中,传热任务要求将流量为2500kg/h硝基苯的温度从360K降至320K。而换热器是否能完成这一任务,则要取决于它的换热能力。在工程中将一定的时间内所能交换的热量称为换热器的传热速率,以符号 q 表示,单位是J/s或者W。

根据生产任务选择换热器时,需要知道换热器的传热速率。

传热速率 $\qquad q = KA\Delta t_m \qquad$ (3-3)

式中 q——换热器的传热速率,J/s 或 W;

K——传热总系数,W/(m²·K);

A——传热面积,m²;

Δt_m——冷热流体的有效温度差,K。

【**实例3-3**】 在【实例3-1】中,2500kg/h的硝基苯,温度从360K降至320K,传出的热量是40833.3J/s。现有一台换热器,其传热总系数为68W/(m²·K),传热面积为25m²,冷热流体的有效温度差为42K。请你核算一下这台换热器能否按要求将硝基苯冷却。

计算向导:

(1)计算公式 换热器的传热速率计算式:$q = KA\Delta t_m$

(2)分析已知条件 传热总系数 $K=68$W/(m²·K);传热面积 $A=\underline{\quad}$ m²;有效温度差为 $\underline{\quad}$ K。

(3)计算传热速率 $q = KA\Delta t_m = \underline{\quad} \times 25 \times \underline{\quad} = \underline{\quad}$ J/s

(4)分析换热器的传热能力 该换热器的传热速率为 $q=72080$J/s,硝基苯冷却要放出的热量 $Q=40833.3$J/s,可知该换热器的传热速率大于生产任务(热负荷),所以该换热器能按要求将硝基苯冷却。

对于冷热流体的有效温度差,需根据两种流体不同的流动方式分别计算,冷热流体不同的流动方式也会导致传热效率的不同,具体如下。

从传热速率计算式中可以看出,有效温度差越大,在相同的时间内交换的热量就越多,传热速率也就越大,而冷、热流体在换热器中的流动方向对有效温度差会产生直接的影响。

【实例3-4】 用间壁式换热器加热原油,原油在环隙间流动,进口温度为120℃,出口温度为160℃,热机油在管内流动,进口温度为245℃,出口温度为175℃,请计算原油和热机油在逆流和并流时的有效温度差,并比较哪种流动会使有效温度差更大。

计算向导:

(1)间壁式换热器有效温度差Δt_m计算式

$$\Delta t_m = \frac{\Delta t_1 - \Delta t_2}{\ln \frac{\Delta t_1}{\Delta t_2}} \qquad (3-4)$$

式中,温度差Δt_1和Δt_2与流体流动的方向有关,换热过程中常见的流动方向有并流、逆流和错流等,流动方向不同时,得出的有效温度差是不相同的。

(2)分析已知条件 热机油的进口温度T_1=245℃;出口温度T_2=175℃

原油的进口温度t_1=120℃;出口温度t_2=160℃

(3)计算原油和热机油在并流时有效温度差 在传热过程中,当冷热流体的流动方向相同时称为并流流动。

见图3-32,并流时:$\Delta t_1 = T_1 - t_1 = 245 - 120 = 125$(℃);$\Delta t_2 = T_2 - t_2 = 175 - 160 = 15$(℃)

$$\Delta t_m = \frac{\Delta t_1 - \Delta t_2}{\ln \frac{\Delta t_1}{\Delta t_2}} = \frac{125 - 15}{\ln \frac{125}{15}} = \underline{\qquad}(℃)$$

(4)计算原油和热机油在逆流时有效温度差 在传热过程中,当冷热流体的流动方向相反时称为逆流流动。

见图3-33,逆流时:$\Delta t_1 = T_1 - t_2 = \underline{\qquad} - \underline{\qquad} = 85$(℃);$\Delta t_2 = \underline{\qquad} - \underline{\qquad} = 175 - 120 = 55$(℃)

$$\Delta t_m = \frac{\Delta t_1 - \Delta t_2}{\ln \dfrac{\Delta t_1}{\Delta t_2}} = \frac{85 - 55}{\ln \dfrac{85}{55}} = \underline{\qquad} （℃）$$

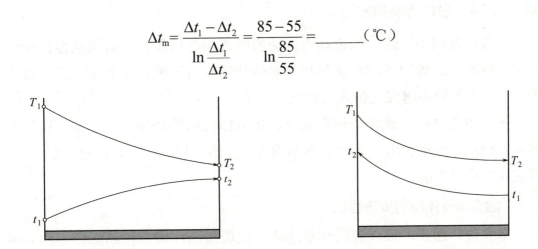

图3-32　并流传热过程的温度变化情况　　图3-33　逆流传热过程的温度变化情况

（5）比较有效温度差　计算得到：并流时Δt_m=52℃，逆流时Δt_m=69℃，所以逆流时有效温度差会更大。

上述计算说明了流体流动方向对有效温度差的影响，逆流时有效温度差较大，而并流时有效温度差较小，即：$\Delta t_{m逆} > \Delta t_{m并}$，所以要提高传热速率，应当采用逆流的方式。

注意：

① 习惯上将较大温差记为Δt_1，较小温差记为Δt_2；

② 当$\Delta t_1/\Delta t_2 < 2$，则可用算术平均值代替$\Delta t_m = \dfrac{\Delta t_1 + \Delta t_2}{2}$；

③ 当$\Delta t_1 = \Delta t_2$，$\Delta t_m = \Delta t_1 = \Delta t_2$。

逆流操作的特点：

① 逆流操作的局限性。由以上分析可知，逆流优于并流，因而工业生产中多采用逆流操作。但是在某些生产的要求下，就不能够采用逆流操作，例如对流体的出口温度有限制，规定冷流体被加热时不得超过某一温度，或者热流体被冷却时不得低于某一温度，在这种情况下就要采用并流操作。

② 逆流操作还有一个优点是节省加热介质或冷却介质的用量。例如，将一定流量的冷流体从20℃加热到60℃，热流体的进口温度为90℃，出口温度不作规定。此时，采用逆流时，热流体的出口温度可以接近20℃，而采用并流时，则只能接近60℃。这样，逆流时加热介质用量就比并流时少。

知识4 强化传热的方法

在传热过程中，流体的流动方向能影响传热的效果，还有换热器的传热面积、材质、流体的流动形态等也都对传热速率有影响。那么在一定的传热条件下，应如何考虑强化传热过程呢？

强化传热过程，就是如何提高冷、热流体间的传热速率。从传热速率方程 $q=KA\Delta t_m$ 中不难看出，增大传热系数 K、传热面积 A 或平均温度差 Δt_m 都可以提高传热速率 q。

1. 增大单位体积的传热面积

增大传热面积，可以提高传热速率。但应指出，增大传热面积不应靠加大设备的尺寸来实现，而应从设备的结构来考虑，提高其紧凑性，即提高单位体积的传热面积。

（1）改进传热面的结构　改变传热面形状可以提高单位体积的传热面积，例如用螺纹管、波纹管代替光滑管，或者采用翅片管换热器、板翅式换热器及板式换热器等，都可增加单位体积设备的传热面积；还有用小直径管子代替大直径管子、用椭圆管代替圆管等。

例如板式换热器每立方米体积可提供的传热面积为 $250\sim1500m^2$，而列管式换热器，单位体积的传热面积仅为 $40\sim160m^2$。

（2）改变表面状况　可采用的方法有：①增加粗糙度；②改变表面结构；③表面涂层。

小调研

多年来对增大换热面积的研究一直不断，出现了许多好的方法，请你通过查阅资料了解增大传热面积的方法。

2. 增大有效温度差 Δt_m

增大有效温度差，可以提高传热速率。而有效温度差的大小主要取决于两种换热流体的温度条件。一般来说流体的温度为生产工艺条件所规定，可变动的范围是有限的。当换热器中两侧流体均变温时，采用逆流操作可得到较大的有效温度差。螺旋板式换热器和套管式换热器可使两流体作严格的逆流流动。

3. 增大总传热系数 K

增大总传热系数，也可以提高传热速率。$1/K$ 为传热过程的总热阻，它是传热过程所有热阻之和,包括固体传热面的热阻、对流传热热阻、污垢热阻等。由此可见,要提高K值,就必须减小各项热阻。但因各项热阻所占的比重不同,因此应设法减小对K值影响较大的热阻。减小热阻的方法如下。

(1)增大流速,以强化流体湍动的程度,减小对流传热的热阻 可采取的措施如下。

① 增加列管式换热器的管程数和壳程中的挡板数,均可提高流速或湍动程度。

② 板式换热器的板面压制成凹凸不平的波纹,流体在螺旋板式换热器中受离心力的作用,均可增加湍动程度。

③ 在管内装入麻花铁、螺旋圈或金属丝片等添加物,亦可增强湍动,而且有破坏滞流底层的作用。与此同时,应考虑由于流速加大而引起流体阻力的增加,以及设备结构复杂、清洗和检修困难等问题,就是说不能单纯地考虑提高对流传热系数,而不考虑其他影响因素。

④ 采用旋转流动装置。在流道进口装涡流发生器,使流体在一定压力下从切线方向进入管内作剧烈的旋转运动,用涡旋流动以强化传热。

⑤ 采用射流方法喷射传热表面。由于射流撞击壁面,能直接破坏边界层,故能强化换热。它特别适用于强化局部点的传热。

(2)防止结垢和及时地清除垢层,以减小污垢热阻 例如,增加流速可减弱污垢的形成和增厚;易结垢的流体在管程流动,以便于清洗;采用机械或化学的方法或采用可拆卸换热器的结构,以便于清除垢层。

(3)使用添加剂改变流体热物理性能 流体热物理性能中的热导率和容积比热容对换热系数的影响较大。在流体内加入一些添加剂可以改变流体的某些热物理性能,达到强化传热的效果。添加剂可以是固体或液体,它与换热的主流体组成气-固、液-固、气-液以及液-液混合流动系统。

① 气流中添加少量固体颗粒 固体颗粒提高了流体的容积比热容和它的热容量,增强气流的扰动程度,固体颗粒与壁面撞击起到破坏边界层和携带热能的作用,增强了热辐射。

② 在蒸气或气体中喷入液滴 在蒸气中加入珠状凝结促进剂;在空气冷却器入口喷入水雾,使气相换热变为液膜换热。

(4)改变能量传递方式 由于辐射换热与热力学温度4次方成比例,一种在流道中放置"对流-辐射板"的增强传热方法正逐步得到重视。

(5) 靠外力产生振荡，强化换热

① 用机械或电的方法使传热面或流体产生振动；

② 对流体施加声波或超声波，使流体交替地受到压缩和膨胀，以增加脉动；

③ 外加静电场，对流体加以高电压而形成一个非均匀的电场，静电场使传热面附近电介质流体的混合作用加强，强化了对流换热。

4. 换热器中流体流程的选择

流体在换热管内流动时称为管程流体，而在管间环隙流动时则称为壳程流动，哪一种流体走管程、哪一种流体走壳程能够有利于传热过程的进行呢？根据生产实践的总结以下几点应值得注意。

对固定管板式换热器：

（1）不洁净和易结垢的流体宜走管内，以便于清洗管子。

（2）腐蚀性的流体宜走管内，以免壳体和管子同时受腐蚀，而且管子也便于清洗和检修。

（3）压强高的流体宜走管内，以免壳体受压。

（4）饱和蒸汽宜走管间，以便于及时排除冷凝液，且蒸汽较洁净，冷凝传热系数与流速关系不大。

（5）被冷却的流体适宜走管间，可利用外壳向外散热，以增强冷却效果。

（6）需要提高流速以增大对流传热系数的流体适宜走管内，因管程流通面积常小于壳程，而且采用多管程增大流速后可提高对流传热系数。

（7）黏度大的液体或流量较小的流体，适宜走管间，因流体在有折流挡板的壳程流动时，由于流速和流向的不断改变，在较低流速下即可达到湍流，达到提高对流传热系数的作用。

在选择流体流道时，上述几点通常都不能同时兼顾，应针对具体情况抓住主要矛盾，例如首先考虑流体的压强、防腐蚀及清洗等要求，然后再校核对流传热系数和压强降，以便做出恰当的选择。

5. 隔热保温技术

绝热技术又称隔热保温技术，对于减少热力设备的热损失、节约能源具有显著的经济效益。在新技术领域，绝热技术对于实现某些特殊过程具有特别重大的意义。例如，各种高速飞行器（如航天飞机等）在通过大气层时会产生强烈的气动加热，若无适当的绝热措施，将导致飞行器烧毁。隔热保温技术涉及电力、冶金、化工、石油、低温、建筑及航空航天等许多工业部门的过程实施、节约能源、提高经济效益等问题，目前已发展成为传热学应用技术中的一个重要分支。

从以上分析可知，强化传热的途径是多方面的。但对具体的传热过程，应做具体分析，既考虑影响强化传热的主要矛盾，还应结合设备结构、动力消耗、检修操作等予以全面考虑，采取经济而合理的强化传热的方法。

思考与练习

一、简答题
1. 举例说明传热在日常生活中的应用。
2. 传热过程有哪三种基本方式？
3. 冬天，经过在白天太阳底下晒过的棉被，晚上盖起来感到很暖和，并且经过拍打以后，效果更加明显。试解释原因。
4. 天冷了，自然要多穿几件衣服，你能解释这样做的原因吗？
5. 你了解热水瓶的结构吗？说说它是如何实现保温的？
6. 说说家用空调器安装在什么位置，并解释其道理。
7. 说明热负荷与传热速率的概念及两者之间的关系。
8. 何谓加热剂和冷却剂？举例说明。
9. 叙述热导率、对流传热膜系数、传热系数的单位及物理意义。
10. 流体对流传热膜系数一般来说有相变时的要比无相变时大，为什么？
11. 为降低汽车发动机的温度，可采取哪些措施？
12. 强化传热的途径有哪些？
13. 传热按机理分为哪几种？
14. 物体的热导率与哪些主要因素有关？
15. 流动对传热的贡献主要表现在哪儿？
16. 自然对流中的加热面与冷却面的位置应如何放才有利于充分传热？
17. 液体沸腾的必要条件有哪两个？
18. 工业沸腾装置应在什么沸腾状态下操作？为什么？
19. 沸腾给热的强化可以从哪两个方面着手？
20. 蒸汽冷凝时为什么要定期排放不凝性气体？

21. 为什么低温时热辐射往往可以忽略，而高温时热辐射则往往成为主要的传热方式？

22. 影响辐射传热的主要因素有哪些？

23. 为什么有相变时的对流给热系数大于无相变时的对流给热系数？

24. 有两把外形相同的茶壶，一把为陶瓷的，一把为银制的。将刚烧开的水同时充满两壶。实测发现，陶壶内的水温下降比银壶中的快，这是为什么？

25. 列管式换热器有哪些类别？为何要进行热补偿？

26. 在列管式换热器中，用饱和蒸汽加热空气，问：（1）传热管的壁温接近于哪一种流体的温度？（2）传热系数 K 接近于哪一种流体的对流传热膜系数？（3）哪一种流体走管程？哪一种流体走管外？为什么？

27. 换热器的设计中为何常常采用逆流操作？为什么一般情况下，逆流总是优于并流？并流适用于哪些情况？

28. 有人说，在电子器件的多种冷却方式中，自然对流是一种最可靠（最安全）、最经济、无污染（噪声也是一种污染）的冷却方式。试对这一说法做出评价，并说明这种冷却方式有什么不足之处，有什么方法可作一定程度的弥补。

29. 强化空气-水换热器传热的主要途径有哪些？请列出任意三种途径。

30. 有一钢管换热器，热水在管内流动，空气在管间作多次折流，横向冲刷管束以冷却管内热水。拟改造采用管外加肋片并换钢管为铜管来增加冷却效果，试从传热角度来评价这个方案。

31. 不凝结气体含量如何影响了蒸汽凝结时的对流换热系数值？其影响程度如何？如何解决这个问题？

二、计算题

1. 在一台顺流式的换热器中，已知热流体的进出口温度分别为 180℃ 和 100℃，冷流体的进出口温度分别为 40℃ 和 80℃，则对数平均温差为多少？

2. 已知某大平壁的厚度为 15mm，材料热导率为 0.15W/（m·K），壁面两侧的温度差为 150℃，则通过该平壁导热的热流密度为多少？

3. 红砖平壁墙，厚度为 500mm，一侧温度为 200℃，另一侧为 30℃。设红砖的平均热导率取 0.57W/（m·℃），试求：

（1）单位时间、单位面积导过的热量；

(2)距离高温侧350mm处的温度。

4.某一炉墙内层由耐火砖组成,外层由红砖组成,厚度分别为200mm和100mm,热导率分别为0.8W/(m·K)和0.5W/(m·K),炉墙内外侧壁面温度分别为700℃和50℃,试计算:

(1)该炉墙单位面积的热损失;

(2)若以热导率为0.11W/(m·K)的保温板代替红砖,其他条件不变,为了使炉墙单位面积热损失低于1kW/m²,至少需要用多厚的保温板。

5.一内径为300mm、厚为10mm的钢管表面包上一层厚为20mm的保温材料,钢材料及保温材料的热导率分别为48W/(m·K)和0.1W/(m·K),钢管内壁及保温层外壁温度分别为220℃及40℃,管长为10m。试求该管壁的散热量。

6.一内径为75mm、壁厚2.5mm的热水管,管壁材料的热导率为60W/(m·K),管内热水温度为90℃,管外空气温度为20℃。管内外的换热系数分别为a_1=1200W/(m²·℃)和a_2=800W/(m²·℃)。试求该热水管单位长度的散热量。

7.一台逆流式换热器用水来冷却润滑油。流量为2.5kg/s的冷却水在管内流动,其进出口温度分别为15℃和60℃,比热容为4174J/(kg·K);热油进出口温度分别为110℃和70℃,比热容为2190J/(kg·K)。传热系数为400W/(m²·K)。试计算所需的传热面积。

8.热空气在冷却管管外流过,a_2=90W/(m²·℃),冷却水在管内流过,a_1=1000W/(m²·℃)。冷却管外径d_o=16mm,壁厚b=1.5mm,管壁的λ=40W/(m·℃)。试求:

① 总传热系数K_o;
② 管外对流传热系数a_2增加一倍,总传热系数有何变化?
③ 管内对流传热系数a_1增加一倍,总传热系数有何变化?

项目 4　蒸发装置

学习目标

知识目标

1. 理解蒸发操作的基本原理，蒸发操作的实质和特点；
2. 熟知单效蒸发的流程；
3. 了解蒸发设备的结构及各部分的作用；
4. 了解多效蒸发流程的特点及适应性；
5. 理解多效蒸发对节能的意义；
6. 掌握工艺条件的变化对蒸发操作的影响；
7. 熟知影响蒸发器生产强度的主要因素和提高蒸发生产能力的方法；
8. 掌握标准蒸发器的操作要点

技能目标

1. 能识读和绘制生产工艺流程图；
2. 能熟练进行蒸发器的开车操作、正常运行操作、停车操作；
3. 能调节、控制工艺参数，维持生产稳定运行；
4. 能对生产过程中的异常现象进行分析诊断；
5. 能正确判断事故并进行处理；
6. 能正确识读和使用温度、流量、压力等监测控制仪表；
7. 能初步选择蒸发设备和蒸发的流程；
8. 能正确穿戴和使用安全劳保用品，能合理使用环保设施设备

素质目标

1. 具有化工生产操作规范意识；
2. 具有良好的观察能力、逻辑判断能力和紧急应变能力；
3. 具有健康的体魄和良好的心理调节能力；
4. 具有安全环保意识，做到文明操作、保护环境；
5. 具有好的口头和书面表达能力；
6. 具有获取、归纳、使用信息的能力

项目4　蒸发装置

任务1　认识蒸发装置及流程

 任务描述

任务名称	认识蒸发装置及流程	建议学时	
学习方法	1. 分组、遴选组长，组长负责安排组内任务、组织讨论、分组汇报； 2. 教师巡回指导，提出问题集中讨论，归纳总结		
任务目标	1. 通过认识蒸发在工业中的运用实例，学习蒸发的定义及用途； 2. 通过对蒸发操作实训单元装置或简单蒸发装置的认识，学习蒸发装置的主体构成及工艺流程； 3. 认识工业生产中蒸发操作的常见工艺类型		
课前任务： 1. 分组，分配工作，明确每个人的任务； 2. 查找资料、初步了解蒸发的工业用途及工艺流程		准备工作： 1. 工作服、手套、安全帽等劳保用品； 2. 纸、笔等记录工具； 3. 实训装置或生产现场、工艺流程图	
场地	一体化实训室		
具体任务			
1. 识别蒸发装置的主要设备； 2. 识别蒸发装置的调节控制仪表； 3. 识别装置中各管线流程			

 知识准备

蒸发是一种古老的操作，在《天工开物》中记载着用大锅熬卤制盐和榨汁制糖，就是蒸发的早期应用。

知识1　蒸发操作及其工业用途

1.蒸发操作

【实例4-1】　食盐的生产

食盐在人类的发展史上起着重要的作用，中国早在周朝（公元前11世纪~前256年）就有煮海水制食盐的记载，秦朝（公元前221~前206年）时四川成都、华阳等地已开凿卤井，汲取地下卤水熬制食盐，宋应星在1637年写成的《天工开物》中已收有"凿井图"及煮盐图，如图4-1所示。

在我国海南省的洋浦千年古盐田，据称，这里保持了最原始的人工晒盐工序，是中国至今保留最完好的古盐场，距今已有1200年的历史。如图4-2所示。那一片大大小小如砚台的晒盐池——盐槽，经过风吹日晒后的卤水引入到盐槽上去，这些卤水再经过烈日的蒸发，就可以得到白花花的盐巴了。据说，在夏季，一个盐槽加上两三次的卤水都可以蒸发干。也有采用加热蒸发的方法制取食盐，如图4-3所示。

图4-1 《天工开物》中的煮盐图

图4-2 海水晒盐

图4-3 煮盐

【实例4-2】 甘蔗制糖

甘蔗制糖的基本步骤是：原料→提汁→澄清→蒸发→煮糖与结晶→分蜜→干燥→筛分→包装→贮藏。

通过提汁、澄清后的蔗糖糖浆浓度很低，纯净汁液大概只有15%糖含量，须采用多效蒸发操作浓缩糖汁，糖汁蒸发时，其中蔗糖、还原糖及其他非糖分，在温度、pH值以及浓缩等条件的影响下，会发生一系列的化学变化。蒸发时必须满足制糖工艺及热力利用等多方面的要求，保证糖浆浓度，减少糖分损失等。再通过一系列的后续处理才能得到人们能够食用的蔗糖。

练一练

在以上所举的实例中，无论是晒盐还是制糖，都借助_____方法，使溶液中多余的_____变成蒸汽而脱离原来的体系，最终得到_____。

项目4　蒸发装置

由此可知，蒸发通常指液体的汽化现象。蒸发操作是利用加热的方法，使溶液中一部分挥发性溶剂汽化为蒸气并移除，与不挥发的溶质得到分离，从而提高溶质浓度的单元操作。

用来进行蒸发的设备就叫蒸发器。但在生产过程中，由于产品不同、要求不同，虽然同是蒸发操作，但由于蒸发的过程不同，所采用的设备也就不尽相同。

2.蒸发操作的工业用途

蒸发操作在化工、医药、环保食品等工业生产中有着广泛的应用。如烧碱、制糖、抗生素的生产、海水淡化和高浓度含盐废水的处理等。工业上的蒸发操作主要用于以下几个方面。

① 将溶液浓缩后，冷却结晶，获得固体产品。例如电解烧碱溶液、食糖水溶液及各种果汁的浓缩等。

② 获得纯净的溶剂产品。如海水的淡化、蒸馏水的制备等。

③ 获得浓缩的溶液产品。如中药生产中浸出液的浓缩、有机磷农药苯溶液的浓缩脱苯等。

练一练

通过资料查找，列举1～3个蒸发操作在工业生产中运用的实例。

（1）获得结晶：＿＿＿＿＿＿＿＿＿＿＿＿＿＿＿＿＿＿＿＿＿＿＿＿＿＿＿；

（2）溶剂纯化：＿＿＿＿＿＿＿＿＿＿＿＿＿＿＿＿＿＿＿＿＿＿＿＿＿＿＿；

（3）浓缩溶液：＿＿＿＿＿＿＿＿＿＿＿＿＿＿＿＿＿＿＿＿＿＿＿＿＿＿＿。

知识2　蒸发操作的分类及特点

1.蒸发操作的分类

（1）按蒸发方式分类　按蒸发的方式可将蒸发操作分为自然蒸发和沸腾蒸发。自然蒸发是指溶液中的溶剂在低于沸点下汽化，如海水晒盐就是自然蒸发。沸腾蒸发是指溶液中的溶剂在沸点时汽化，如人工煮盐就属于沸腾蒸发。沸腾蒸发时，溶液呈沸腾状态，溶液的汽化不仅发生在溶液的表面，也发生在溶液的内部各区域，蒸发的速率远远高于自然蒸发，因此，工业生产中的蒸发大多采用沸腾蒸发。

（2）按操作压力分类　根据操作空间压力的大小可将蒸发操作分为常压、

加压或减压（真空）蒸发。对于热敏性物料的浓缩，如抗生素溶液、中药活性成分提取液、果汁等应在减压下进行蒸发操作；对于高黏度物料就应采用加压高温热源加热（如导热油、熔盐等）进行蒸发，或者用二次蒸汽作为下一个蒸发器的热源时，也可采用加压蒸发。

(3) 按二次蒸汽的利用情况分类　由于蒸发需要不断地供给热能，工业上采用的热源通常为水蒸气，而蒸发的物料大多数也是水溶液，蒸发时产生的蒸汽也是水蒸气。为了区别，将加热的蒸汽称为加热蒸汽或一次蒸汽，而由溶液蒸发出来的蒸汽称为二次蒸汽。

根据二次蒸汽的利用情况可以将蒸发操作分为单效蒸发和多效蒸发。若蒸发产生的二次蒸汽直接冷凝不再利用，称为单效蒸发。若将二次蒸汽作为下一效加热蒸汽，并将多个蒸发器串联，此蒸发过程即为多效蒸发。与单效蒸发相比，多效蒸发可以提高加热蒸汽（水蒸气）的利用率。

(4) 按蒸发操作方式分类　在生产中可以根据蒸发操作的方式将其分为间歇蒸发和连续蒸发。间歇蒸发是指分批进料或出料的蒸发操作，在整个操作过程中，蒸发器内溶液的浓度和沸点都随时间的改变而改变，因此间歇蒸发是一个非稳态的操作，适用于小规模、多品种的场合。在连续蒸发的整个操作过程中，由于蒸发器在不断采出产品的同时也在连续补充进料，蒸发器内溶液的浓度和沸点始终处于一个比较稳定的范围，属于稳态操作。工业上大规模的生产过程通常采用的是连续蒸发。

2.蒸发操作的特点

蒸发操作实质上是一个传热过程，蒸发器也是一种传热器，但是和一般的传热过程相比，蒸发需要注意以下特点。

(1) 沸点升高　由于蒸发的物料均为有不挥发溶质的溶液，在相同压力下，溶液的沸点高于纯溶剂的沸点。故当加热蒸汽一定时，蒸发溶液的传热温差比蒸发纯溶剂时小，随着蒸发过程的进行，溶液的浓度越大，这种影响就越明显。

(2) 节约能源　由于蒸发时汽化的溶剂量较大，就需要消耗大量的加热蒸汽。如何充分利用热量，使得单位质量的加热蒸汽能除去更多的溶剂，如何充分利用二次蒸汽的热量，以提高加热蒸汽的整体经济程度，是蒸发必须考虑的问题。

(3) 方法与设备的选择　蒸发溶液由于本身具有某些特性，例如物料浓缩时可能结垢或者结晶析出；有的热敏性物料在高温下易分解变质（如牛奶）；有的则具有较大的黏度和较高的腐蚀性等，如何根据物料的这些性质和工艺要求，选择适宜的蒸发方法和设备，也是蒸发所必须考虑的问题。

知识3　蒸发装置及流程

1.单效蒸发装置及流程

工业生产中常见的单效蒸发流程如图4-4所示。

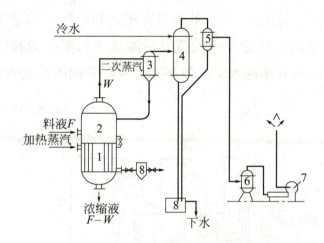

图4-4　单效蒸发流程

1—加热器；2—分离室；3—二次分离器；4—混合冷凝器；
5—气液分离器；6—缓冲罐；7—真空泵；8—冷凝水排除器

蒸发器是由加热室与分离室组成的，加热室相当于一个换热设备，加热介质是蒸汽，而分离室则相当于一个气液分离设备。料液从加热室上部进入，在通过整个加热室的过程中，料液接受热量，水分汽化，浓缩后的料液从加热室底部排出。

从料液中汽化出来的气体称为二次蒸汽，从蒸发器顶部出来后进入二次分离器，被蒸汽带出的料液在这里被分离出来，料液再送回蒸发器中，蒸汽则进入冷凝器，部分蒸汽被冷凝，经过气液分离器，冷凝水排出，气体进入真空泵后被抽出，使蒸发过程在较低压力下进行。

2.多效蒸发装置及流程

由于蒸发操作中产生的二次蒸汽含有大量的热量，若不加以利用，能量利用就不合理，造成浪费。若把二次蒸汽引至另一操作压力较低的蒸发器作为加热蒸汽，并把若干个蒸发器串联组合使用，这种操作称为多效蒸发。多效蒸发中,二次蒸汽的潜热得到较为充分的利用,提高了加热蒸汽的利用率。因此化工生产中的蒸发大多采用多效蒸发。

多效蒸发采用的设备与单效蒸发基本相同,只是台数不同,流程也就不相同。三效蒸发并流加料流程见图4-5。

在多效蒸发中,各效的操作压力依次降低,相应地,各效的加热蒸汽温度及溶液的沸点亦依次降低。在多效蒸发中按溶液与蒸汽的流动方向不同,多效蒸发有三种常见的加料流程。

(1)并流模式 见图4-5,三效蒸发并流加料流程,这是工业上最常见的并流加料模式,溶液经过第一效的蒸发后继续进入第二效和第三效;二次蒸汽从第一效出来后也继续进入第二效和第三效,它们的流动方向相同。

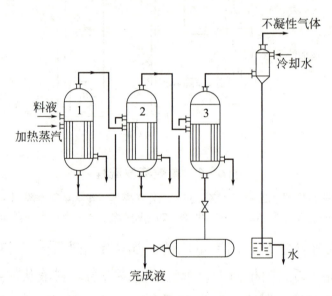

图4-5 三效蒸发并流加料流程

并流法的优点是:料液从压力和温度较高的第一效蒸发器流向压力和温度较低的第三效蒸发器,故料液在各效间的流动可以利用效间的压力差进行,而不需要泵送。同时,当前一效溶液流入温度和压力较低的后一效时,会产生自蒸发(闪蒸),因而可以多产生一部分二次蒸汽。此外,此法的操作简便,工艺条件稳定。

并流法的缺点是:随着溶液从前一效逐效流向后面各效,其浓度增高,而温度反而降低,致使溶液的黏度增加,蒸发器的传热系数下降。因此,对于随浓度的增加其黏度变化很大的料液不宜采用并流。

(2)逆流模式 逆流加料法的流程如图4-6所示。溶液的流向与二次蒸汽的流动方向相反,即加热蒸汽由第一效进入,从第三效离开,而原料液由第三效进入,由第一效排出。

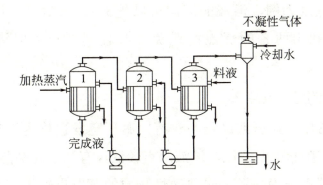

图 4-6　三效蒸发逆流加料蒸发流程

逆流法的优点是:随溶液的浓度沿流动方向的增高,其温度也随之升高。因此浓度增高使黏度增大的影响基本上与温度升高使黏度降低的影响相互抵消,故各效溶液的黏度比较接近,各效的传热系数也大致相同。

逆流法的缺点是:溶液在效间的流动是由低压流向高压,由低温流向高温,必须用泵输送,故能量消耗大。此外,各效(末效除外)均在低于沸点下进料,没有自蒸发,与并流法相比,所产生的二次蒸汽量较少。

一般说来,逆流加料法适合于黏度随温度和浓度变化较大的溶液,但不适合处理热敏性物料。

(3) 平流模式　见图4-7平流加料的三效蒸发流程。平流法是指原料液同时从各效加入,浓缩液也分别从各效排出。蒸汽仍然是从第一效流向最后一效。此种流程适合于处理蒸发过程中有结晶析出的溶液。例如某些无机盐溶液的蒸发,由于在蒸发过程中析出结晶而不便于在效间输送,常采用此法。

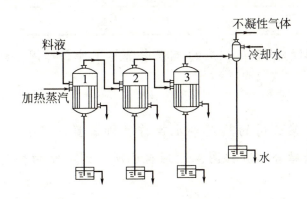

图 4-7　三效蒸发平流加料蒸发流程

除以上三种基本操作流程以外，工业生产中有时还有一些其他的流程。例如，在一个多效蒸发流程中，加料的方式可既有并流又有逆流，称为错流法。以三效蒸发为例，溶液的流向可以是3→1→2，亦可以是2→3→1。此法的目的是利用两者的优点而避免或减轻其缺点。但错流法操作较为复杂。

3. 蒸发操作的压力条件

蒸发可在常压、加压或减压下进行。减压蒸发也称为真空蒸发。真空蒸发有许多优点：在低压下操作，溶液沸点较低，有利于提高蒸发的传热温差；可以利用低压蒸汽作为热源；对热敏性物质的蒸发也较为有利。在加压蒸发中，所得到的二次蒸汽温度较高，可作为下一效的加热蒸汽加以利用。因此，单效蒸发多为真空蒸发；多效蒸发的前效为加压或常压操作，而后效则在真空下操作。

练一练

请仔细对比多效蒸发中3种不同的加料流程，思考并回答下面的问题。

（1）在三效蒸发流程中，并流、逆流和平流加料时的蒸发装置有些不同，即使用的设备情况不同，你能找出都有哪些不同吗？请将你对比后的答案写在下面。

相同的设备有：_____；
不同的设备有：_____；
并流加料：_____；
逆流加料：_____；
平流加料：_____。

（2）这些不同的设备在相应的流程中都起了什么作用，请加以说明。

综合练习

图4-8是浙江某公司的蒸发单元操作实训装置的工艺流程图，其原料为NaOH水溶液。请结合该流程图，运用自己所学到蒸发的相关知识，叙述其蒸发的流程。

项目4 蒸发装置

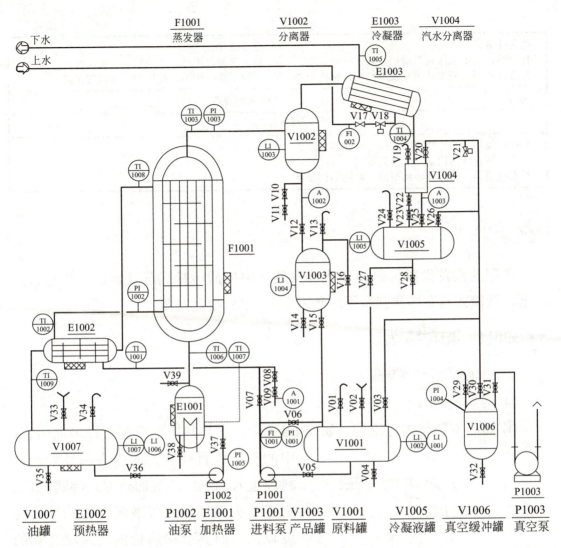

图4-8 蒸发单元操作实训装置工艺流程图

任务2 认识典型的蒸发设备

 任务描述

任务名称	认识典型的蒸发设备	建议学时	
学习方法	1. 分组、遴选组长，组长负责安排组内任务、组织讨论、分组汇报； 2. 教师巡回指导，提出问题集中讨论，归纳总结		
任务目标	1. 认识蒸发器的主要结构及工作原理； 2. 认识蒸发器的辅助设备及作用； 3. 对比不同蒸发器的特点，学会初步选择蒸发器		

137

续表

课前任务： 1. 分组，分配工作，明确每个人的任务； 2. 查找资料、初步认识蒸发器结构和辅助设备	准备工作： 1. 工作服、手套、安全帽等劳保用品； 2. 管子钳、扳手、螺丝刀、卷尺等工具
场地	一体化实训室
具体任务	
1. 认识现场蒸发器的主要结构，叙述蒸发原理； 2. 认识蒸发辅助设备，知晓其作用； 3. 查找资料，学习其他典型蒸发器的结构及特点	

知识准备

典型的蒸发设备包括循环式蒸发器（中央循环管式蒸发器、外加热式蒸发器、悬筐式蒸发器和强制循环蒸发器）、单程型蒸发器。

知识1　循环式蒸发器

1. 中央循环管式蒸发器

（1）结构和原理

① 加热室的结构与流程　如图4-9所示，在加热室部分装有许多加热管，中间有一根直径较大的中央循环管。原料液进入加热室，被加热并且沸腾汽化，由于中央循环管内气液混合物的平均密度较大，而其余加热管内气液混合物的平均密度较小。在密度差的作用下，料液由中央循环管下降，而由加热管上升，做自然循环流动，浓缩后的溶液（常称为完成液）从蒸发器底部排出。

② 蒸发室的结构与流程　从图4-9中可以看出蒸发室内没有任何设置，料液汽化过程中产生的溶剂蒸汽称为二次蒸汽，二次蒸汽中有部分溶质以液滴的方式存在，当二次蒸汽进入蒸发室后，在重力的作用下，液滴状的溶质自然落下回到料液中，二次蒸汽再进入蒸发器

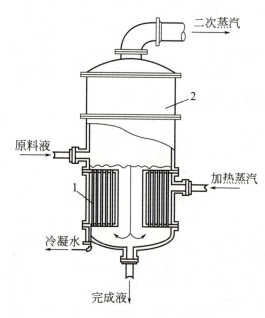

图4-9　中央循环管式蒸发器

1—加热室；2—蒸发室

顶部的除沫器，将夹带的液沫进一步分离，最后经冷凝器冷凝后排出。

为使料液有良好的循环，中央循环管的截面积一般是其余加热管总截面积的40%～100%；加热管的高度一般为1～2m；加热管径多为25～75mm。溶液的循环流动提高了沸腾的传热系数，强化了蒸发过程。蒸发过程所用的加热介质通常为水蒸气，当溶液的沸点很高时，可采用联苯、熔盐等其他的高温载热体作为热源。

（2）特点　中央循环管的主要优点是：结构紧凑，制造方便，传热较好，操作可靠，投资费用少。缺点是：清理和检修麻烦，溶液的循环速度较低，一般在0.5m/s以下，传热系数小。中央循环管蒸发器应用十分广泛，有"标准蒸发器"之称，主要适用于黏度适中、结垢不严重、有少量结晶析出及腐蚀性不大的场合。

2.外加热式蒸发器

（1）结构与流程　如图4-10所示，这种蒸发器是将加热室与分离室独立设置，料液从加热室的底部进入加热管，加热后再进入分离室将气液进行分离，二次蒸汽从分离室顶部排出。

（2）特点　加热室装于蒸发器之外；采用了长加热管（管长与管径之比为50～100）；液体下降管（也称循环管）不再受热；循环速度较大（可达1.5m/s）；加热室便于清洗和更换，同时还有利于降低蒸发器的总体高度。

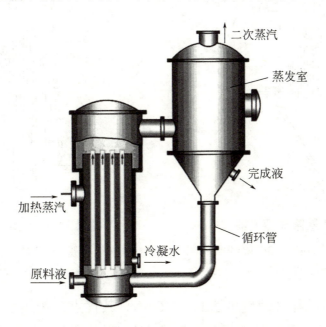

图4-10　外加热式蒸发器

3.悬筐式蒸发器

（1）结构与流程　如图4-11所示，循环型的蒸发器的加热室像个篮筐，悬挂在蒸发器的下部，加热蒸汽由顶部引入，在管间加热管内的溶液。其原理和中央循环管式相同，循环速度比较大。

（2）特点　加热室可由顶部取出，便于检修和更换，适用于易结晶、结垢溶液的蒸发；热损失较小。但结构复杂，单位传热面的金属消耗量较多。主要适用于容易结晶的溶液蒸发，可增设盐析器，以利于析出的晶体与溶液分离。

4.强制循环蒸发器

上述的几种蒸发器均为自然循环型蒸发器，即靠加热管与循环管内溶液的密度差作为推动力，导致溶液的循环流动，因此循环速度一般比较低，尤其在蒸发黏稠溶液（易结垢及有大量结晶析出）时就更低。为提高循环速度，可用循环泵进行强制循环，如图4-12所示。

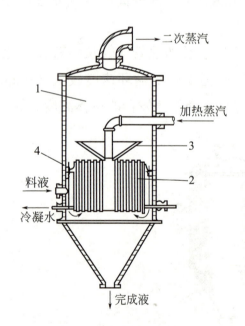

图4-11　悬筐式蒸发器

1—分离室；2—加热室；3—除沫器；
4—液沫回流管

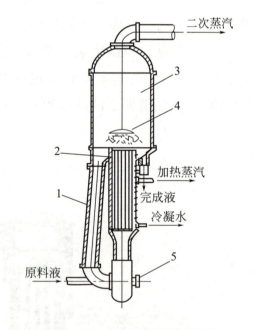

图4-12　强制循环蒸发器

1—循环管；2—加热管；3—蒸发室；
4—除沫器；5—循环泵

这种蒸发器的循环速度可达1.5～5m/s。其优点是传热系数大，利于处理黏度大、易结垢、易结晶的物料。但该蒸发器的动力消耗较大，每平方米传热面积消耗的功率为0.4～0.8kW。循环型蒸发器的共同特点是蒸发器内料液的滞留量大，物料在高温下停留时间长，对热敏性物料不利。

知识2　单程型蒸发器

对于循环式蒸发器，由于溶液在器内停留的时间都比较长，对于热敏性物料的蒸发，容易造成分解或者变质。因此在工业上多采用膜式蒸发器处理热敏性物料，其特点是溶液不做循环，仅通过加热管一次，在管壁上呈薄膜状，蒸发速度极快，传热效率高。由于蒸发时溶液不做循环，故称为单程型蒸发器。对于黏度较大，容易产生泡沫的物料，该类蒸发器也非常适用。

1.升膜式蒸发器

这是一种强制循环蒸发器。溶液以液膜的形式一次通过加热室，不进行循环。料液循环需用输送设备来完成。

（1）结构与流程　如图4-13所示。其加热室由许多垂直长管组成，常用管径为25～50mm，管长与管径之比为100～150。被加热后的料液自蒸发器底部进入加热管内迅速汽化，在蒸汽的带动下，溶液沿管壁呈膜状迅速上升，并继续蒸发，当到达分离室将二次蒸汽分离后即可得到浓缩液。

（2）特点　溶液停留时间短，故特别适用于热敏性物料的蒸发；温度差损失较小，表面传热系数较大。循环速度大（2～3.5m/s），而且可以调节；可用于蒸发黏度大，易结晶结垢的物料；传热系数较大。输送设备能耗大，每平方米加热面积需0.4～0.8kW。

2.降膜式蒸发器

如图4-14所示，其结构与升膜式蒸发器类似。区别在于：料液在蒸发器顶部加入，在底部得到浓缩液；加热管顶部装有液体分布器，以使液体成膜；对浓度较高、黏度较大溶液也适用。但结构较复杂。

3.刮板式薄膜蒸发器

刮板式薄膜蒸发器如图4-15所示，专为高黏度溶液的蒸发而设计。料液至顶部进入蒸发器后，在刮板的搅动下分布于加热管壁，并呈膜式旋转向下流动。汽化的二次蒸汽在加热管上端无夹套部分被旋刮板分去液沫，然后由上部抽出并加以冷凝，浓缩液由蒸发器底部放出。刮板式薄膜蒸发器借外力强制料液呈膜状流动，可适应高低黏度、易结晶、易结垢的浓缩液蒸发，其缺点是结构复杂，制造要求高，加热面积不大，且需要消耗一定的动力。

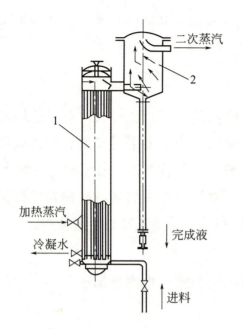

图4-13 升膜式蒸发器

1—蒸发器；2—分离室

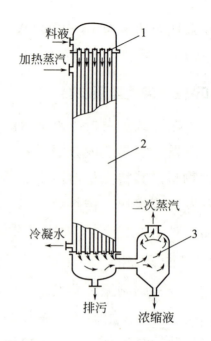

图4-14 降膜式蒸发器

1—布膜器；2—蒸发室；3—分离室

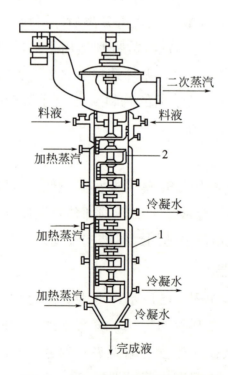

图4-15 刮板式薄膜蒸发器

1—加热夹套；2—刮板

项目4　蒸发装置

知识3　蒸发辅助设备

1.除沫器

蒸发操作中所产生的二次蒸汽中所夹带的大量液体，虽然在蒸发室中进行了气液的分离，但是为进一步避免造成产品损失、污染冷凝器和堵塞管道，还需要在蒸发器的蒸汽出口附近装设除沫器。除沫器的形式较多，图4-16列举了几种常见的除沫器。其中前（a）～（e）种直接装在蒸发器内分离室的顶部，其余的则要装在蒸发器的外部。

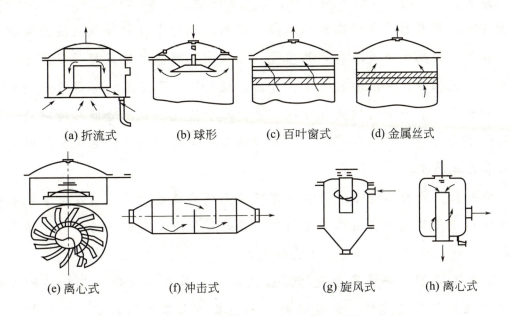

图4-16　几种常见的除沫器

2.冷凝器和真空装置

当二次蒸汽有回收价值或者会严重污染冷却水时则需要进行回收。除此之外，蒸发操作大多采用气液直接接触的混合式冷凝器来冷凝二次蒸汽。冷却水由顶部加入，依次经过各淋水板的小孔和溢流堰流下，底部进入并逆流上升的二次蒸汽与冷却水接触，使二次蒸汽不断冷凝。水和冷凝液沿气压管（俗称"大气腿"）流至地沟排走。不凝性气体则由顶部抽出，并与夹带的液沫分离后去真空装置。当蒸发器采用减压操作时，均需要在冷凝器后设置真空装置，以维持蒸发操作所需的真空度，并不断排除二次蒸汽中的不凝气体。常用的真空装置有往复式真空泵、喷射泵和水环真空泵等。

3.冷凝水排除器

加热蒸汽冷凝后的冷凝水必须及时排除，否则就会积聚于蒸发器加热室管外占据部分传热面积，从而导致蒸发室传热效果降低。生产中一般采用在冷凝水排出管路上安装冷凝水排除器——疏水器。在排出冷凝水的同时阻止蒸汽的排出，保证蒸汽的充分利用。

> **知识链接**

蒸发器朝着高效节能方向发展，采用先进的技术和材料，提高传热效率，降低能耗。蒸发器的自动化控制越来越普及，采用先进的控制系统，实现自动化控制，提高生产效率和产品质量。多功能化趋势也越来越明显，可以实现多种工艺操作，如浓缩、脱水、分离、提纯等。蒸发器的环保节能趋势也越来越明显，采用先进的废气处理技术，减少废气排放，降低环境污染。蒸发器的小型化趋势也越来越明显，可以满足不同规模的生产需求，降低设备成本和占地面积。

近年来，随着环境污染和水资源短缺问题的日益严重，蒸发技术在水处理和海水淡化领域中扮演着重要角色。在此背景下，我国一种名为旋转蒸发器的创新技术正引领着蒸发行业的新潮流。

旋转蒸发器是一种基于旋转薄膜技术的高效蒸发设备，其独特的设计和工作原理使其在能耗、水处理效率和设备成本等方面具有显著优势。与传统的蒸发器相比，旋转蒸发器能够更有效地利用能源，实现更高的蒸发效率。

该技术的核心是旋转薄膜，通过将水薄膜均匀地涂覆在旋转圆盘上，利用旋转的力量将水薄膜分散成微小的颗粒，从而增大了水蒸发的表面积。同时，旋转薄膜还可以有效地防止结垢，延长设备的使用寿命。

旋转蒸发器的应用领域广泛，包括海水淡化、废水处理、化工工艺中的溶剂回收等。在海水淡化领域，旋转蒸发器通过将海水薄膜化，利用低温蒸发的方式将水分从海水中分离出来，实现海水淡化。相比传统的多效蒸发器，旋转蒸发器具有更低的能耗和更高的蒸发效率，为海水淡化行业带来了新的突破。

项目4 蒸发装置

任务3 蒸发装置的开停车操作

 任务描述

任务名称	蒸发装置的开停车操作	建议学时	
学习方法	1. 分组、遴选组长，组长负责安排组内任务、组织讨论、分组汇报； 2. 教师巡回指导，提出问题集中讨论，归纳总结		
任务目标	1. 能按照操作规程进行蒸发系统的正确开车； 2. 能对生产过程中的蒸发装置进行参数调节，维持生产平稳运行； 3. 能规范地对蒸发装置进行停车		
课前任务： 1. 分组，分配工作，明确每个人的任务； 2. 查找资料，初步认识蒸发器结构和蒸发的辅助设备		准备工作： 1. 工作服、手套、安全帽等劳保用品； 2. 纸、笔等记录工具； 3. 管子钳、扳手、螺丝刀、卷尺等工具	
场地	一体化实训室		
具体任务			
1. 正确规范操作蒸发装置，实现系统开车； 2. 分析处理生产过程中的异常现象，维持生产稳定运行，完成生产任务； 3. 生产完成后，对蒸发装置进行正常停车； 4. 学习蒸发过程的基本计算			

 知识准备

蒸发装置操作实训过程主要包括以下步骤：入场准备、开车检查、正常开车、正常运行、正常停车（异常停车）。操作时要提高安全使用水、电、气，高空作业不伤人、不伤己等安全防范意识。

知识1 蒸发操作系统的日常运行

1.蒸发器的开车操作要点

在蒸发操作之前，操作人员应该仔细阅读系统的操作规程并严格执行。

（1）准备工作 开车前，由相关操作人员组成装置检查小组，对蒸发系统所有设备、管道、阀门、仪表、电气、保温等按工艺流程图要求和专业技术要求进行检查。

① 检查所有仪表是否处于正常状态，所有安全阀、压力表、真空表和温度计等测量仪表必须经过校准后才能使用。

② 为确保开机生产安全，各效罐在启用前应给汽鼓、汽室试水压，确认

无漏才能投入使用。

③ 检查各效罐的玻璃视镜，如有破裂应立即更换。

④ 认真检查加热室是否有水，避免在通入加热蒸汽时剧热，或水击引起蒸发器的整体剧振。

⑤ 检查各效罐的糖汁、蒸汽和水等管道、阀门开关是否灵活，开启废汽管疏水阀。

上述工作做好后，即可通知供水部门开始供给冷凝器用水，并检查真空管路，无异常情况即可准备开机。

(2) 开车操作　根据物料、蒸发设备及所附带的自控装置的不同，按照事先设定好的程序，通过控制室依次按照规定的开度、规定的顺序开启加料阀、蒸汽阀，并依次查看各效分离罐的液位显示。当液位达到规定值时开启相关输送泵；当原料出口温度达到规定值时，开启冷凝器的冷却水；设置有关仪表设定值，同时将其置为自动状态；对需要抽真空的装置进行抽真空；并监测各效蒸发器的温度，检查蒸发的情况，然后增大有关蒸汽阀门的开度以提高蒸汽流量到期望值。当系统稳定（通常是指加热器出口、预热器出口蒸汽温度稳定）时，取样分析产品和冷凝液的纯度，当产品达到要求时，继续采出产品和冷凝液；当产品纯度不符合要求时，通过调节加料流量以控制浓缩液浓度，一般来说，减少加料流量则产品浓度增大，而增大加料流量，浓度降低。

2.蒸发操作系统的正常运行

蒸发系统按低液面"五定"操作原则，进行正常均衡生产。即：

(1) 保持各效压力（真空度）稳定；

(2) 保持各效液面稳定；

(3) 保持各效各种阀门稳定；

(4) 保持进汽稳定；

(5) 保持各效抽汁汽稳定。

设备运行过程中，必须精心操作，严格控制。注意监测各效蒸发器的运行情况及规定指标。通常情况下，操作人员应该按规定的时间间隔检查调整蒸发器的运行情况，并如实做好操作记录。当装置处于稳定运行状态下，不要轻易变动控制参数，否则会打破系统的平衡状态，并需要一段时间的调整来重新达到平衡，这样就会造成生产的损失或者更严重的影响。

控制蒸发装置的液位是关键,目的是使装置运行平稳,从一效到另一效的流量更趋合理、恒定。有效地控制液位能避免泵的"汽蚀"现象,大多数泵输送的是沸腾液体,所以不可以忽视发生"汽蚀"的危险。只有控制好液位,才能保证泵的使用寿命。为确保生产能在泵出现故障的情况下继续正常运转,所有的泵都必须配备备用泵,并在启用泵之前检查泵的工作情况,严格按照要求进行操作。

操作人员按规定时间检查控制仪表的现场仪表读数,如超出规定,应迅速查找原因。如果蒸发的物料为腐蚀性溶液,应注意检查视镜玻璃,防止腐蚀。一旦视镜玻璃腐蚀严重,当液面传感器发生故障时,会造成危险。

3.蒸发操作系统的停车

停车操作可以分为完全停车、短期停车和紧急停车(事故停车)。蒸发器装置长时间不运行或因维修需要排空的情况下,应完全停车;对装置进行小型维修只需要短时间停车,应使装置处于备用状态,其具体操作步骤一般如下。

(1)系统停止进料,关闭原料泵进、出口阀,停进料泵。

(2)当蒸发器顶部分离器液位无变化、无冷凝液流出后,关闭冷凝器冷却水进水阀停冷却水。

(3)关闭蒸汽阀,停止加热。

(4)当分离器、汽水分离器内的液位排放完时,关闭相应阀门。

(5)当系统温度降到规定温度以下后,缓慢开启真空缓冲罐放空阀门,破除真空,系统恢复至常压状态。

(6)打开蒸发器排污阀,待残液排尽之后,用清水清洗各效罐并排走,以备通洗。

(7)停控制台、仪表盘电源。

(8)做好设备及现场的整理工作。

当生产中事故发生无法及时排除时,需紧急停车,这时很难预知每一种可能情况,一般应遵循如下原则,小心处理,避免造成人员伤亡。

① 当事故发生时,首先应立即通知有关供汽部门和用汽工序,用最快的方式切断蒸汽(或关闭控制室的气动阀,或现场关闭手动截止阀),以免料液温度继续升高。

② 然后考虑停止料液供给是否安全,如果安全,应用最快的方式停止

进料。

③ 最后考虑破坏真空会发生什么情况，如果判断出不会发生不利情况，应该打开靠近末效真空器的开关以打破真空状态，停止蒸发操作。

知识2　蒸发操作系统的日常维护与安全操作

1. 蒸发系统的日常维护

为了保证生产的正常进行，延长设备的使用寿命，蒸发操作系统的日常维护主要包括以下几个方面。

（1）洗效。蒸发装置内极易存积污垢，特别是操作不当时，这就需要对主要设备蒸发器进行清洗，这就是洗效（又称洗炉）。不同类型的蒸发在不同的运转条件下结构情况也各不一样，因此要根据生产实际和经验积累定期进行洗效。洗效周期的长短直接和生产强度及蒸汽消耗紧密相关。因此要特别重视操作质量，延长洗效周期。

（2）常观察各台加料泵、过料泵、强制循环泵的运行电流及工况。蒸发器周围要保持清洁无杂物，设备外部的保温保护层要完好，如有损坏，应及时进行维护，以减少热损失。

（3）严格执行大、中、小修计划，定期进行拆卸检查修理，并做好记录，积累设备检查修理的数据，以利于技术改进。

（4）蒸发器的测量及安全附件、温度计、压力表、真空表及安全阀等必须定期校验，要准确可靠，确保蒸发器的正确操作控制及安全运行。

（5）蒸发器为一类压力容器，日常的维护和检修必须严格执行压力容器规程的规定，对蒸发室主要进行外观和壁厚的检查。加热室每年进行一次外观检查和壳体水压试验，定期对加热管进行无损壁厚测定，根据测定结果采取相应措施。

2. 蒸发装置的安全操作

蒸发操作通常是在高温下、一定压力（真空度）下进行，物料易结垢或具有一定的腐蚀性，操作不当时极易出现安全事故，因此，在生产中一定要注意安全操作。尽管使用的蒸发设备及所处理的溶液不同，操作上会有所差异，但主要的安全操作要点如下。

（1）在维修设备、管道、阀门、仪表等时，必须戴好防护眼镜、手套和穿戴好劳动保护用品。

（2）观察带压设备及管道时，不能正视法兰，须侧视，以免法兰垫片突发破裂时伤人。

（3）高温设备、管道和阀门应做好保温工作，以免造成接触、烫伤。

（4）带压设备需降压并排尽物料，方可拆卸部件。

（5）人进入蒸发器进行检修时，设备必须清洗干净且设备温度不得高于30℃。照明需用低于36V以下的安全灯，并在外面留有监护人。

（6）所有电器设备应装有接地线。

（7）传动设备在运转前，必须用手试转，转动灵活时，方可启动。

（8）发生电器设备着火，需立即切断电源，再用干粉灭火器灭火，不能用水灭火，因烧碱遇水要产生大量热。

（9）发生人身触电事故，首先应切断电源，再行急救。

（10）转动设备必须具有防护罩，否则不许运行。

（11）运转设备检修前必须切断电源，挂好"禁止合闸"牌，方可检修。

（12）工序内各存储液一旦发生泄漏，应启动应急预案措施，立即将溶液作转槽处理，漏入围堰内的溶液不得任意冲洗排放，统一收集进入污水站进行处理。

知识3　蒸发系统的工艺控制

蒸发操作中，在特定的条件下（如浓缩对象已定），选择何种规格的蒸发器、蒸发量为多少、需要消耗多少能量、蒸发效率如何等是蒸发工艺控制中需要经常考虑的问题。

1. 溶剂蒸发量的计算方法

见图4-17所示的单效蒸发器，在不考虑质量损失情况下，对进出料液中的溶质进行物料衡算，即单位时间内进入蒸发器的溶质量=单位时间内离开蒸发器的溶质量。

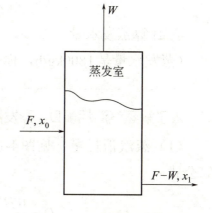

图4-17　溶剂蒸发量的计算

$$Fx_0 = (F-W)x_1 \quad (4-1)$$

式中　F——原料液流量，kg/h；

x_0——原料液中溶质的质量分数；

x_1——浓缩液中溶质的质量分数；

W——蒸发溶剂量，kg/h。

整理式（4-1）得：

$$W = F\left(1 - \frac{x_0}{x_1}\right) \tag{4-2}$$

【**实例4-3**】 要将质量分数为25%，流量为3600kg/h的NaOH水溶液进行蒸发，浓缩后得到质量分数为50%的浓缩液。计算加热过程中蒸发的水量。

计算向导：

$$W = F\left(1 - \frac{x_0}{x_1}\right)$$

① 写出计算公式

② 确定已知条件

原料液流量 $F=$_____ kg/h；

原料液中溶质的质量分数 $x_0=$_____；

浓缩液中溶质的质量分数 $x_1=$_____。

$$W = F\left(1 - \frac{x_0}{x_1}\right) = 3600\left(1 - \frac{\quad}{\quad}\right) = \underline{\quad} \text{kg/h}$$

③ 计算蒸发水量

（蒸发水量是1800kg/h，你的答案对吗？）

2.了解蒸汽消耗量D、蒸发器的生产能力的计算方法

（1）蒸汽消耗量　见图4-18，通过热量衡算可以得到蒸汽消耗量 D 的计算公式：

$$D = \frac{WH' + (F-W)h - Fh_0 + Q_L}{r} \tag{4-3}$$

式中　D——加热蒸汽消耗量，kg/s；

r——加热蒸汽的汽化热，J/kg；

h——浓缩液的焓，J/kg；

h_0——料液的焓，J/kg；

H'——二次蒸汽的焓，J/kg；

Q_L——蒸发器的热损失，W。

（2）蒸发器的生产能力和生产强度　生产能力的大小取决于传热速率Q，即加热剂在单位时间内传递给物料的热量。生产能力与蒸发器的热效率有关，热效率越高，蒸发器的生产能力也越大。因此可用蒸发器的传热速率来衡量其生产能力。

（3）蒸发器的生产强度U　生产强度用单位传热面积单位时间内的蒸发量表示，蒸发器的生产强度能更好地反映蒸发器的处理能力。

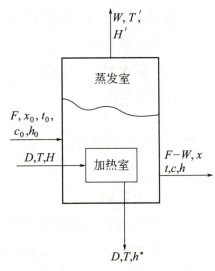

图4-18　蒸汽消耗量的计算

$$U = \frac{W}{S} \tag{4-4}$$

式中　U——蒸发器的生产强度，kg/(m²·h)；

S——蒸发器蒸发面积，m²。

（4）蒸发器生产能力的强化

① 强化途径

a.适量增大传热温度差。

b.增大总传热系数。尽量采用溶液沸腾时的传热系数、减少污垢热阻等。在设计和操作时，需考虑不凝性气体的排除，否则冷凝侧热阻将大大增加，使传热系数下降。沸腾侧污垢热阻常常是影响传热系数K的重要因素。易结晶或结垢的物料，往往很快形成垢层，从而使热流量降低。为减小污垢热阻，除定期清洗外，还可从设备结构上改进，另外也可考虑新的除垢方法。

② 单效和多效蒸发时，蒸发器的生产能力和生产强度比较

a.由于多效蒸发时的温度差损失较单效蒸发时大，故多效蒸发时的生产能力较小。

b.由于多效蒸发面积、温度差损失大，故多效蒸发时的生产强度较小。

c.由于多效蒸发的总温度差损失受总有效温度差的限制，所以多效蒸发的效数也有一定的限制。

d.在多效蒸发中，效数增加，单位蒸汽消耗量减小，操作费用降低；但装置的投资费增加，且生产能力降低。

③ 提高加热蒸汽经济性的其他措施
a. 抽出额外蒸汽；
b. 冷凝水显热的利用；
c. 热泵利用。

 思考与练习

一、简答题

1. 什么是单效蒸发和多效蒸发？多效蒸发有什么特点？
2. 蒸发器由哪几个部分组成？各部分的作用是什么？
3. 蒸发操作中应注意哪些问题？怎样强化蒸发器的传热速率？
4. 蒸发操作在化工生产中的应用有哪些？

二、判断题

1. 在多效蒸发时，后一效的压力一定比前一效的低。（　　）
2. 饱和蒸气压越大的液体越难挥发。（　　）
3. 采用多效蒸发的主要目的是充分利用二次蒸汽。效数越多，单位蒸汽耗用量越小。因此，过程越经济。（　　）
4. 单效蒸发操作中，二次蒸汽温度低于生蒸汽温度，这是由传热推动力和溶液沸点升高（温差损失）造成的。（　　）
5. 多效蒸发与单效蒸发相比，其单位蒸汽消耗量与蒸发器的生产强度均减少。（　　）
6. 根据二次蒸汽的利用情况，蒸发操作可分为单效蒸发和多效蒸发。（　　）
7. 逆流加料的蒸发流程不需要用泵来输送溶液，因此能耗低，装置简单。（　　）
8. 溶剂蒸汽在蒸发设备内的长时间停留会对蒸发速率产生影响。（　　）
9. 溶液在中央循环管蒸发器中的自然循环是由于压强差造成的。（　　）
10. 提高传热系数可以提高蒸发器的蒸发能力。（　　）
11. 在膜式蒸发器的加热管内，液体沿管壁呈膜状流动，管内没有液层，故因液柱静压强而引起的温度差损失可忽略。（　　）
12. 在蒸发操作中，由于溶液中含有溶质，故其沸点必然低于纯溶剂在同

一压力下的沸点。（　　）

13. 蒸发操作只有在溶液沸点下才能进行。（　　）

14. 蒸发操作中，少量不凝性气体的存在，对传热的影响可忽略不计。（　　）

15. 蒸发操作中使用真空泵的目的是抽出由溶液带入的不凝性气体，以维持蒸发器内的真空度。（　　）

三、选择题

1. 在蒸发装置中，加热设备和管道保温是降低（　　）的一项重要措施。

A. 散热损失　　　　　　　　　　B. 水消耗

C. 蒸汽消耗　　　　　　　　　　D. 蒸发溶液消耗

2. 采用多效蒸发的目的是（　　）。

A. 增加溶液的蒸发量　　　　　　B. 提高设备的利用率

C. 节省加热蒸汽消耗量　　　　　D. 使工艺流程更简单

3. 单效蒸发的单位蒸汽消耗比多效蒸发（　　）。

A. 小　　　　　B. 大　　　　　C. 一样　　　　　D. 无法确定

4. 自然循环蒸发器中溶液的循环速度是依靠（　　）形成的。

A. 压力差　　　B. 密度差　　　C. 循环差　　　　D. 液位差

5. 二次蒸汽为（　　）。

A. 加热蒸汽

B. 第二效所用的加热蒸汽

C. 第二效溶液中蒸发的蒸汽

D. 无论哪一效溶液中蒸发出来的蒸汽

6. 工业生产中的蒸发通常是（　　）。

A. 自然蒸发　　　　　　　　　　B. 沸腾蒸发

C. 自然真空蒸发　　　　　　　　D. 不确定

7. 氯碱生产蒸发过程中，随着碱液NaOH浓度增加，所得到的碱液的结晶盐粒径（　　）。

A. 变大　　　　B. 变小　　　　C. 不变　　　　　D. 无法判断

8. 化学工业中分离挥发性溶剂与不挥发性溶质的主要方法是（　　）。

A. 蒸馏　　　　B. 蒸发　　　　C. 结晶　　　　　D. 吸收

9. 减压蒸发不具有的优点是（　　）。

A. 减少传热面积 B. 可蒸发不耐高温的溶液
C. 提高热能利用率 D. 减少基建费和操作费

10. 将非挥发性溶质溶于溶剂中形成稀溶液时，将引起（　　）。
A. 沸点升高 B. 熔点升高 C. 蒸气压升高 D. 都不对

四、计算题

1. 在单效蒸发中，每小时将20000kg的$CaCl_2$水溶液从15%连续浓缩到25%（均为质量分数），原料液的温度为75℃，蒸发操作的压力为50kPa，溶液的沸点为87.5℃，加热蒸汽绝对压强为200kPa，原料液的比热容为3.56 kJ/（kg·℃），蒸发器的热损失为蒸发器传热量的5%。试求：（1）蒸发量；（2）加热蒸汽消耗量。

2. 某水溶液在单效蒸发器中由10%（质量分数，下同）浓缩至30%，溶液的流量为2000kg/h，料液的流量为2000kg/h，料液的温度为30℃，分离室操作压力为40kPa，加热蒸汽的绝对压力为200kPa，溶液的沸点为80℃，原料液的比热容为3.77kJ/（kg·℃），蒸发器热损失为12kW，忽略溶液的稀释热。试求：（1）水分蒸发量；（2）加热蒸汽消耗量。

项目5 吸收装置

学习目标

知识目标

1. 通过认识典型的连续吸收–解吸装置，学习装置的方案流程图、物料流程图、施工流程图（P&D带控制点的工艺流程图）的构成、内容与要求；
2. 认识和掌握吸收设备及现场阀门和现场图；
3. 认识和掌握吸收装置的DCS控制系统界面及功能；
4. 了解和掌握工业生产中的吸收–解吸的装置和原理；
5. 掌握连续吸收–解吸的操作（开车前准备、开车和停车）与维护；
6. 掌握连续吸收–解吸操作数据的记录与处理；
7. 掌握吸收–解吸过程的控制（对温度、压力、流量等参数的控制）；
8. 掌握吸收–解吸过程中可能的事故及其产生原因与处理方法；
9. 了解吸收设备维护及工业卫生和劳动保护

技能目标

1. 能识读吸收装置的方案流程图、物料流程图、施工流程图（P&D带控制点的工艺流程图）；
2. 能绘制施工流程图（P&D带控制点的工艺流程图）；
3. 能识读吸收装置的现场图和现场各类型阀门；
4. 能识读和介绍吸收装置的DCS控制系统界面及功能；
5. 能查阅相关书籍和资料，了解吸收操作在化工生产中的应用、特点、类别，掌握吸收解吸的原理；
6. 能完成连续吸收–解吸的操作（开车前准备、开车和停车）与维护，能够对过程参数进行控制；
7. 能对连续吸收–解吸操作数据作完整记录，会处理和分析相关数据；
8. 能根据各参数的变化情况、设备运行异常现象，分析故障原因，找出故障并动手排除故障

> **素质目标**
>
> 1. 能较熟练地利用各种文献资料收集所需要的信息，并对获取的信息进行筛选与比较，培养学生的自学能力；
> 2. 在操作时避免遭受职业侵害，具有自我防护的意识；在操作过程中，体现出经济、环保、成本意识，培养节能减排意识，建立工程概念；了解联锁投运注意事项；掌握紧急情况如何处理；
> 3. 设备操作过程中分工合作明确，共同解决问题，体现出集体工作的团队精神和合作意识；在汇报中采用简练的语言阐明自己的观点并能说服别人，锻炼语言表达能力、与人沟通的能力和应变能力；
> 4. 通过现场操作，锻炼学生动手能力、发现问题并解决问题的能力

项目5.1 认识填料吸收塔

任务1 认识吸收过程

 任务描述

任务名称	认识吸收过程	建议学时	
学习方法	1. 分组、遴选组长，组长负责安排组内任务、组织讨论、分组汇报； 2. 教师巡回指导，提出问题集中讨论，归纳总结		
任务目标	通过对工业生产中的吸收过程的认识，学习吸收过程的装置及吸收流程		
课前任务： 1. 分组，分配工作，明确每个人的任务； 2. 预习不同的吸收流程		准备工作： 1. 工作服、手套、安全帽等劳保用品； 2. 纸、笔等记录工具	
场地	一体化实训室		
具体任务			
1. 认识工业生产中的简单的吸收过程； 2. 认识吸收-解吸联合过程； 3. 了解吸收过程中不同换热器的作用； 4. 掌握吸收操作的条件			

 知识准备

气体吸收操作是指用适当的液体吸收剂处理气体混合物以去除其中一种或多种组分的操作。

项目5 吸收装置

知识1 吸收过程在化工生产上的应用

小实验

将含有氨气的空气通入水中，氨气很容易溶解在水中，得到氨水溶液，而空气几乎不溶于水。这个过程就是用水吸收混合气体中的氨气，使氨气和空气得到了分离，同时回收了氨气。从这个实验中我们不难理解，氨气在水中的溶解度比空气大，所以利用气体混合物中各组分在液体中溶解度不同来分离气体混合物的操作，称为气体吸收。

1. 化工生产上的吸收流程

图 5-1 是加压法制稀硝酸的生产工艺流程，在这个生产流程中用到了气体吸收的方法。

氮氧化物首先依次经过三个换热器，冷却后先进入第一吸收塔，再进入第二吸收塔。在这个吸收过程中，目的是要把氮氧化物中的二氧化氮（NO_2）分离出来。从图 5-1 中可以看出，在吸收塔中是用水作为吸收剂的，水从塔顶喷淋下来，在吸收塔内与氮氧化物混合气逆流接触，混合气中的二氧化氮（NO_2）溶于水中，溶解了二氧化氮（NO_2）的水溶液就是产品稀硝酸。这个流程采用了两个塔串联的方式完成吸收过程，其目的是提高二氧化氮（NO_2）的吸收率。

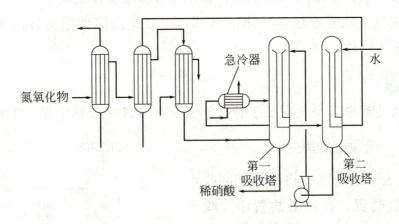

图 5-1 加压法制稀硝酸生产流程

这是一个利用吸收方法生产化工产品的实例。

想一想

（1）氮氧化物混合气在进入吸收塔之前，为什么要经过换热器进行冷却？提示：与吸收过程的溶解度有关。

（2）在这种生产稀硝酸的方法中，采用了加压操作，你知道为什么吗？

2. 吸收过程

图5-2是吸收过程的简单示意图，从图中我们看到的主要设备是吸收塔，混合气体（含有A和B两个组分）从塔底部进入吸收塔，在吸收塔内完成吸收过程后，吸收尾气从塔顶排出。吸收剂S从塔顶进入，在吸收塔内吸收了某个组分后从塔底排出，得到吸收液（S+A）。

在这个吸收流程中，因为混合气体与吸收剂是逆向流动的，因此又称为逆流吸收流程。另外在吸收过程中，混合气中只有一个组分溶解在吸收剂中，这种吸收过程又称为单组分吸收过程。

现在了解以下几个名词。

吸收质（或溶质）：混合气体中溶解在吸收剂中的组分，用A表示；

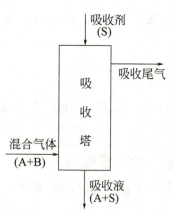

图5-2　吸收过程

惰性组分：混合气体中不能溶解的组分，用B表示；

吸收剂：又称为溶剂，用S表示；

吸收液：吸收了溶质后的溶液，由溶剂S和溶质A组成；

吸收尾气：从吸收塔顶排出的气体，主要是由惰性组分B和少量未被吸收的吸收质A组成。

想一想

在吸收过程中混合气失去了什么？吸收剂在吸收过程中得到了什么？

知识2　吸收剂的再生

图5-3表示的是能够将吸收剂回收再利用的吸收装置。在这套装置中，除了吸收塔之外，还多了一个吸收剂再生装置。从塔底排出的吸收液进入再生装置后，将吸收的组分释放出来，这个组分就是溶质产品，吸收剂又送回吸收塔内重复利用。

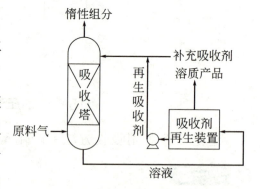

图5-3　带有吸收剂回收装置的吸收流程

想一想

什么是吸收剂的再生？为什么要增加吸收剂再生装置呢？

显然，吸收剂的大量使用增加了整个生产过程的成本，如果能够将吸收剂重复使用自然是最佳的。吸收剂再生是指用某种方法将吸收质从吸收液中除去，从而使吸收剂能够重复使用的处理过程。

吸收生产过程中吸收剂的再生装置通常采用的是解吸塔，生产上的流程一般为吸收-解吸联合操作流程，如图5-4所示。这是吸收和解吸的联合流程。

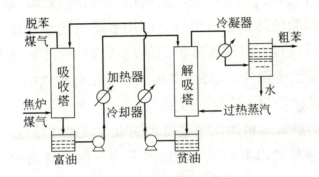

图5-4 吸收-解吸联合流程

吸收部分：焦炉煤气（含苯煤气）从吸收塔底进入，并通过吸收塔，吸收剂是洗油，洗油从吸收塔顶部喷淋而下与焦炉煤气逆流接触，焦炉煤气中的苯溶解在洗油中形成富油，从塔底出来，得到净化的煤气从塔顶排出。

解吸部分：为了回收被吸收的苯，同时使洗油能够循环使用，必须将苯与洗油进行分离，采用解吸的方法就可以达到这个目的。解吸又称脱吸，在解吸过程中，将富油加热后从解吸塔顶送入解吸塔中，在解吸塔底送入过热蒸汽，在蒸汽和富油的逆向流动中接触，发生解吸过程。富油中的苯被蒸出并被水蒸气带出，经冷凝后苯与洗油自然分层，即可获得粗苯产品和贫油。通过解吸操作，一方面得到了较纯的苯，真正实现了焦炉气的分离；另一方面，解吸后得到的贫油又可以送回吸收塔作为吸收剂循环使用，节省了吸收剂的用量。由此可以看出吸收-解吸流程才是一个完整的气体分离过程。

想一想

（1）焦炉煤气、富油、贫油的主要成分是什么？该吸收解吸过程中，吸收质、吸收剂、惰性组分分别是什么？

（2）过热蒸汽的作用是什么？

工业上常用的解吸方法有以下几种。

（1）气提解吸　气提解吸法也称载气解吸法。在解吸塔中，吸收液自塔顶喷淋而下，载气从解吸塔的底部自下而上与吸收液逆流接触，载气中不含溶质或含溶质量极少，故溶质从液相向气相转移，最后气体将溶质从塔顶带出，于塔底得到较为纯净的吸收剂。使用载气解吸的目的是在解吸塔中引入与液相不平衡的气相，气相中吸收质的浓度越低，解吸速率越快。通常，作为气提的载气有空气、氮气、二氧化碳、水蒸气等，可根据工艺要求及分离过程的特点来进行选择。一般来说，应用惰性气体的解吸过程适用于溶剂的回收，还能直接得到纯净的溶质组分；应用水蒸气的解吸过程，若原溶质组分不溶于水，则可通过冷凝塔顶所得到的混合气体的冷凝液中分离出水的方法，得到纯净的原溶质组分，图5-4中用洗油吸收焦炉气中的芳烃后，既可用此法获取芳烃，又使溶剂洗油得到再生。

（2）减压闪蒸解吸　将加压吸收得到的吸收液进行减压，当压强降低后，溶质便从吸收液中释放出来。减压对解吸是有利的，特别适用于加压之后的解吸。有时为了使溶质充分解吸，还需进一步降压到负压。解吸的程度取决于解吸操作的压力，如果是常压吸收，解吸只能在负压下进行。

（3）加热解吸　吸收液加热时，溶质在液相中的溶解度降低，此时必然有一部分溶质从液相中释放出来，从而有利于溶质与吸收剂的分离。例如采用"热力脱氧"法处理锅炉用水，就是通过加热使溶解在水中的氧溢出。

（4）精馏解吸　吸收过程中得到的吸收液，也可以通过精馏的方法将溶质与溶剂分开，达到回收溶质和吸收剂循环使用的目的。

通常，工业上很少单独使用一种方法解吸，而是结合工艺条件和物系特点，联合使用上述解吸方法，例如将吸收液通过换热器先加热，再送到低压塔中解吸，其解吸效果比单独使用一种效果更佳。

任务2　认识各种吸收设备

 任务描述

任务名称	认识各种吸收设备	建议学时	
学习方法	1. 分组、遴选组长，组长负责安排组内任务、组织讨论、分组汇报； 2. 教师巡回指导，提出问题集中讨论，归纳总结		
任务目标	通过对吸收设备的认识，学习吸收装置基本结构、工作原理及特点		

项目5 吸收装置

续表

课前任务： 1. 分组，分配工作，明确每个人的任务； 2. 预习不同的吸收流程	准备工作： 1. 工作服、手套、安全帽等劳保用品； 2. 纸、笔等记录工具
场地	一体化实训室
具体任务	
1. 认识填料吸收塔； 2. 认识不同类型的填料； 3. 认识不同类型的吸收设备	

知识准备

吸收设备主要包括填料塔、表面吸收器（吸收罐）、喷洒式吸收塔、文丘里吸收器、喷射式吸收器、湍球塔。

知识1 填料塔的结构

1. 塔体结构

填料塔是化工生产中应用非常广泛的一种传质设备，其结构如图5-5所示。塔身是一个直立式圆筒，塔内填充了一定高度的填料。下部有填料支承装置用来支撑填料，填料以乱堆或整砌的方式放在支承板上，上部装有填料压板。塔顶液体入口装有液体喷淋装置，以保证液体能均匀地喷淋到填料表面。当填料层高度较高时，由于液体的沟流与壁流现象，使得液体不能均匀分布，为了避免此种情况的发生，塔内的填料要分层安装，并在层与层之间设置液体再分布器。另外，为了保证出塔气体中尽量少地夹带液沫，要在塔顶设有除沫器。

吸收操作时，液体通过塔顶的分布器均匀喷洒于塔截面上，沿填料表面流下并润湿填料表面，在填料层内液体沿填料表面呈膜状流下，各层填料之间设有液体再分布器，将液体

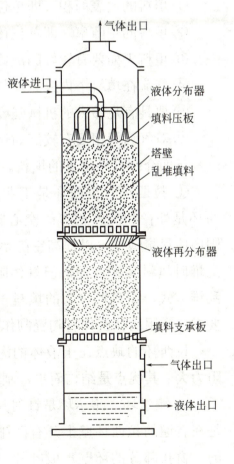

图5-5 填料塔的结构

重新均匀分布于塔截面上,然后由塔底流出。气体自塔下部进入,通过填料缝隙中自由空间,从塔上部排出。离开填料层的气体可能夹带少量雾状液滴,因此有时需要在塔顶安装除沫器。气液两相在填料塔内进行逆流接触,实现吸收质由气相向液相的转移。填料上的液膜表面是气液两相传质的主要场所。

填料塔的特点是结构简单、阻力小,填料宜用耐腐蚀材料制造。

2.塔内件

填料塔的内件有填料、填料支承装置、填料压紧装置、液体分布装置、液体再分布装置、气体进口装置和液体出口装置等。

(1) 填料　填料是填料塔的主要部件,填料塔内的气液传质过程主要发生在填料表面。气液两相接触面积的大小,传质速率的快慢与填料的几何形状均有关。所选填料必须具备以下几个条件。

① 填料的比表面积(即单位体积填料的表面积)越大越好;

② 填料的空隙率(即单位体积填料的空隙体积)尽量大;

③ 填料表面要有较好的液体均布性能,以避免液体的沟流和壁流现象;

④ 气流在填料塔内分布均匀,以使压降均匀,无死角;

⑤ 要具有足够大的机械强度,制造容易,价格低廉;

⑥ 对气液两相要有较好的化学稳定性。

下面介绍几种常见的填料。

① 拉西环　拉西环是工业上应用最早、使用最广泛的填料。常用的拉西环是外径和高度相等的空心圆柱,如图5-6所示。其壁厚在强度允许的范围内应尽量薄些,以提高空隙率。填料在塔内有两种充填方式:乱堆和整砌。乱堆时填料装卸方便,但气体阻力大,一般直径在50mm以下的填料都采用乱堆方式,而直径较大的填料一般采用整砌方式。另外,为适应不同介质的要求,常用的拉西环有陶瓷制作的、塑料制作的,还有用石墨等材质制作的。

拉西环的缺点在于液体的沟流和壁流现象较为严重,操作弹性小,气体阻力大;其优点是结构简单,制造容易,造价低,故广泛应用于工业生产中。

② 鲍尔环　鲍尔环是针对拉西环存在的缺点加以改进而发展起来的,它是在普通的拉西环壁上开有两排长方形窗口,且上下两层窗孔的位置是错开的,窗孔部分的环壁形成叶片,向环中心弯入,并在中心处搭接,如图5-7、图5-8所示,由此使得鲍尔环的内壁面得以充分利用,气液相阻力大为降低。与拉西环相比,鲍尔环的优点是气体阻力小,压降低,液体分布较均匀,操

作弹性较大，因此，操作及控制比较简单，传质效果好。

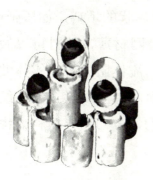  

图5-6　拉西环　　　　　图5-7　鲍尔环　　　　　图5-8　改型鲍尔环

③ 阶梯环　阶梯环是对鲍尔环进行改进的产物，如图5-9、图5-10所示，结构与鲍尔环类似，只是高度通常为直径的一半，并将圆筒的一端做成向外翻卷的喇叭口形状，喇叭口的高度约为环高的1/5。该填料的比表面积和空隙率都比较大，与鲍尔环相比，其流体阻力小，传质效率高，是目前环形填料中性能较为优良的一种填料。

图5-9　塑料阶梯环　　　　　图5-10　金属阶梯环

④ 弧鞍与矩鞍填料　鞍形填料是一种敞开形填料，包括弧鞍与矩鞍，其形状如图5-11、图5-12所示。矩鞍填料是由弧鞍填料改进而成，因此，相对于弧鞍填料，它具有较好的稳定性，其填充密度及流体分布都比较均匀。不仅效率较高，而且具有较大的空隙率，阻力较小。并且流体流道通顺，不易被固体悬浮物堵塞。

图5-11　矩鞍填料　　　　　图5-12　弧鞍填料

⑤ 波纹填料 波纹填料包括丝网波纹填料和实体波纹填料两种，如图5-13、图5-14所示。丝网波纹填料是用丝网制成一定形状的填料，如压延环、θ网环、鞍形网波纹填料等。丝网波纹填料的特点是网材薄，填料可以做得较小，比表面积和空隙率都较大，所以传质效率高，流体阻力小。实体波纹填料是由多块波纹板（金属、塑料、陶瓷等）叠合而成，波纹板上的波纹作45°倾斜，相邻的板互相交错成90°以利于气液相均匀分布。该填料的优点是压降小，气体负荷大，比表面积大，传质效果好。

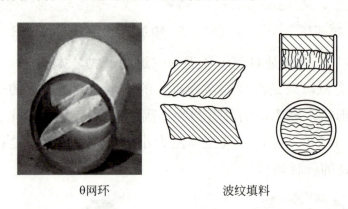

θ网环　　　　　　　　波纹填料

图5-13　丝网波纹填料

除了上面所介绍的几种填料外，化工生产中常用的填料还有如图5-15所示的花环填料等。

图5-14　金属孔板波纹填料　　　　图5-15　花环填料

填料的材质分为陶瓷、金属、塑料三大类。其中陶瓷填料耐腐蚀性好，价格便宜，具有很好的表面润湿性能，它最大的缺点是易碎。填料在装入塔内之前要清洗干净，一般只需将填料与设备一起清洗即可，但塑料填料必须在塔外进行碱液清洗后才能使用，因为塑料填料在制作过程中，所用的溶剂及脱膜剂多为脂肪酸类物质，它们会使吸收过程中所用的吸收剂起泡。清洗方法是用温度90～100℃、浓度为5%的碳酸钾溶液清洗48h，将碱液排掉，用软水再清洗8h。按此过程重复2～3次即可满足生产要求。

填料在塔内的堆积方式有乱堆（散装）和整砌两种。工业乱堆填料主要有DN16、DN25、DN38、DN50、DN76等几种规格。同种填料的尺寸越小，分离效率越高，但同时阻力增大，处理能力减小，填料费用增加。一般塔径与填料公称直径的比值 D/d 应大于8。若采用整砌的方式排列，将由人进入塔内进行排列至规定的高度；若采用乱堆的方式排列，则装填前应将塔内灌满水，然后从塔顶或人孔倒入填料。装瓷质填料时要轻拿轻放，防止破损。填料装至规定高度后，将水面上漂浮的杂物捞出，放净塔内的水，将填料表面弄平并放置填料压紧装置，封闭顶盖或人孔。

填料作为填料塔的核心部分，其性能的优劣是填料塔能否正常操作的主要因素，选择填料时，应根据分离的工艺要求，对填料的种类、规格、材质等进行综合考虑后再进行选择。

（2）填料支承板　图5-16为填料支承板的几种形式，其作用是支撑填料层，使气体均匀分布。

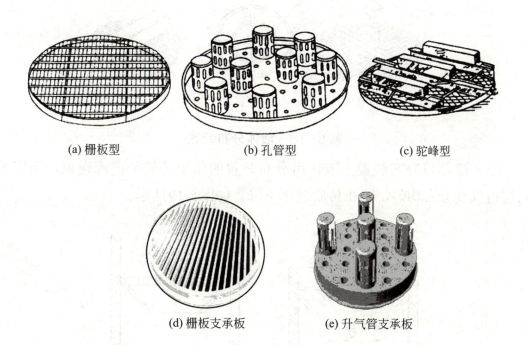

图5-16　填料支承板

（3）填料压紧装置　图5-17为几种填料压紧装置，其作用是防止填料床层发生松动，保持均匀一致的空隙结构，使操作正常、稳定。

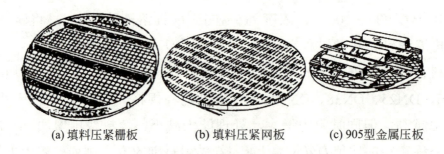

图5-17　填料压紧装置

（4）液体分布装置　液体分布装置的作用是使液体在塔顶均匀分布于填料表面，实现填料内气液两相密切接触，高效传质。如图5-18所示。

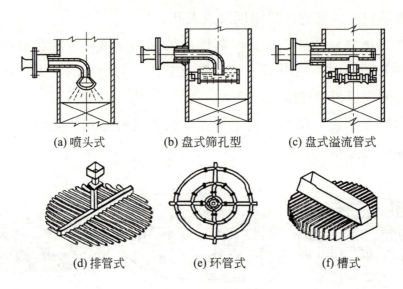

图5-18　液体分布装置

（5）液体再分布装置　液体再分布装置的作用是避免壁流现象，保证填料层内气液分布均匀，防止传质效率下降。如图5-19所示。

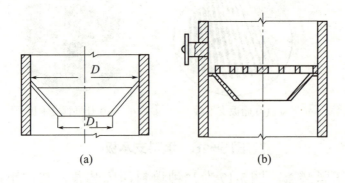

图5-19　液体再分布装置

(6) 气体进口装置　气体进口装置应能使气体均匀分布，同时又能防止下降的液体进入进气管中。图5-20为最简单的两种气体进口装置。

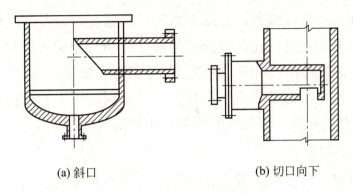

(a) 斜口　　　　　　　　(b) 切口向下

图5-20　气体进口装置

(7) 液体出口装置　液体出口装置既要能顺畅地排出液体，又能确保气体不从此处外泄。图5-21为常见的两种带液封的液体出口装置。

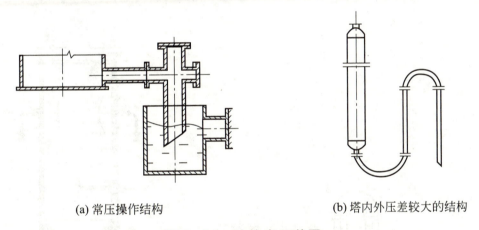

(a) 常压操作结构　　　　　　(b) 塔内外压差较大的结构

图5-21　液体出口装置

(8) 除沫器　在塔内气速较大时，为防止塔顶气体出口处夹带液体，通常在塔顶安置除沫器。如图5-22所示。

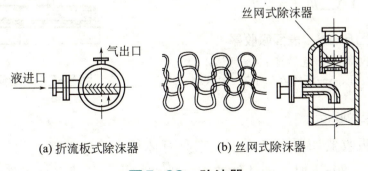

(a) 折流板式除沫器　　　　　(b) 丝网式除沫器

图5-22　除沫器

知识2 其他吸收设备

1.表面吸收器（吸收罐）

这是另外一种吸收装置，如图5-23所示，操作时，混合气体从静止或缓慢流动的液体表面通过，在此过程中吸收质将由气相转入液相。此种设备宜用耐腐蚀材料（如陶瓷）制成，所以适用于处理小批量、腐蚀性极强的物系；同时该设备单位体积容器的表面积较大，故特别适用于放热量很大的吸收过程，如HCl气体的吸收，表面吸收器常用于易溶气体的吸收。

2.喷洒式吸收塔

喷洒式吸收塔如图5-24所示，吸收剂入塔后在塔内多处喷洒，呈雾状下降，气体从塔底进入并沿塔上升，与雾状液体充分接触实现传质过程，其吸收系数高于填料塔好几倍，常用于易溶气体的吸收。其缺点是由于喷雾的大小与液体喷出的压力和喷嘴的结构有关，为保证足够的喷出压力，动力消耗大。

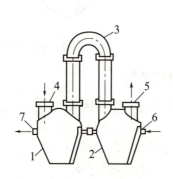

图5-23 表面吸收器

1，2—吸收罐；3—连接管；4—气体入口；
5—气体出口；6—液体入口；7—溶液出口

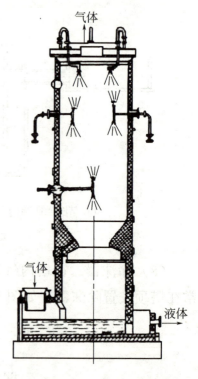

图5-24 喷洒式吸收塔

3.文丘里吸收器

文丘里吸收器如图5-25所示，它具有体积小、处理能力大的特点。当喉部气速达30～80m/s时，液体能够很好地被雾化。其缺点是压降比较大。

4. 喷射式吸收器

喷射式吸收器如图5-26所示，它是目前工业上应用十分广泛的一种吸收设备，吸收时吸收剂靠泵的动力送到喉头处，由喷嘴喷成雾状，在气体进口处形成真空而使气体吸入，气液两相充分接触从而实现传质过程。操作时不需另设风机，吸收效率较高。但吸收剂的消耗量大，故循环使用可以节省吸收剂的用量并提高吸收液中吸收质的浓度。

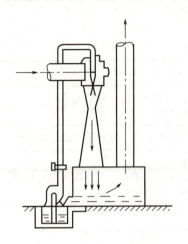

图5-25　文丘里吸收器

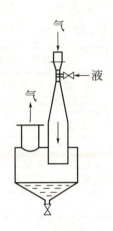

图5-26　喷射式吸收器

5. 湍球塔

湍球塔也是吸收操作中使用较多的一种塔型，如图5-27所示，它是由支承栅板、球形填料、挡网、雾沫分离器等组成，操作时把一定数量的球形填料放在栅板上，液体自上而下喷淋，在球面形成液膜；气体由塔底通入，当达到一定气速时，小球将悬浮于气流之中，形成湍动和旋转，并相互碰撞，使液膜表面不断更新，从而强化了传质过程。此外，由于小球向各个方向的无规则运动，球面相互碰撞又能起到清洗自己的作用。

湍球塔的优点是结构简单，气液分布均匀，操作弹性及处理能力大，不易被固体和黏性物料堵塞，由于强化传质而使塔高降低。缺点是小球无规则湍动造成一定程度的返混，只适合于传质推动力大的过程。操作时，为保证小球能悬浮

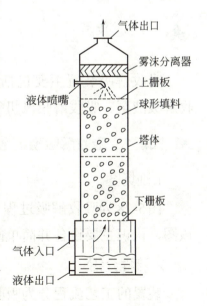

图5-27　湍球塔

于气流中，小球要轻，常用塑料制造，所以操作温度不能太高，一般在80℃以下。

项目5.2　操作连续吸收解吸装置

任务1　认识吸收解吸装置

 任务描述

任务名称	认识吸收解吸装置	建议学时	
学习方法	1. 分组、遴选组长，组长负责安排组内任务、组织讨论、分组汇报； 2. 教师巡回指导，提出问题集中讨论，归纳总结		
任务目标	通过对吸收解吸装置的认识，学习该装置的工艺流程、各设备及阀门的作用		
课前任务： 1. 分组，分配工作，明确每个人的任务； 2. 预习吸收解吸的工艺流程		准备工作： 1. 工作服、手套、安全帽等劳保用品； 2. 纸、笔等记录工具	
场地	一体化实训室		
具体任务			
1. 认识吸收解吸装置的工艺流程，能熟练叙述且能绘制出简单的工艺流程图； 2. 认识吸收解吸装置中各类设备的名称及其作用； 3. 认识不同类型的阀门及其作用			

 知识准备

吸收解吸装置主要包括吸收塔、解吸塔、稳压罐、吸收解吸液贮罐、吸收解吸液泵、吸收解吸风机等。

知识1　吸收解吸现场图及流程

1. 现场图

图5-28为吸收解吸过程的现场图，该装置的主要设备见表5-1。认真阅读该图，认识主要设备并简单阐述流程。

2. 流程介绍

装置的工艺流程分为吸收工艺流程与解吸工艺流程。

（1）吸收工艺流程　水箱里的自来水经水泵加压后，经液相转子流量计、涡轮流量计后送入填料塔塔顶经喷头喷淋在填料顶层。由吸收风机送来的空

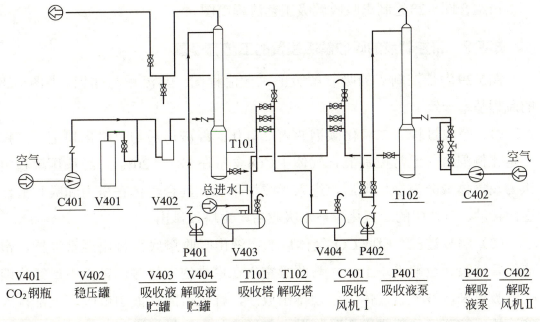

图5-28 吸收解吸工艺装置现场图

气进入气体缓冲罐后,经闸阀调节流量,通过转子流量计后,与由二氧化碳钢瓶来的二氧化碳以一定比例混合后,经过孔板流量计,然后再直接进入塔底,与水在塔内填料进行逆流接触,进行质量和热量的交换,用水吸收空气中的CO_2,由塔顶出来的尾气放空,塔底出来的吸收液进入富液贮罐。由于本装置为低浓度气体的吸收,所以热量交换可忽略,整个过程可以看成是等温操作。

(2)解吸工艺流程 富液贮罐里富含CO_2的水经泵加压后,经液相转子流量计、涡轮流量计后送入解吸塔塔顶经喷头喷淋在填料顶层。由解吸风机送来的空气进入气体缓冲罐,经闸阀调节流量、通过转子流量计,直接进入塔底,与水在塔内填料进行逆流接触,进行质量和热量的交换,空气解吸出水里CO_2,由塔顶出来的气体放空,塔底出来的解吸后的液体流进吸收液贮罐。由于本装置为低浓度气体的解吸,所以热量交换可忽略,整个过程可以看成是等温操作。

表5-1 吸收-解吸装置主要设备

序号	位号	名称	序号	位号	名称
1	T101	吸收塔	6	V404	解吸液贮罐
2	T102	解吸塔	7	P401	吸收液泵
3	V401	二氧化碳钢瓶	8	P402	解吸液泵
4	V402	稳压罐	9	C401	吸收风机
5	V403	吸收液贮罐	10	C402	解吸风机

请结合图5-28绘制出吸收解吸工艺流程简图。

知识2　带控制点的吸收解吸装置的工艺流程图

图5-29为带控制点的吸收解吸的工艺流程图，其流程与知识1中图5-28的流程基本一致。

（1）吸收过程　二氧化碳钢瓶内二氧化碳经减压后与风机出口空气，按一定比例混合（通常控制混合气体中CO_2含量在5%～20%），经稳压罐稳定压力及气体成分混合均匀后，进入吸收塔下部，混合气体在塔内和吸收液体逆向接触，气体中的二氧化碳被水吸收后，由塔顶排出。

（2）解吸过程　吸收CO_2气体后的富液由吸收塔底部排出至富液槽，富液经富液泵送至解吸塔上部，与解吸空气在塔内逆向接触。富液中二氧化碳被解吸出来，解吸出气体由塔顶排出放空，解吸后的贫液由解吸塔下部排入贫液槽。贫液经贫液泵送至吸收塔上部循环使用，继续进行二氧化碳气体吸收操作。

知识3　吸收解吸装置中的主要设备

仔细阅读图5-29，认识该装置中主要设备的位号及名称，详见表5-2。

表5-2　主要设备的位号及名称

序号	位号	名称	备注
1	V403	贫液槽	
2	V404	富液槽	
3	V402	稳压罐	罐类设备
4	V405	液封槽	
5	V406	分离槽	
6	T401	吸收塔	塔体，内装不锈钢规整丝网填料
7	T402	解吸塔	
8	C401	风机Ⅰ（旋涡气泵）	
9	C402	风机Ⅱ（旋涡气泵）	动力设备
10	P401	吸收水泵（贫液泵）	
11	P402	吸收水泵（富液泵）	

项目5 吸收装置

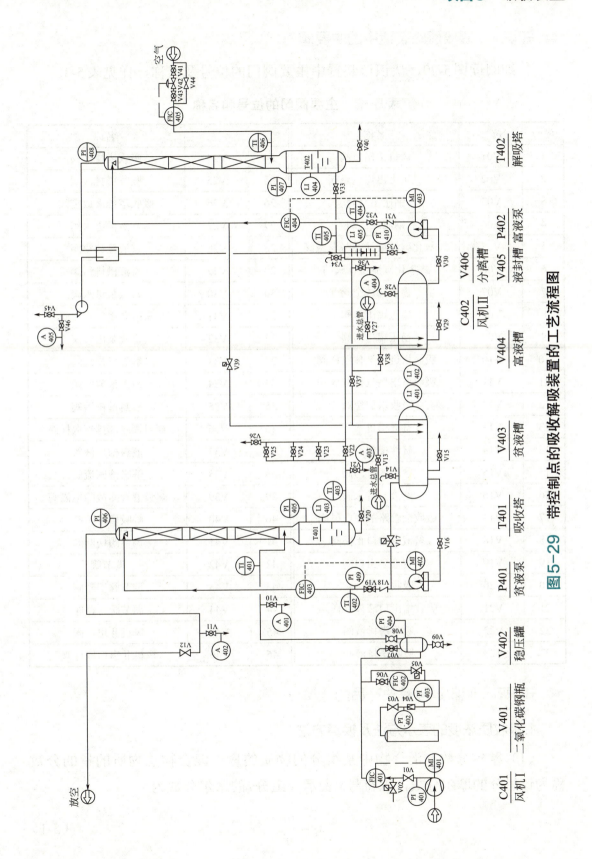

图5-29 带控制点的吸收解吸装置的工艺流程图

知识4　吸收解吸装置中的主要阀门

仔细阅读图5-29，认识该装置中主要阀门的位号及名称，详见表5-3。

表5-3　主要阀门的位号和名称

序号	位号	名称	序号	位号	名称
1	V01	风机Ⅰ出口阀	24	V24	吸收塔排液阀
2	V02	风机Ⅰ出口电磁阀	25	V25	吸收塔排液阀
3	V03	钢瓶出口阀	26	V26	吸收塔排液放空阀
4	V04	钢瓶减压阀	27	V27	富液槽进水阀
5	V05	二氧化碳流量计旁路电磁阀	28	V28	富液槽放空阀
6	V06	二氧化碳流量计阀门	29	V29	富液槽排污阀
7	V07	稳压罐放空阀	30	V30	富液泵进水阀
8	V08	稳压罐出口阀	31	V31	富液泵出口止回阀
9	V09	稳压罐排污阀	32	V32	富液泵出口阀
10	V10	吸收塔进塔气体取样阀	33	V33	解吸塔排液阀
11	V11	吸收塔出塔气体取样阀	34	V34	液封槽放空阀
12	V12	吸收塔放空阀	35	V35	液封槽排污阀
13	V13	贫液槽进水阀	36	V36	液封槽底部排液取样阀
14	V14	贫液槽放空阀	37	V37	液封槽排液阀
15	V15	贫液槽排污阀	38	V38	解吸液回流阀
16	V16	贫液泵进水阀	39	V39	解吸液管路故障电磁阀
17	V17	吸收液管路故障电磁阀	40	V40	解吸塔排污阀
18	V18	贫液泵出口止回阀	41	V41	调节阀切断阀
19	V19	贫液泵出口阀	42	V42	调节阀
20	V20	吸收塔排污阀	43	V43	调节阀切断阀
21	V21	吸收塔出口液体取样阀	44	V44	调节阀旁路阀
22	V22	吸收塔排液阀	45	V45	风机Ⅱ出口阀
23	V23	吸收塔排液阀	46	V46	风机Ⅱ出口取样阀

知识5　吸收过程有关产品的计算

1. 吸收质浓度的表示方法及换算方法

（1）摩尔分数　混合物中某组分的物质的量占混合物总物质的量的分数称为该组分的摩尔分数，以符号 x 表示。组分 i 的摩尔分数为：

$$x_i = \frac{n_i}{n} \tag{5-1}$$

式中　n——混合物总物质的量，kmol。

（2）摩尔比　混合物中某组分物质的量与惰性组分物质的量的比值称为该组分的摩尔比，以符号 X 表示。若混合物中除组分 i 外，其余为惰性组分，则组分 i 的摩尔比为：

$$X_i = \frac{n_i}{n - n_i} \tag{5-2}$$

式中　X_i——组分 i 的摩尔比；

$n - n_i$——混合物中惰性组分的物质的量，kmol。

（3）摩尔分数与摩尔比的换算方法

$$X_i = \frac{x_i}{1 - x_i} \tag{5-3}$$

同样，当混合物为气态时，常以 Y 表示气相的摩尔比。

$$Y_i = \frac{y_i}{1 - y_i} \tag{5-4}$$

练一练

某混合气中含有氨气和空气，已知氨气的摩尔分数 $y_A=0.1$，请问氨气的摩尔比是多少？

提示：题目要求将氨的摩尔分数 y_A 换算成摩尔比 Y_A，可选择摩尔分数与摩尔比的换算公式进行计算。

2.吸收剂用量的计算方法

在吸收过程中，吸收剂是一个重要的生产物质，而吸收剂的用量又是生产的重要条件。那么要完成一定的吸收任务，要用多少吸收剂呢？下面介绍吸收剂用量的计算方法。

对吸收塔进行物料衡算，得到吸收剂用量计算式：

$$L = \frac{V(Y_1 - Y_2)}{X_1 - X_2} \tag{5-5}$$

式中　V——进入吸收塔的惰性气体量，kmol/h；

L——进入吸收塔的吸收剂用量，kmol/h；

Y_1——进塔混合气中吸收质的摩尔比；

Y_2——出塔吸收尾气中吸收质的摩尔比;
X_1——出塔吸收液中吸收质的摩尔比;
X_2——进塔吸收剂中吸收质的摩尔比。

【**实例5-1**】 见图5-30。在填料吸收塔中,用清水做吸收剂,吸收空气-丙酮混合气中的丙酮,混合气的摩尔流量为68kmol/h,已知混合气中丙酮的摩尔分数为0.06,出塔尾气中丙酮的摩尔分数为0.012,出塔吸收液中丙酮的摩尔分数为0.02,请计算在上述条件下吸收剂的用量是多少 kmol/h。

计算向导:

(1)请写出吸收剂用量的计算公式:_____。

(2)根据题目给出的参数,确定已知条件:

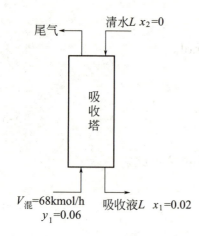

图5-30 用水吸收丙酮流程图

进入吸收塔的混合气中丙酮的摩尔分数 $y_1=$ _____;

出塔尾气中丙酮的摩尔分数 $y_2=$ _____;

进入吸收塔的吸收剂中丙酮的摩尔分数 $x_2=0$,因为吸收剂是清水,不含丙酮;

出塔吸收液中丙酮的摩尔分数 $x_1=$ _____。

混合气的摩尔流量 $V_{混}=68$kmol/h。

(3)将摩尔分数换算成摩尔比

换算公式:$Y_i=\dfrac{y_i}{1-y_i}$、$X_i=\dfrac{x_i}{1-x_i}$ 进入吸收塔的混合气中丙酮的摩尔比

$Y_1=\dfrac{y_1}{1-y_1}=\dfrac{0.06}{1-0.06}=$ _____ ;

出塔尾气中丙酮的摩尔比 $Y_2=\dfrac{y_2}{1-y_2}=\dfrac{0.012}{1-0.012}=$ _____ ;

进入吸收塔的吸收剂中丙酮的摩尔比 $X_2=0$,因为吸收剂是清水,不含丙酮;

出塔吸收液中丙酮的摩尔比 $X_1=\dfrac{x_1}{1-x_1}=$ _____。

（4）计算惰性气体摩尔流量

计算公式：$V=V_{混}(1-y_1)=68\times(1-0.06)=$ _____（kmol/h）

（5）计算吸收剂的用量

吸收剂用量计算公式：

$$L=\dfrac{V(Y_1-Y_2)}{X_1-X_2}=\underline{\qquad}\text{kmol/h}$$

（答案是 $L=162.62$ kmol/h，你的计算正确吗？）

在上面的计算过程中，你可能遇到了几个新的概念，例如："混合气体流量""惰性气体流量"，建议你通过对计算方法的分析，理解这些新概念的含义。你也可以查阅有关资料对这个概念做进一步的了解。请你将找到的答案写在下面。

混合气体流量是指_____。
惰性气体流量是指_____。
两者之间的关系可以表示为：$V=$ _____。

知识链接

液体分布器根据要求不同，结构变化较多，基本的结构形式有3种：管式、槽式和盘式。经过长期的摸索，人们总结设计出了种类繁多的液体分布器，它们结构各异，使用对象也不尽相同。从最初的压力喷头到现在高性能的槽式液体分布器，分布质量越来越高，结构也越来越精细。

槽盘式气液分布器是天津大学获国家发明奖的专利技术，由五部分组成：矩形升气管、V形挡液板、特制导液管、铺板和连接件。这种新型槽盘式气液分布器主要特点在于增设了防护屏和自动排污系统，抗堵塞能力更强。与同类产品相比，该分布器具有更优良的综合性能：抗堵塞、防夹带、升液位、适闪蒸、易采出、盛漏液、布气均、布液均。

托盘式液体分布器是在槽盘式液体分布器基础上开发而成，其液体分布盘的外径比塔的内径小，分布盘外径的具体数值由液体分布点的要求决定。另外，在收集槽的上面增加一个梅花形挡圈，以收集壁流液体。这样使塔内靠塔壁的环形部分变成了既能通气又可设置液体分布点的大通道,使塔的分离效率得到提高,此外还可提高塔的允许通量。

任务2　学习连续吸收解吸装置操作过程

任务描述

任务名称	学习连续吸收解吸装置操作过程	建议学时	
学习方法	1. 分组、遴选组长,组长负责安排组内任务、组织讨论、分组汇报; 2. 教师巡回指导,提出问题集中讨论,归纳总结		
任务目标	通过学习,熟练掌握吸收解吸操作过程开车前的准备工作、开停车操作;能进行正常运行过程的操作,出现事故时能进行正确的判断及处理		
课前任务: 1. 分组,分配工作,明确每个人的任务; 2. 预习吸收解吸过程的操作步骤		准备工作: 1. 工作服、手套、安全帽等劳保用品; 2. 管子钳、扳手、螺丝刀等工具	
场地	一体化实训室		
具体任务			
1. 开车前准备工作; 2. 开、停车工作; 3. 正常操作及正常运行过程中的事故处理; 4. 正确进行数据的记录及处理工作; 5. 设备维护及工业卫生和劳动保护			

知识准备

连续吸收解吸装置操作实训过程主要包括以下步骤:准备工作、开车前准备工作、开停车操作、正常操作及正常运行过程中的事故处理。操作时要提高安全使用水、电、气,高空作业不伤人、不伤己等安全防范意识。

知识1　开车前准备

按照以下步骤在实训装置上进行练习,各学校可根据自己的实际情况进行练习,本任务中使用的是如图5-29的实训装置(该装置由浙江中控科教仪有限公司提供),以下各知识点同。

(1) 由相关操作人员组成装置检查小组,对本装置所有设备、管道、阀门、仪表、电气、照明、分析、保温等按工艺流程图要求和专业技术要求进行检查。

（2）检查所有仪表是否处于正常状态。

（3）检查所有设备是否处于正常状态。

（4）试电

① 检查外部供电系统，确保控制柜上所有开关均处于关闭状态。

② 开启外部供电系统总电源开关。

③ 打开控制柜上空气开关（QF1）。

④ 打开仪表电源空气开关（QF2）、仪表电源开关。查看所有仪表是否上电，指示是否正常。

⑤ 将各阀门顺时针旋转操作到关的状态。检查孔板流量计正压阀和负压阀是否均处于开启状态（实训过程中保持开启）。

（5）加装实训用水

① 打开贫液槽（V403）、富液槽（V404）、吸收塔（T401）、解吸塔（T402）的放空阀（V14、V28、V12、V45），关闭各设备排污阀（V09、V15、V20、V29、V35、V40）。

② 开贫液槽（V403）进水阀（V13），往贫液槽（V403）内加入清水，至贫液槽液位1/2～2/3处，关进水阀（V13）；开富液槽（V404）进水阀（V27），往富液槽（V404）内加入清水，至富液槽液位1/2～2/3处，关进水阀（V27）。

✈ 知识2　开车操作

按照以下步骤在实训装置上进行练习，各学校可根据自己的实际情况进行练习。

1.液相开车

（1）开启贫液泵（P401）进水阀（V16），启动贫液泵（P401），开启贫液泵（P401）出口阀（V19），往吸收塔（T401）送入吸收液，调节贫液泵（P401）出口流量为1m^3/h，开启阀V22、阀V23，控制吸收塔（扩大段）液位在1/3～2/3处。

（2）开启富液泵（P402）进水阀（V30），启动富液泵（P402），开启富液泵出口阀（V32），调节富液泵（P402）出口流量0.5m^3/h，全开阀V33、阀V37。

（3）调节富液泵（P402）、贫液泵（P401）出口流量趋于相等，控制富液槽（V404）和贫液槽（V403）液位处于1/3～2/3处，调节整个系统液位、流量稳定。

2.气液联动开车

（1）启动风机Ⅰ（C401），打开风机Ⅰ（C401）出口阀（V01），稳压罐（V402）出口阀（V08）向吸收塔（T401）供气，逐渐调整出口风量为2m³/h。

（2）调节二氧化碳钢瓶（V401）减压阀（V04），控制减压阀（V04）后压力＜0.1MPa，流量为100L/h。

（3）调节吸收塔顶放空阀（V12），控制塔内压力在0～7.0kPa。

（4）根据实验选定的操作压力，选择相应的吸收塔（T401）排液阀（V22、V23、V24、V25），稳定吸收塔（T401）液位在可视范围内。

（5）吸收塔气液相开车稳定后，进入解吸塔气相开车阶段。启动风机Ⅱ（C402），打开解吸塔气体调节阀（V41、V42、V43），调节气体流量在4m³/h，缓慢开启风机Ⅱ（C402）出口阀（V45），调节塔釜压力在-7.0～0kPa，稳定解吸塔（T402）液位在可视范围内。

（6）系统稳定30min后，进行吸收塔进口气相采样分析、吸收塔出口气相采样分析、解吸塔出口气相组分分析，视分析结果，进行系统调整，控制吸收塔出口气相产品质量。

（7）视实训要求可重复测定几组数据进行对比分析。

3.液泛实验

（1）解吸塔液泛：当系统液相运行稳定后，加大气相流量，直至解吸塔系统出现液泛现象。

（2）吸收塔液泛：当系统液相运行稳定后，加大气相流量，直至解吸塔系统出现液泛现象。

想一想

开车过程中要注意哪些问题？为什么要先通液体再通气体？

知识3 停车操作

按照以下步骤在实训装置上进行练习，各学校可根据自己的实际情况进行练习。

（1）关二氧化碳钢瓶出口阀门。

（2）关贫液泵出口阀（V19），停贫液泵（P401）。

（3）关富液泵出口阀（V32），停富液泵（P402）。

（4）停风机Ⅰ（C401）。

（5）停风机Ⅱ（C402）。

（6）将两塔（T401、T402）内残液排入污水处理系统。

（7）检查停车后各设备、阀门、仪表状况。

（8）切断装置电源，做好操作记录。

（9）场地清理。

知识4　正常操作注意事项

实训操作过程中要严格按照操作步骤进行操作，注意观察，小组成员之间要互相配合，听从指挥，确保操作安全。

（1）安全生产，控制好吸收塔和解吸塔液位，富液槽液封操作，严防气体窜入贫液槽和富液槽；严防液体进入风机Ⅰ和风机Ⅱ。

（2）在符合净化气质量指标前提下，分析有关参数变化，对吸收液、解吸液、解吸空气流量进行调整，保证吸收效果。

（3）注意系统的吸收液量，定时往系统补入吸收液。

（4）要注意吸收塔进气流量及压力稳定，随时调节二氧化碳流量和压力至稳定值。

（5）防止吸收液"跑、冒、滴、漏"。

（6）注意泵密封与泄漏。注意塔、槽液位和泵出口压力变化，避免产生汽蚀。

（7）经常检查设备运行情况，如发现异常现象应及时处理或通知老师处理。

（8）整个系统采用气相色谱在线分析。

知识5　数据记录与处理

在实训操作过程中，除了要求学生按照操作规程认真熟练操作之外，做好操作过程中数据的记录是至关重要的。操作过程中按照表5-4及表5-5内相应的内容进行如实、详细、认真地填写，并于实训结束后对所记录的数据进行分析处理。

表5-4 吸收解吸实训操作记录

实训装置号：　　　　操作人员：　　　　时间：

序号	时间	吸收塔进塔气相温度/℃	吸收塔进塔液相温度/℃	吸收塔出塔气相温度/℃	富液泵出口温度/℃	解吸塔出塔液相温度/℃	解吸塔进塔液相温度/℃	吸收塔底气相压力/kPa	吸收塔顶气相压力/kPa	解吸塔底气相压力/kPa	解吸塔顶气相压力/kPa	风机Ⅰ出口流量/(m³/h)	解吸塔进塔气相流量/(m³/h)	贫液泵出口流量/(m³/h)	富液泵出口流量/(m³/h)	操作记事
1																
2																
3																
4																
5																
6																
7																
8																
9																
10																
11																
12																
13																

表5-5 吸收解吸实训数据记录

实训装置号：　　　　操作人员：　　　　时间：

编号	吸收气体流量	吸收液体流量	吸收气体入口CO_2浓度	吸收气体出口CO_2浓度	解吸气体流量	解吸液体流量	解吸气体入口CO_2浓度	解吸气体出口CO_2浓度
1								
2								
3								
4								
5								

吸收气体温度_____；吸收液体温度_____；解吸气体温度_____；解吸液体温度_____。

项目5 吸收装置

📄 知识6　事故与处理（含隐患排查）

1. 异常情况及处理

填料吸收塔运行过程中，由于工艺条件发生变化、操作不当、设备故障等，将会导致异常情况的出现。所以，在吸收装置运转过程中，要认真检查，出现异常情况后，应及时发现、及时处理，以防造成事故。在不造成设备损坏的情况下，教师可以制造一些故障，由学生检查判断，并正确处理。表5-6列出了填料塔吸收过程中常见的异常现象及处理方法。

表5-6　填料吸收塔常见的异常现象及处理方法

异常现象	发生原因	处理方法
出塔气体中吸收质含量过高	(1) 入塔吸收剂量不够 (2) 入塔气体中溶质含量过高 (3) 吸收温度过高或过低 (4) 填料堵塞	(1) 加大吸收剂用量 (2) 降低入塔气体中溶质含量 (3) 适当调节吸收剂入塔温度 (4) 停车清洗填料
出塔气带液	(1) 原料气量过大 (2) 吸收剂量过大 (3) 吸收塔内液面太高 (4) 吸收剂脏，黏度大 (5) 填料堵塞	(1) 减小入塔原料气量 (2) 减小吸收剂用量 (3) 降低吸收塔液面到合适范围 (4) 更换新鲜吸收剂 (5) 清洗或更换填料
吸收剂用量突然降低	(1) 自来水压力不够或断水 (2) 溶液槽液位太低，泵抽空 (3) 溶液泵损坏	(1) 启用备用水源或停车 (2) 向溶液槽补充溶液 (3) 停车检修或启动备用泵
塔内压差过大	(1) 入塔原料气量大 (2) 入塔吸收剂量大 (3) 填料堵塞	(1) 减小入塔原料气量 (2) 减小入塔吸收剂量 (3) 清洗或更换填料
吸收塔液位波动	(1) 吸收剂用量发生变化 (2) 入塔气体压力波动 (3) 液位调节器发生故障	(1) 稳定吸收剂用量 (2) 稳定入塔气体压力 (3) 检查和修理液位调节器
风机有异声	(1) 杂物带入风机内 (2) 轴承缺油或损坏 (3) 油箱油位过低或油质差 (4) 齿轮啮合不好，有松动	(1) 紧急停车处理 (2) 停车加油或更换轴承 (3) 加油或换油 (4) 停车检修或使用备用风机

2. 故障模拟：正常操作中的故障扰动（故障设置实训）

在吸收-解吸正常操作中，由教师给出隐蔽指令，通过不定时改变某些阀门、风机或泵的工作状态来扰动吸收-解吸系统正常的工作状态，分别模拟出实际吸收-解吸生产工艺过程中的常见故障，学生根据各参数的变化情况、设备运行异常现象，分析故障原因，找出故障并动手排除故障，以提高学生等对工艺流程的认识度和实际动手能力。

（1）进吸收塔混合气中二氧化碳浓度波动大　在吸收-解吸正常操作中，教师给出隐蔽指令，改变吸收质中的二氧化碳流量，学生通过观察浓度、流量和液位等参数的变化情况，分析引起系统异常的原因并作处理，使系统恢复到正常操作状态。

（2）吸收塔压力保不住（无压力）　在吸收-解吸正常操作中，教师给出隐蔽指令，改变吸收塔放空阀工作状态，学生通过观察浓度、流量和液位等参数的变化情况，分析引起系统异常的原因并作处理，使系统恢复到正常操作状态。

（3）进吸收塔混合气中二氧化碳浓度波动大　在吸收-解吸正常操作中，教师给出隐蔽指令，改变吸收质中的空气流量，学生通过观察浓度、流量和液位等参数的变化情况，分析引起系统异常的原因并作处理，使系统恢复到正常操作状态。

（4）解吸塔发生液泛　在吸收-解吸正常操作中，教师给出隐蔽指令，改变风机Ⅱ出口空气流量，学生通过观察解吸塔浓度、流量和液位等参数的变化情况，分析引起系统异常的原因并作处理，使系统恢复到正常操作状态。

（5）吸收塔液相出口量减少　在吸收-解吸正常操作中，教师给出隐蔽指令，改变贫液泵吸收剂的流量，学生通过观察吸收塔浓度、流量和液位等参数的变化情况，分析引起系统异常的原因并作处理，使系统恢复到正常操作状态。

（6）富液槽液位抽空　在吸收-解吸正常操作中，教师给出隐蔽指令，变贫液槽放空阀的工作状态，学生通过观察解吸塔浓度、流量和液位等参数的变化情况，分析引起系统异常的原因并作处理，使系统恢复到正常。

知识7　设备维护及工业卫生和劳动保护

进入实训基地必须佩戴合适的防护手套，无关人员不得进入实训基地。

1. 动设备操作安全注意事项

（1）启动风机，上电前观察风机的正常运转方向，通电并很快断电，利用风机转速缓慢降低的过程，观察风机是否正常运转；若运转方向错误，立即调整风机的接线。

(2) 确认工艺管线, 工艺条件正常。

(3) 启动风机后看其工艺参数是否正常。

(4) 观察有无过大噪声, 振动及松动的螺栓。

(5) 电机运转时不可接触转动件。

2.静设备操作安全注意事项

(1) 操作及取样过程中注意防止静电产生。

(2) 设备在需清理或检修时应按安全作业规定进行。

(3) 容器应严格按规定的装料系数装料。

3.安全技术

进行实训之前必须了解室内总电源开关与分电源开关的位置, 以便出现用电事故时及时切断电源; 在启动仪表柜电源前, 必须清楚每个开关的作用。

设备配有压力、温度等测量仪表, 一旦出现异常及时对相关设备停车进行集中监视并做适当处理。

不能使用有缺陷的梯子, 登梯前必须确保梯子支撑稳固, 面向梯子上下并双手扶梯, 一人登梯时要有同伴监护。

4.职业卫生

(1) 噪声对人体的危害　噪声对人体的危害是多方面的, 噪声可以使人耳聋, 引起高血压、心脏病、神经症等疾病。还污染环境, 影响人们的正常生活, 降低劳动生产率。

(2) 工业企业噪声的卫生标准　工业企业生产车间和作业场所的工作点的噪声标准为85dB。现有工业企业经努力暂时达不到标准时, 可适当放宽, 但不能超过90dB。

(3) 噪声的防控　噪声的防控方法很多, 而且不断改进, 主要有三个方面, 即控制声源、控制噪声传播、加强个人防护。当然, 降低噪声的根本途径是对声源采取隔声、减震和消除噪声的措施。

5.行为规范

(1) 严禁烟火、不准吸烟;

(2) 保持实训环境的整洁;

(3) 不准从高处乱扔杂物;

(4) 不准随意坐在灭火器箱、地板和教室外的凳子上;

（5）非紧急情况下不得随意使用消防器材（训练除外）；

（6）不得靠在实训装置上；

（7）在实训基地、教室里不得打骂和嬉闹；

（8）实训结束时，所有用具按规定放置整齐。

知识8　操作技能考核

在熟练掌握填料吸收塔开、停车，正常工况维持，异常情况处理的基础上，对学生进行考核。

1. 技能要求

（1）操作技能

① 能独立地进行吸收系统的工艺操作及开、停车（包括开车前的准备、电源的接通、风机的使用、吸收剂的选择、进气量水量的控制、温度的控制等）；

② 能进行生产操作，并达到规定的工艺要求和质量指标（吸收液及尾气的浓度分析）；

③ 能及时地发现、报告并处理系统的异常现象与事故，能进行紧急停车。

（2）设备的使用与维护技能

① 能正确使用仪器、仪表；

② 会检查相关的管道与阀门、电机等绝缘情况；

③ 能掌握设备的运行情况，能判别工艺故障及进行适当的处理。

2. 考核内容

（1）叙述流程；

（2）开车前准备；

（3）正常开车；

（4）正常工况维持；

（5）正常停车；

（6）数据记录与结果分析。

3. 吸收解吸操作考核评分表

表5-7为吸收解吸操作考核评分表，各校可根据实际情况进行考核，表中分值供参考。

表5-7 吸收解吸操作考核评分

考核内容	要求与完成情况	分值	说明	得分
指出吸收流程与控制点	根据现有实训设备的流程进行描述，以看、说为主 ① 描述水的流程； ② 描述空气流程； ③ 描述 CO_2 流程	6分	每错、漏一项扣1分，扣完为止	
开车前准备	① 检查水源、电源（描述或查看水源、电源是否处于正常供给状态）； ② 开电源、仪表：打开电源开关、打开仪表开关（顺序不能错）； ③ 设备、管道等检漏（以看、说为主）； ④ 水系统检漏（边看边说）； ⑤ 空气系统检漏（用皂水试）； ⑥ 检查仪器仪表	10分	每错、漏一项扣1分，扣完为止	
开车与稳定操作	① 水系统：打开水系统并调节一定流量； ② 空气系统：打开空气系统并控制流量； ③ CO_2 系统：打开 CO_2 并控制流量； ④ 稳定操作：一定时间内维持稳定操作（从开车开始计时），塔釜液封高度维持基本恒定； ⑤ 记录数据	35分	每错、漏一项扣5分，扣完为止	
分析及操作质量	① 进气分析：取样（开后5min再进样分析）、分析结果记录； ② 尾气分析：取样、分析结果记录； ③ 吸收基本计算：$\varphi=(Y_1-Y_2)/Y_1$； ④ 数据记录与报告：数据记录规范、真实	25分	每错、漏一项扣5分，扣完为止	
正常停车	注意操作顺序 ① 停 CO_2； ② 停水； ③ 停空气； ④ 关电源	18分	每错、漏一项扣5分，扣完为止	
文明操作	① 穿着符合安全与文明操作要求； ② 正确使用操作设备、工具； ③ 保持实验环境整齐、清洁	6分	酌情给分	

任务3　学习吸收过程运行状况

 任务描述

任务名称	学习吸收过程运行状况	建议学时	
学习方法	教师巡回指导，提出问题集中讨论，归纳总结		
任务目标	掌握吸收过程运行的条件及影响吸收速率的因素		
课前任务： 1. 分配工作，明确每个人的任务； 2. 预习吸收过程运行状况		准备工作： 1. 工作服、手套、安全帽等劳保用品； 2. 纸、笔等记录工具	

场地	教室及实训室
具体任务	
1. 了解吸收过程正常运行的条件； 2. 了解影响吸收速率的因素	

 知识准备

影响吸收过程正常运行的条件包括温度、压力、气流速率、喷淋密度、吸收剂的选择等条件。

知识1　了解影响吸收过程正常运行的条件

1.吸收过程的操作条件

（1）**温度**　吸收是溶质从气相向液相转移的过程，如果向盛有水的烧杯中滴一滴蓝墨水，很快水就变成了均匀的蓝色，当水温升高时，水变蓝的速度要更快一些。水之所以能够变蓝，是由于墨水中的有色物质扩散到水中，不难发现，分子扩散的速度与扩散物质的性质、流体的温度和性质有关。

从吸收生产中我们发现，降低温度可以增大气体在液体中的溶解度，有利于气体吸收，但温度太低时，吸收剂的黏度增大，使得流体在塔内的流动状况变差，增加输送过程的能耗。另外，如果温度过低，有些液体甚至会有固体结晶析出，影响吸收操作的顺利进行。但是对于放热的吸收过程，可以采用冷却的方法。

（2）**压力**　增大压力可以增大气体在液体中的溶解度，有利于吸收的进行，但是过高地增大系统压力，不仅使动力消耗增大，同时对设备强度的要求也增加，使得设备费用和操作费用加大。因此，吸收操作通常在常压下进行，但是对于吸收后需要加压的系统，可以在较高压力下进行吸收。

（3）**气流速率**　如果在滴入蓝墨水的同时用玻璃棒进行搅拌，我们发现水变蓝的速度比不搅拌时要快得多。这种通过流体的相对运动来传递物质的现象称为对流扩散，对流扩散的速率比分子扩散的速率要快得多，其扩散速率与流体的流动状态有关，流体的湍动程度越剧烈，对流扩散的速率就越快。所以当塔内气流速率较小时，气体湍动不充分，不利于吸收；反之，气流速率大，气膜变薄，吸收阻力小，有利于吸收，但气流速率过大时，又会造成雾沫夹带甚至液泛，影响吸收的正常进行。因此，应根据实际情况确定适宜的气流速率。

(4) 喷淋密度　在填料塔内，当喷淋密度过小时，填料表面不能被完全润湿，使得传质面积减小；反之，当喷淋密度过大时，流体阻力增加，甚至会引起液泛。因此，选择适宜的喷淋密度，以确保填料的充分润湿和良好的气液接触状态。

(5) 吸收剂的选择　吸收过程中吸收剂选择得是否合适，直接影响着吸收操作的效果，因此，吸收剂的选择必须考虑到以下几个方面：

① 对于混合气体中的溶质，要求吸收剂要有较大的溶解度和较好的选择性，能够选择性地吸收溶质而对于惰性组分尽可能不溶解；

② 要求吸收剂要有较低的挥发度，尽可能减少因挥发而导致的吸收剂和溶质的损失；

③ 要求吸收剂要有较小的黏度，既可以方便改善流体的流动状态，同时又可以降低在吸收过程中的动力消耗；

④ 要求溶质在吸收剂中的溶解度对温度的变化比较敏感，便于吸收剂的再生利用；

⑤ 要求吸收剂应有较好的化学稳定性，具有价廉易得、无毒、无腐蚀等优点。

2.吸收剂用量对吸收过程的影响

(1) 气液相平衡　在吸收过程中，当气液两相间的传质达到平衡时，它们之间的关系称为气液相平衡关系。相平衡关系可用亨利定律来表示。

① 亨利定律

$$p^* = Ex \tag{5-6}$$

式中　p^*——气相中溶质的平衡分压，Pa；

　　　x——液相中溶质的摩尔分数；

　　　E——亨利系数，Pa。

从式（5-6）可以看出，当p^*一定时，E与x成反比，即对某一气体而言，亨利系数越大，溶解度越小。

通过亨利定律可以知道，易溶气体的亨利系数较小，难溶气体的亨利系数较大。亨利系数E随温度升高而增大，随压力增大而减小。

② 相平衡关系式

$$Y^* = \frac{mX}{1+(1-m)X} \tag{5-7}$$

式中　Y^*——平衡时气相中溶质的摩尔比；

　　　X——液相中溶质的摩尔比。

对于稀溶液，式（5-7）可以简化为：

$$Y^* = mX \tag{5-8}$$

将式（5-8）标绘于 Y-X 的直角坐标系中，即得到吸收过程的相平衡线，即吸收平衡线，如图 5-31 所示。根据吸收平衡线，可以判定吸收过程进行的程度和方向。

图 5-32，A 点位于平衡线上方区域，在该区域内，$Y > Y^*$，$X^* > X$，属于吸收过程。

图 5-33，B 点位于平衡线下方区域，在该区域内，$Y^* > Y$，$X > X^*$，属于解吸过程。

图 5-34，C 点位于平衡线上，此时 $Y^* = Y$，$X = X^*$，过程处于平衡状态。

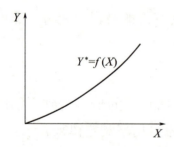

图 5-31　吸收平衡线

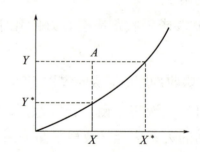

图 5-32　吸收平衡线应用（一）

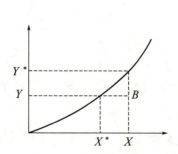

图 5-33　吸收平衡线应用（二）

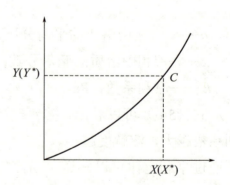

图 5-34　吸收平衡线应用（三）

我们知道，任何一个过程的速率都与其推动力成正比，所以，吸收推动力可以反映吸收过程进行的快慢，推动力可以用 $Y-Y^*$ 或 X^*-X 来表示。其值越大，表明吸收过程的推动力越大，则吸收的速率就越快。

【实例5-2】 在总压为1200kPa、温度为303K的条件下，含 CO_2 5%（体积分数）的气体与含 CO_2 1.0g/L 的水溶液接触，试判断 CO_2 的传递方向。已知303K时 CO_2 的亨利系数 $E=1.88\times10^5$ kPa。

计算向导：判断 CO_2 的传递方向，就是判断该过程是吸收还是解吸，实际上是比较 CO_2 在气相中的实际分压与平衡分压的大小。

CO_2 在气相中的实际分压：

$$p=Py=1200\times0.05=60\ (kPa)$$

由于 CO_2 在水中的浓度很小，故该溶液的摩尔质量和密度可以看作与水相同，查得水在303K时，密度为996kg/m³，CO_2 在液相中的平衡分压：

$$p^*=Ex=1.88\times10^5\times(1/44)/(996/18)=77.3\ (kPa)$$

通过计算得出：$p^*>p$，所以二氧化碳由液相向气相进行传质，发生解吸过程。p^*-p 的差值越大，传质推动力越大，该过程的速率就越快。

（2）吸收剂用量 L 与吸收液浓度 X_1　通常在吸收过程中，待分离的混合气中溶质的摩尔比 Y_1 以及混合气的流量 V 是由生产任务确定的，吸收生产的要求一般是：在选定吸收剂的条件下，分离混合气，并达到一定的吸收率 φ，也就是要求出塔尾气中溶质的摩尔比 Y_2 要达到规定的数值。在这些条件下，吸收剂用量的多少对吸收液中溶质的浓度会产生什么影响呢？下面通过吸收剂用量计算式进行分析。

$$L=\frac{V(Y_1-Y_2)}{X_1-X_2} \quad 或：\quad \frac{L}{V}=\frac{Y_1-Y_2}{X_1-X_2} \tag{5-9}$$

L/V 称为液气比，是指处理单位惰性气体所需要的吸收剂用量。液气比对于吸收操作来说，是一个重要的生产控制参数。

仔细分析吸收剂用量计算公式中的各个参数，可以看出公式中的 V、Y_1、X_2 这几个参数是生产任务要求的，出塔尾气中的吸收质摩尔比 Y_2 可以通过吸收率计算得出，吸收率 φ 与 Y_2 的关系为：

吸收率 $\quad\varphi=\dfrac{Y_1-Y_2}{Y_1}$ 或者 $Y_2=Y_1(1-\varphi)$ (5-10)

这说明只要生产任务中给出吸收率，出塔尾气中吸收质的摩尔比 Y_2 就可以确定了，那么计算式中只有 X_1 和吸收剂用量 L 是与生产控制有关的。生产实践告诉我们，当改变吸收剂用量时，受到直接影响的就是出塔吸收液中溶质的摩尔比 X_1。通过对吸收剂用量的计算公式进行分析，可以得出：增大吸收剂用量 L，出塔吸收液中溶质的摩尔比 X_1 就减小，减小吸收剂用量 L，出塔吸收液中溶质的摩尔比 X_1 就增大。

想一想

在保证生产任务要求的前提下，减少吸收剂用量，就可以减少生产成本。那么减少吸收剂用量是否有限度呢？

（3）最小吸收剂用量　对一定的生产任务，溶解在吸收剂中的溶质量是不变的，如果吸收剂用量多，则吸收液中溶质的浓度就小，而吸收剂用量减小，则吸收液中溶质的浓度就增大，当吸收液中溶质浓度达到饱和时，溶解在吸收液中的溶质量就不再增加，这时的吸收剂用量就称为最小用量。最小吸收剂用量的计算式如下：

$$L_{小}=\dfrac{V(Y_1-Y_2)}{X_1^*-X_2} \quad (5-11)$$

式中　$L_{小}$——最小吸收剂用量；
　　　X_1^*——吸收液中溶质的饱和浓度，即饱和时的摩尔比，可以用相平衡方程计算得到，即：

$$X_1^*=\dfrac{Y_1}{m} \quad (5-12)$$

式中　m——相平衡常数。

通过上面的讨论，我们可以知道减少吸收剂用量是有限度的，这个限度是保证正常生产的基本条件，吸收剂的用量不能小于最小吸收剂用量。因此在生产中要同时兼顾生产要求和生产成本，也就是要保证产品质量，还要降低生产成本，这才是最合理的生产管理理念。

（4）确定液气比时要考虑的其他因素　液气比的大小都是根据生产的分离要求来确定的，从生产实践中可以了解到，当采用最小液气比进行吸收生产时，将达不到规定的分离要求。这就是说在最小液气比时，生产条件不能得到满足，因此在生产过程中，液气比的调节、控制还应考虑以下几个方面问题：

① 要确实保证填料层充分润湿，喷淋密度（指单位时间内，单位塔截面积上所喷淋的液体量）不能太小。当采用最小吸收剂用量时，可能会造成喷淋密度过小，使吸收率下降，达不到生产的要求。

② 当生产任务发生变化时，例如：被分离的混合气中溶质的浓度发生变化，在这种情况下，为了保证达到预期的吸收要求，可采用调节液气比大小的方法满足吸收要求。

在吸收操作中，液气比是一个重要的操作控制参数，调节的前提是确保达到预期的分离要求，适宜液气比的选择是由经济衡算来确定的，要使操作过程中的设备费用与操作费用之和为最小，通常适宜的液气比为 1.1～2.0 倍的最小液气比。即 $L=(1.1～2.0)L_{小}$。

知识2　了解影响吸收速率的因素

在吸收过程中，气相中的溶质在向液相中进行扩散时，是以分子扩散和对流扩散两种方式进行的。物质以分子运动的方式通过静止流体或层流流体的转移称为分子扩散，而物质通过流体的相对运动来进行转移时称为对流扩散。那么，气相中的溶质是如何转移到液相中去的呢？我们用双膜理论来进行解释。

双膜理论的基本要点包括：气液两相接触有一个稳定的相界面，界面两侧各有一个很薄的膜层（气膜层和液膜层），在膜层内，气液两相作层流流动，物质以分子扩散的方式穿过该膜层；在膜层外的气液相主体区域内，由于流体充分湍动，物质以对流扩散的方式进行扩散；在相界面上，气液两相达到平衡状态。

由双膜理论得到，在吸收过程中，溶质在气相主体内以对流扩散的方式扩散到气膜界面，再以分子扩散的方式扩散到相界面上，在界面上溶解后，又以分子扩散的方式穿过液膜到达液膜界面，最后以对流扩散的方式到达液相主体。在溶质扩散过程中，阻力主要集中在两个膜层内，气液相主体内的扩散阻力很小。因此，减小吸收过程的阻力，即减薄两个膜层的厚度，是提高吸收速率的重要途径。而增大流体的流速，又是减薄层流层厚度的有效方式。生产实践证明，增大流体的流速，是强化吸收速率的有效措施之一。

想一想

对难溶气体，如欲提高其吸收速率，较为有效的手段是什么？对易溶气体呢？

知识链接

CO_2 化学吸收法具有技术成熟、CO_2 分离效率高等优势，是目前从烟气、沼气等气体中分离 CO_2 的可商业化技术之一。但 CO_2 化学吸收法存在富 CO_2 吸收剂溶液热解吸能耗高的关键瓶颈问题亟待解决。CO_2 化学吸收系统中的解吸塔顶排放的热解吸气主要由水蒸气和 CO_2 组成，具有较大的潜热，如能高效回收此部分余热，将会有助于系统解吸能耗的降低。目前大多采用传统的钢制换热器中，用分流的富液回收热解吸气的余热，回收效率较低。

近年，华中农业大学晏水平教授团队在 CO_2 化学吸收系统研究中，创新性地引入陶瓷膜跨膜冷凝器，用于回收解吸塔顶热解吸气的余热，通过解吸气中水蒸气的热质耦合传递，实现了解吸气余热的高效回收，从而降低了 CO_2 解吸热耗，为低能耗碳捕集过程提供了一种新途径。该团队还解析了陶瓷膜跨膜冷凝器内的热质耦合传递机制，发现解吸气所携带的余热主要由陶瓷膜的导热进行传递，而由水和水蒸气传质所引发的对流换热量可占总热量的20%左右，且其主要由传质的水蒸气在富液侧直接冷凝所释放的潜热决定。系列研究成果已陆续发表在国际期刊上，处于国际领先水平。

项目5.3　吸收解吸装置仿真操作训练

任务　吸收解吸单元操作仿真训练

任务描述

任务名称	吸收解吸单元操作仿真训练	建议学时	
学习方法	教师巡回指导，提出问题集中讨论，归纳总结		
任务目标	熟练使用并操作吸收解吸的仿真系统		
课前任务： 1. 分配工作，明确每个人的任务； 2. 预习仿真系统的界面、吸收解吸的流程		准备工作： 1. 工作服、手套、安全帽等劳保用品； 2. 纸、笔等记录工具	
场地	仿真系统实训室		
具体任务			
1. 认识仿真系统中吸收解吸的设备及现场阀门； 2. 认识吸收解吸的 DCS 操作系统； 3. 能对吸收解吸仿真系统进行开、停车，正常运行及维护的操作； 4. 操作过程中能及时发现事故并进行正确处理			

项目5 吸收装置

知识准备

熟练掌握吸收解吸仿真系统的界面、吸收解吸的流程及DCS操作系统。

知识1 仿真系统中的吸收解吸设备及现场阀门

图5-35是吸收系统现场图。从图中可以看出吸收系统的主要设备和使用的阀门。请仔细对照现场图和表5-8、表5-9中的内容,认识各个设备及阀门的名称及位号。

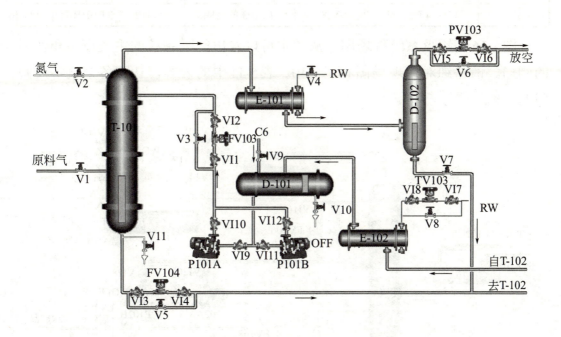

图5-35 吸收系统现场图

表5-8 吸收现场图中不同设备的名称及位号

位号	名称	位号	名称
T-101	吸收塔	E-101	吸收塔顶冷凝器
D-101	C_6油贮罐	E-102	循环油冷却器
D-102	气液分离罐	P101-A/B	C_6油供给泵

表5-9 吸收现场图中不同阀门的名称及位号

位号	名称	位号	名称	位号	名称
FV103	C_6 油调节阀	TV103	冷冻盐水调节阀	PV103	不凝气排放阀
FV104	富油调节阀				
V1	原料气进料阀	V5	FV104 旁路阀	V9	引油阀
V2	氮气充压阀	V6	PV103 旁路阀	V10	D-101 排油阀
V3	FV103 的旁路阀	V7	D-102 出口阀	V11	T-101 泄油阀
V4	冷冻盐水阀	V8	TV103 旁路阀		
VI1	FV103 的前阀	VI5	PV103 的前阀	VI9	P101A 泵入口阀
VI2	FV103 的后阀	VI6	PV103 的后阀	VI10	P101A 泵出口阀
VI3	FV104 的前阀	VI7	TV103 的前阀	VI11	P101B 泵入口阀
VI4	FV104 的后阀	VI8	TV103 的后阀	VI12	P101B 泵出口阀

图5-36是解吸系统现场图。从图中可以看出解吸系统的主要设备和使用的阀门。请仔细对照现场图和表5-10、表5-11中的内容，认识各个设备及阀门的名称及位号。

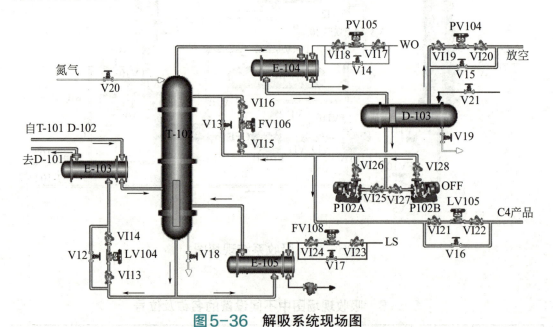

图5-36 解吸系统现场图

表5-10 解吸现场图中不同设备的名称及位号

位号	名称	位号	名称
T-102	解吸塔	E-104	解吸塔顶冷凝器
D-103	解吸塔顶回流罐	E-105	解吸塔再沸器
E-103	贫富油换热器	P102A/B	回流和塔顶产品采出泵

表5-11 解吸现场图中不同阀门的名称及位号

位号	名称	位号	名称	位号	名称
LV104	贫油调节阀	PV104	放空阀	FV106	回流调节阀
LV105	C_4产品调节阀	PV105	冷却水调节阀	FV108	蒸汽调节阀
V12	LV104旁路阀	V15	PV104旁路阀	V18	T-102泄油阀
V13	FV106旁路阀	V16	LV105旁路阀	V19	D-103泄液阀
V14	PV105旁路阀	V17	FV108旁路阀	V20	T-102氮气充压阀
VI13	LV104前阀	VI19	PV104前阀	VI25	P102A泵入口阀
VI14	LV104后阀	VI20	PV104后阀	VI26	P102A泵出口阀
VI15	FV106前阀	VI21	LV105前阀	VI27	P102B泵入口阀
VI16	FV106后阀	VI22	LV105后阀	VI28	P102B泵出口阀
VI17	PV105前阀	VI23	FV108前阀		
VI18	PV105后阀	VI24	FV108后阀		

知识2 认识吸收解吸DCS操作系统

图5-37是吸收系统DCS图。在图中可以看到压力、温度、流量和液位的显示仪表，以及压力、温度、流量和液位的调节器，根据需要它们都有各自的位号。

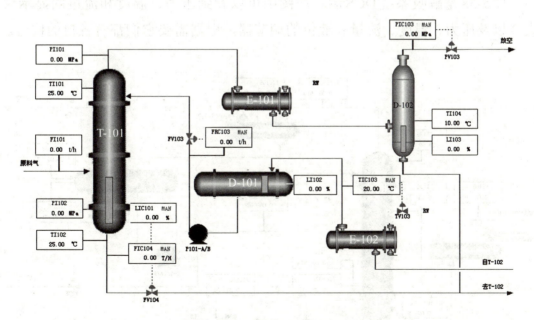

图5-37 吸收系统DCS图

请观察吸收系统DCS图并对照表5-12认识显示仪表及其正常工况操作参数。

表5-12 吸收系统显示仪表及其正常工况操作参数

显示仪表名称	位号	显示变量	正常值	单位
压力显示仪表	PI101 PI102	贫气压力 吸收塔底压力	（1）22 1.25	MPa MPa
温度显示仪表	TI101 TI102 TI104	吸收塔顶温度 吸收塔底温度 气液分离罐温度	6.00 40.00 （2）00	℃ ℃ ℃
流量显示仪表	FI101	原料气流量	5.00	t/h
液位显示仪表	LI102 LI103	C_6油贮罐液位 气液分离罐液位	60.00 60.00	% %

请观察吸收系统DCS图并对照表5-13认识调节器及其正常工况操作参数。

表5-13 吸收系统调节器及其正常工况操作参数

调节器名称	位号	调节变量	正常值	单位	正常工况
压力调节器	PIC103	气液分离罐塔顶压力	（1）20	MPa	自动分程控制
液位调节器	LIC101	吸收塔的液位	50.00	%	自动控制
流量调节器	FIC104 FRC103	富油流量 C_6油流量	14.70 13.50	t/h t/h	自动控制（串级控制） 自动控制
温度调节器	TIC103	吸收剂温度	5.0	℃	自动控制

图5-38是解吸系统DCS图。在图中可以看到压力、温度和流量的显示仪表，以及压力、温度、流量和液位的调节器，根据需要它们都有各自的位号。

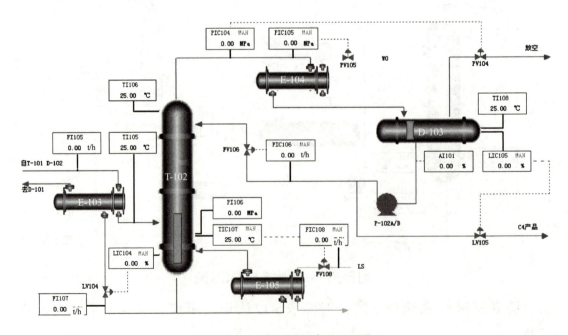

图5-38 解吸系统DCS图

项目5 吸收装置

请观察解吸系统DCS图并对照表5-14认识显示仪表及其正常工况操作参数。

表5-14 解吸系统显示仪表及其正常工况操作参数

显示仪表名称	位号	显示变量	正常值	单位
压力显示仪表	PI106	解吸塔底压力	0.53	MPa
温度显示仪表	TI105 TI106 TI108	富油温度 解吸塔顶温度 回流罐温度	80.00 51.0 40.00	℃ ℃ ℃
流量显示仪表	FI105 FI107	富油流量 贫油流量	14.70 13.40	t/h t/h
成分显示仪表	AI101	C_4油成分显示	>95.00	%

请观察解吸系统DCS图并对照表5-15认识调节器及其正常工况操作参数。

表5-15 解吸系统调节器及其正常工况操作参数

调节器名称	位号	调节变量	正常值	单位	正常工况
压力调节器	PIC104 PIC105	塔顶压力保护 塔顶压力	0.55 0.50	MPa MPa	自动控制 自动控制
液位调节器	LIC104 LIC105	解吸塔的液位 回流罐液位	50.00 50.00	% %	自动控制 自动控制
流量调节器	FIC106 FIC108	回流液流量 蒸汽流量	8.0 3.00	t/h t/h	自动控制 自动控制（串级控制）
温度调节器	TIC107	解吸塔底温度	102.0	℃	自动控制

1.吸收系统工艺流程

> **练一练**

阅读下述有关吸收系统的工艺流程描述，参考吸收现场图以及上述各表完成填空练习。

原料气经过位号为V1的_____进料阀，进入位号是T-101的_____。纯C_6油吸收剂贮存于位号是D-101的C_6油_____中，由C_6油供给泵_____将C_6油从吸收塔的顶部送入。C_6油吸收剂在吸收塔中自上而下与原料气逆向接触，原料气中的C_4组分被溶解在C_6油中。不溶解的贫气从吸收塔的顶部排出，经过位号是E-101的_____器，被-4℃的冷冻盐水冷却至2℃后进入位号是D-102的_____罐。C_6油吸收剂吸收了C_4组分后称为富油，从吸收塔底部排出，进入解吸系统。从气液分离罐分离出的冷凝液（含有C_4和C_6）与吸收塔底排出的富油一起送入解吸系统。

2.解吸系统工艺流程

练一练

阅读下述有关解吸系统的工艺流程描述，参考解吸现场图和DCS图以及上述各表完成填空练习。

来自吸收系统的富油经过位号是E-103的贫富油_____预热到80℃后从解吸塔底部进入，进行解吸分离。分离出来的气态C_4组分浓度达到95%，并从解吸塔顶排出，经过位号是E-104的_____器降温至40℃并全部冷凝，进入位号是D-103的_____罐，其中一部分冷凝液由回流泵送入解吸塔顶部，回流量为8.0t/h，由位号是FIC106的_____器控制，其余部分作为C_4产品采出。解吸塔底得到的C_6油经过位号是E-103的_____器后进入吸收系统。

通过温度调节器TIC107和流量调节器FIC108的串级控制，对再沸器的蒸汽流量进行调节，将解吸塔塔釜温度控制在102℃。塔顶压力是通过压力调节器PIC105对冷冻盐水流量的调节进行控制的，另有一塔顶压力保护调节器在塔顶压力高时通过PV104调节放空量进行降压。

知识3 吸收解吸仿真操作训练

1.冷态开车

启动冷态开车项目。

（1）氮气充压

① 打开氮气充压阀V20，给吸收塔系统充压，当吸收塔系统压力升至1.0MPa左右时，关闭氮气充压阀。

② 打开氮气充压阀V20，给解吸塔系统充压。当解吸塔系统压力升至0.5MPa左右时，关闭氮气充压阀。

想一想

冷态开车前为什么要先对系统进行充压？

（2）进吸收剂

① 吸收塔系统进吸收剂　打开引油阀V9至开度为50%左右，向C_6油贮罐D-101送入C_6油，并使液位达到70%。通过泵P101A/B向吸收塔送入C_6油吸收剂，并使液位达到50%。

注意：充油过程中观察C_6油贮罐的液位，必要时补充吸收剂。

项目5 吸收装置

② 解吸塔系统进吸收油 手动打开调节阀FV104开度至50%左右,给解吸塔T-102进吸收油至液位50%。

注意:给T-102进油时注意给T-101和D-101补充新油,以保证D-101和T-101的液位均不低于50%。

(3) 建立C_6油冷循环 该步骤操作前要确认:贮罐、吸收塔、解吸塔液位50%左右;吸收塔系统与解吸塔系统保持合适压差。

① 手动逐渐打开调节阀LV104,向D-101倒油,同时逐渐调整FV104,以保持T-102液位在50%左右,将LIC104设定在50%投自动。

② 手动调节FV103以保持T-101液位在50%左右,将LIC101设定在50%投自动。使FRC103保持在13.50t/h,投自动,冷循环10min。

③ 打开V21向D-103灌C_4至液位为20%。

(4) 建立C_6油热循环 该操作要在冷循环过程已经结束,D-103液位已建立的条件下进行。

① T-102再沸器投用 设定TIC103于5℃,投自动;手动打开PV105至70%;手动控制PIC105于0.5MPa,待回流稳定后再投自动;最后手动打开FV108至50%,开始给T-102加热。

② 建立T-102回流

a. 当塔顶温度高于50℃时,打开P102A/B泵,依次打开FV106的前后阀,手动调节FV106至合适开度,维持塔顶温度高于51℃。

b. 当TIC107温度指示达到102℃时,将其设定在102℃投自动,TIC107和FIC108投串级。

(5) 进富气

① 打开进料阀V1开始富气进料。随着塔压升高,手动调节PIC103使压力恒定在1.2MPa(表压)。当富气进料达到正常值后,设定PIC103于1.2MPa(表压),投自动。

② 手动调节PIC105,维持PIC105在0.5MPa(表压),稳定后投自动。

③ 当T-102温度、压力控制稳定后,手动调节FIC106使回流量达到正常值8.0t/h,投自动。

④ 观察D-103液位,液位高于50%时,打开LIV105的前后阀,手动调节LIC105维持液位在50%,投自动。

⑤ 将所有操作指标逐渐调整到正常状态。

运行正常时的工况操作参数见表5-16。

表5-16 正常工况操作参数

位号	显示变量	正常值	单位	位号	显示变量	正常值	单位
PIC103	T-101 塔顶压力	(1) 20	MPa	TIC106	T-102 塔顶温度	51.0	℃
TIC103	吸收油温度	5.0	℃	TIC107	T-102 塔釜温度	102.0	℃
PIC105	T-102 塔顶压力	0.50	MPa				

想一想

（1）正常运行时要定期观察C_6油贮罐D-101的液位，你知道该液位如何变化？应采取什么措施？在什么情况下要补充C_6油？

（2）随着生产的进行，D-102的液位会逐渐升高，你知道为什么吗？在什么情况下应采取措施？采取什么措施？

2. 正常停车

（1）停富气进料 关富气进料阀V1，手动调节PIC103，维持T-101压力大于1.0MPa（表压）。手动调节PIC105维持T-102塔压力在0.20MPa（表压）左右。维持T-101→T-102→D-101的C_6油循环。

（2）停吸收塔系统

① 停C_6油进料 按照正常操作步骤停C_6油泵P-101A/B。将FRC103置手动，依次关FV103前后阀及关FV103阀，停T-101油进料。

想一想

你认为在此操作过程中是否应注意保持T-101的压力，为什么？如何保持？

② 吸收塔系统泄油

a. LIC101和FIC104置手动，FV104开度保持50%，向T-102泄油。当LIC101液位降至0%时，关闭FV108。

b. 打开V7阀，将D-102中的凝液排至T-102中。当D-102液位指示降至0%时，关闭V7阀。

c. 手动打开PV103，吸收塔系统泄压至常压，关闭PV103。

想一想

什么时候应该关V4阀中断盐水，停盐水冷却器E-101？为什么？

（3）停解吸塔系统

① 停C_4产品出料　富气进料中断后，将LIC105置手动，关阀LV105及其前后阀。

② T-102塔降温　将TIC107和FIC108置手动，关闭E-105蒸汽阀FV108，停再沸器E-105。同时手动关闭PIC105和PIC104，保持解吸系统的压力。

③ 停T-102回流　当D-103液位LIC105指示小于10%时，停回流泵P102A/B，手动关闭FV106及其前后阀，停T-102回流。然后打开D-103泄液阀V19，当D-103液位指示下降至0%时，关V19阀。

④ T-102泄油

a.手动置LV104于50%，将T-102中的油倒入D-101，当T-102液位LIC104下降至10%时，关LV104。

b.手动关闭TV103，停E-102。打开T-102泄油阀V18，T-102液位LIC104下降至0%时，关V18。

⑤ T-102泄压　手动打开PV104至开度50%，开始T-102系统泄压，当T-102系统压力降至常压时，关闭PV104。

（4）吸收油贮罐D-101排油　当停T-101吸收油进料后，D-101液位必然上升，此时打开D-101排油阀V10排污油，直至T-102中油倒空，D-101液位下降至0%，关V10。

3.事故及处理方法

事故及处理方法见表5-17。

表5-17　事故及处理方法

事故名称	主要现象	处理方法
冷却水中断	(1) 冷却水流量为0； (2) 入口管路各阀常开状态	(1) 停止进料，关V1阀； (2) 手动关PV103保压； (3) 手动关FV104，停T-102进料； (4) 手动关LV105，停出产品； (5) 手动关FV103，停T-101回流； (6) 手动关FV106，停T-102回流； (7) 关LIC104前后阀，保持液位
加热蒸汽中断	(1) 加热蒸汽管路各阀开度正常； (2) 加热蒸汽入口流量为0； (3) 塔釜温度急剧下降	(1) 停止进料，关V1阀； (2) 停T-102回流； (3) 停D-103产品出料； (4) 停T-102进料； (5) 关PV103保压； (6) 关LIC104前后阀，保持液位

续表

事故名称	主要现象	处理方法
仪表风中断	各调节阀全开或全关	(1) 打开 FRC103 旁路阀 V3； (2) 打开 FIC104 旁路阀 V5； (3) 打开 PIC103 旁路阀 V6； (4) 打开 TIC103 旁路阀 V8； (5) 打开 LIC104 旁路阀 V12； (6) 打开 FIC106 旁路阀 V13； (7) 打开 PIC105 旁路阀 V14； (8) 打开 PIC104 旁路阀 V15； (9) 打开 LIC105 旁路阀 V16； (10) 打开 FIC108 旁路阀 V17
停电	(1) 泵 P101A/B 停； (2) 泵 P102A/B 停	(1) 打开泄液阀 V10，保持 LI102 液位在 50%； (2) 打开泄液阀 V19，保持 LI105 液位在 50%； (3) 关小加热油流量，防止塔温上升过高； (4) 停止进料，关 V1 阀
P101A 泵坏	(1) FRC103 流量降为 0； (2) 塔顶 C_4 上升，温度上升，塔顶压上升； (3) 釜液位下降	(1) 切换为 P101B； (2) 由 FRC103 调至正常值，并投自动； (3) 通知维修部门
LIC104 调节器卡	(1) FI107 降至 0； (2) 塔釜液位上升，并可能报警	(1) 关 LIC104 前后阀 VI13、VI14；开 LIC104 旁路阀 V12 至 60% 左右； (2) 调整旁路阀 V12 开度，使液位保持 50%； (3) 通知维修部门
换热器 E-105 结垢严重	(1) 调节阀 FIC108 开度增大； (2) 加热蒸汽入口流量增大； (3) 塔釜温度下降，塔顶温度也下降，塔釜 C_4 组成上升	(1) 关闭富气进料阀 V1； (2) 手动关闭产品出料阀 LIC102； (3) 手动关闭再沸器后，清洗换热器 E-105

 思考与练习

一、简答题

1. 吸收分离气体混合物的依据是什么？选择吸收剂的原则是什么？

2. 对一定的物系，气体的溶解度与哪些因素有关？

3. 说说液气比对吸收操作有什么影响。

4. 试说明影响吸收操作的因素有哪些。

5. 要想增大吸收速率，你能采取几种措施？

6. 溶解度较小的气体（即难溶气体）的吸收过程是在加压条件下进行，还是在减压条件下进行？你能说明原因吗？

7. 用水吸收混合气体中的氯化氢气体时，用什么方法可以增加水吸收氯化氢的速率？

8.选择吸收剂时要考虑哪些因素？

9.如何判断过程是吸收还是解吸？解吸的目的是什么？解吸的方法有哪几种？

10.对一逆流操作的吸收塔，当出口气体浓度大于规定值时，你能分析其产生的原因并解决该问题吗？

11.你知道填料塔是由哪几部分构成的，并能说出它们的作用吗？

12.填料有哪些类型，选择填料时要考虑哪些因素？为什么？

13.吸收塔内为什么有时要装有液体再分布器？

14.实训操作过程中，开启液体流量计时动作要缓慢，慢慢打开阀门，为什么？

二、判断题

1.吸收操作是依据混合气体中各组分溶解度的不同而达到分离目的的。（　　）

2.吸收操作只能在填料塔中进行。（　　）

3.吸收操作中吸收剂越多越有利。（　　）

4.吸收操作中，增大液气比有利于提高吸收速率。（　　）

5.填料塔开车时，总是先用较大的吸收剂用量来润湿填料，然后再调节到正常的吸收剂用量，这样做吸收效果较好。（　　）

6.填料乱堆安装时，首先应在填料塔内注满水。（　　）

7.正常操作的逆流吸收塔，当吸收剂用量减小，使得液气比小于最小液气比时，吸收过程将无法进行。（　　）

8.吸收操作时，当吸收剂的喷淋密度过小时，可以适当增加填料层高度来补偿。（　　）

三、选择题

1.吸收操作的目的是分离（　　）。

A.均相液体混合物　　　　　　　　B.气体混合物
C.气液混合物　　　　　　　　　　D.非均相混合物

2.对吸收操作有利的条件是（　　）。

A.低温高压　　B.高温高压　　C.低温低压　　D.高温低压

3.氨水中氨的摩尔分数是20%，则它的摩尔比是（　　）。

A.0.15　　B.0.20　　C.0.25　　D.0.30

4.选择吸收剂时应重点考虑的性能是（　　）。

A.挥发度和再生性　　　　　　　　B.选择性和再生性

C.溶解度和选择性　　　　　　　　D.挥发度和选择性

5.吸收操作中，为了改善液体的壁流现象所使用的装置是（　　）。

A.填料支承板　　　　　　　　　　B.液体分布器

C.除沫器　　　　　　　　　　　　D.液体再分布器

6.填料支承装置是填料塔的主要部件之一，要求支承装置的自由截面积应（　　）填料层的自由截面积。

A.大于　　　　B.小于　　　　C.等于　　　　D.无所谓

7.下列不是工业上常用的解吸方法的是（　　）。

A.加压解吸　　　　　　　　　　　B.加热解吸

C.精馏　　　　　　　　　　　　　D.在惰性气流中解吸

8.吸收塔开车操作时，应该（　　）。

A.先通入喷淋液体再通入气体

B.先通入气体再通入喷淋液体

C.增大喷淋量总是有利于吸收操作的

D.先通入气体或液体都可以

9.在吸收操作中，当操作温度升高，其他条件不变时，吸收速率（　　）。

A.增大　　　　B.减小　　　　C.不变　　　　D.无法确定

10.在吸收操作中，如果吸收剂（水）的用量突然下降，则产生的原因可能是（　　）。

A.水压低或停水　　　　　　　　　B.水泵坏了

C.水槽液位低、泵抽空　　　　　　D.以上都有可能

四、计算题

1.空气和CO_2的混合气中，CO_2的体积分数是20%，试以摩尔分数及摩尔比表示CO_2的组成。

2.含乙醇30%（质量分数）的乙醇水溶液，试以摩尔分数及摩尔比表示乙醇的含量。

3.在总压为101.3kPa，温度为30℃的条件下，含SO_2摩尔分数为0.10的混合空气与SO_2组成为0.002（摩尔分数）的水溶液接触，试判断其传质方向。

若要改变其传质方向，可采取哪些措施？

已知操作条件下，气液平衡关系为$y^*=47.9x$。

4. 一填料吸收塔，用水来吸收空气和丙酮混合气中的丙酮。已知混合气中丙酮的体积分数是0.06，所处理的混合气中空气的流量为58kmol/h，要求丙酮的回收率为98%。若吸收剂用量为154kmol/h，求吸收塔溶液出口浓度是多少？

5. 在填料吸收塔中，用水来吸收某矿石焙烧炉送出来的混合气，已知该混合气体中含SO_2的体积分数为6%，其余可视为惰性气体，设惰性气体的流量为100kmol/h。生产上要求SO_2的吸收率为90%。若取吸收剂的用量为最小吸收剂用量的1.2倍，试计算每小时吸收剂的耗用量。已知操作条件下，气液平衡关系为$Y^*=30.9X$。

项目6 膨胀式制冷装置

📋 学习目标

知识目标
1. 掌握在化工生产中冷冻技术的作用、特点及影响因素；
2. 掌握几种不同的冷冻方式；
3. 掌握膨胀式制冷设备的结构、特点及应用；
4. 掌握膨胀式制冷设备的工作原理及流程；
5. 了解膨胀式制冷装置的工作过程和影响因素；
6. 认识几种常见的制冷剂；
7. 了解其他种类制冷设备；
8. 掌握冷冻能力计算的方法

技能目标
1. 能识读和绘制简单化工设备构造图；
2. 能识读及正确选用各种参数检测仪器仪表；
3. 能正确规范记录各种生产数据；
4. 能叙述制冷装置的工作流程；
5. 能规范操作膨胀式制冷装置；
6. 能根据各参数的变化情况、设备运行异常现象，分析故障原因，找出故障并动手排除故障

素质目标
1. 具备良好的职业道德，一定的组织协调能力和团队协作能力；
2. 具备吃苦耐劳、严谨求实的学习态度和作风；
3. 具有健康的体魄和良好的心理调节能力；
4. 具有安全环保意识，做到文明操作、保护环境；
5. 具有好的口头和书面表达能力；
6. 具有获取、归纳、使用信息的能力

项目6 膨胀式制冷装置

任务1 认识膨胀式制冷装置

 任务描述

任务名称	认识膨胀式制冷装置	建议学时	
学习方法	\multicolumn{3}{l|}{1. 分组、遴选组长,组长负责安排组内任务、组织讨论、分组汇报; 2. 教师巡回指导,提出问题集中讨论,归纳总结}		
任务目标	\multicolumn{3}{l|}{1. 通过认识冷冻技术在工业中的运用,学习冷冻的原理及用途; 2. 通过对制冷操作实训单元装置的认识,学习萃取装置的主体构成及工艺流程; 3. 通过资料查找、理论学习总结制冷操作的特点}		
课前任务: 1. 分组,分配工作,明确每个人的任务; 2. 预习制冷的工业用途及原理、制冷工艺流程		准备工作: 1. 工作服、手套、安全帽等劳保用品; 2. 管子钳、扳手、螺丝刀、卷尺等工具	
场地	\multicolumn{3}{c|}{一体化实训室}		
\multicolumn{4}{|c|}{具体任务}			
\multicolumn{4}{l|}{1. 了解冷冻技术的工业用途及原理; 2. 认识制冷装置的基本工艺流程; 3. 掌握常见制冷剂的选取}			

 知识准备

制冷技术的应用范围非常广泛,从工农业生产到人们的日常生活(如冷冻、冷藏等),在化工生产工艺过程中也很常用。

知识1 制冷技术简介

1.制冷技术的发展

人类最早的制冷方法是利用自然界存在的冷物质如冰、深井水等。我国早在周朝就有了用冰的历史,到了秦汉,冰的使用就更进了一步,到了唐朝已开始生产冰镇饮料并有了冰商。

利用天然冷源严格说还不是人工制冷,现代人工制冷始于18世纪中叶。

1748年,英国人柯伦证明了乙醚在真空下蒸发时会产生制冷效应。

1755年,爱丁堡的化学教授库仑利用乙醚蒸发使水结冰,他的学生布拉克从本质上解释了融化和汽化现象,提出了潜热的概念,发明了冰量热器,标志着现代制冷技术的开始。同年,苏格兰人W.Callen发明了第一台蒸发式制冷机。

1781年，意大利人凯弗罗进行了乙醚制冰实验。

1834年，在伦敦工作的美国人波尔金斯制成了用乙醚为制冷剂的手摇式压缩制冷机，并正式申请了专利，这是后来所有蒸气压缩式制冷机的雏形，重要进步是实现了闭合循环。

1844年，美国人戈里介绍了他发明的第一台空气制冷机，并于1851年获得美国专利。

1858年，美国人尼斯取得了冷库设计的第一个美国专利，商用食品冷藏事业开始发展。

1859年，法国人卡列制成了第一台氨吸收式制冷机，并申请了原理专利。

1873年，美国人D.Byok制造了第一台氨压缩机。

1874年，德国人林德建成了第一台氨压缩式制冷系统，使氨压缩式制冷机在工业上得到了普遍应用。

1910年左右，马利斯·莱兰克在巴黎发明了蒸气喷射式制冷系统。

1918年，美国工程师考布兰发明了第一台家用电冰箱。

1919年，美国在芝加哥建起了第一座空调电影院，空调技术开始应用。

1929年，美国通用电气公司米杰里发现氟利昂制冷剂R12，氟利昂压缩式制冷机迅速发展起来，并在应用中超过了氨压缩机。

进入20世纪后，制冷进入实际应用的广阔天地，人工制冷不受季节、区域等的限制，可以根据需要制取不同的低温。随后，人们又发现了半导体制冷、声能制冷、热电制冷、磁制冷、吸附式制冷、低温制冷等制冷方法。

我国制冷行业的发展始于20世纪50年代末期，1956年开始在大学中设立制冷学科，制冷压缩机制造业从仿制开始到20世纪60年代能自行设计制造。改革开放以来，制冷工业得到飞速发展，特别是80年代通过引进国外先进技术，使我国已发展成制冷空调产品的生产大国，许多产品已打入了国际市场。

2.工业制冷方式

（1）人工制冷　现代人类的生活与生产经常需要某个物体或空间的温度低于环境温度，甚至低很多。例如，贮藏食品需要将温度降到0℃左右或−15℃左右，甚至更低；合金钢在−90 ～ −70℃低温下处理后可以提高硬度和强度。而这种低温要求天然冷却是达不到的，要实现这一要求必须采用制冷的方式。这种借助于一种专门装置，使热量从温度较低的被冷却物体或空间转移到温度较高的周围环境中去，得到人们所需要的各种低温，称为人工制冷。而实现此目的的这种装置就称为制冷装置或制冷机。

在工业生产和科学研究上，人们通常根据制冷温度的不同把人工制冷分为普通制冷（$T>120K$）、低温制冷（$T=4.2\sim120K$）、超低温制冷（$T<4.2K$）三种。

普通制冷：制冷温度不低于120K（-153.15℃）如食品冷加工、空调制冷、生产工艺用冷等。

低温制冷：制冷温度范围在4.2～120K（-268.95～-153.15℃）之间。如气体液化、分离等。

超低温制冷：制冷温度在4.2K以下（-268.95℃）。如超导材料的制取、航空航天材料等。

（2）制冷方式　人工制冷所采用的制冷方式，按制冷原理分，主要有以下几种。

① 高压气体膨胀制冷　使常温下的高压气体在膨胀机中绝热膨胀，达到较低的温度，再让气体复热，即可产生冷量，而对被冷却物体制冷。

② 液体蒸发制冷　使常温下的冷凝液体经过节流降压，达到较低的温度，再让液体在低压下蒸发，即可产生冷量，而对被冷却物体制冷。

③ 气体涡流制冷　使常温下的高压气体在涡流管中分流，分离出冷、热两股气流，再让冷气流复热，即可产生冷量，而对被冷却物体制冷。

④ 半导体制冷　用导电片将n型半导体和p型半导体串联起来，构成电偶，接在直流电路中，电流便由n型半导体流向p型半导体，从而在电偶的一端产生吸热现象，另一端产生放热现象，利用电偶吸热的一端产生的冷量而对被冷却物体制冷。

⑤ 化学方法制冷　利用有吸热效应的化学反应过程，可产生冷量而对被冷却物体制冷。

⑥ 磁制冷　磁制冷技术是把磁性材料的磁热效应应用于制冷领域的技术，磁热效应（MCE）是磁性材料的一种固有特性，它是将外磁场的变化所引起的磁性材料自身的磁熵改变，同时伴随着材料吸热、放热过程。如磁性材料在居里温度（磁有序向无序转变的温度），当有外磁场作用时，该材料的磁熵值降低并放出热量；反之，当去除外磁场时，材料的磁熵值升高并吸收热量。

3.制冷技术的应用

随着制冷工业的发展，制冷技术的应用也日益广泛，现已渗透到人们生活、生产、科学研究的各个领域，并在改善人类的生活质量方面发挥着巨大的作用，从日常的衣、食、住、行，到尖端科学技术都离不开制冷，制冷工业的水平是一个国家现代化的标志。

（1）空调工程　空调工程是制冷应用的一个广阔领域。光学仪器仪表、精密计量量具、计算机室等，都要求对环境的温度、湿度、洁净度进行不同程度的控制；体育馆、大会堂、宾馆等公共建筑和小汽车、飞机、大型客车等交通工具也都需有舒适的空调系统；在体育运动中，制造人工冰场；工业生产中为生产环境提供必要的恒温恒湿环境等。

（2）食品工程　易腐食品从采购或捕捞、加工、贮藏、运输到销售的全部流通过程中，都必须保持稳定的低温环境，才能延长和提高食品的质量与价值。这就需有各种制冷设施，如冷加工设备、冷冻冷藏库、冷藏运输车或船、冷藏售货柜台等。大多数食品是容易腐败的，并且食品的生产有较强的季节性和地区性，到目前为止，制冷被认为是加工、贮存食品最好的方法，食品工业是利用制冷最早最多的部门。

真空冷冻干燥制品能良好地保存加工原料的营养保健成分以及色、香、味、形。这一优良性能在方便快餐食品中体现尤为出色，表现出了强劲的发展势头，如日本的方便食品中约有50%是冻干食品。

（3）机械冶金工业　精密机床油压系统利用制冷来控制油温，可稳定油膜刚度，使机床能正常工作；对钢进行低温处理可改善钢的性能，提高钢的硬度和强度，延长工件的使用寿命；炼钢需要氧气，氧气要通过深冷分离方法从空气中得到；机器装配时，利用低温进行零部件间的过盈配合等。

（4）医疗卫生事业　血浆、疫苗及某些特殊药品需要低温保存，低温冷冻骨髓和外周血干细胞；低温麻醉、低温手术及高烧患者的冷敷降温等也需制冷技术；生物技术的研究和开发中制冷起着举足轻重的作用；冷冻医疗正在蓬勃发展。

（5）国防工业和现代科学　许多产品需要进行低温性能试验，例如各种可能在高寒地区使用的发动机、汽车、坦克、大炮、枪械等常规武器的性能需要作低温环境模拟试验，火箭、航天器也需要在模拟高空低温条件下进行试验，这些都需要人工制冷技术。人工降雨也需要制冷。在高科技领域，如激光、红外、超导、遥感、核工业、微电子技术、宇宙开发、新材料等都离不开制冷。

（6）石油化工、有机合成、气体制取　在石油化工的有机合成及基本化

项目6 膨胀式制冷装置

工中的分离、结晶、浓缩、液化、控制反应温度等,都离不开制冷。如从石油裂解气中分离出乙烷、乙烯、丙烯等。从空气中分离出氧气、氢气、氮气、惰性气体等。

(7)轻工业、精密仪表电子工业 纺织、印刷、精密仪表、电子工业都需要控制温度和湿度,进行空气调节。多路通信、雷达、卫星地面站等电子设备也都需要在低温下工作。

(8)农业、水产业 农业中的良种保存、种子处理、人工气候室,都需要低温。没有制冷,海洋渔业将无法生产。

(9)建筑水利 对于大型混凝土构件,凝固过程的放热将造成开裂。例如葛洲坝的建筑过程就离不开制冷。在矿山、隧道建设中,遇到流沙等恶劣地质条件,可以用制冷将土壤冻结,利用制冷实现冻土开采土方。

(10)日常生活 日常生活中家用冰箱及空调等是制冷技术的应用,啤酒、胶卷的生产,都离不开制冷。没有制冷技术,卫星地面站就不能正常传输信号,无法观看电视节目。

综上所述,可见没有制冷工业,就没有现代社会。美国工程院2000年评出20世纪20项对人类社会和生活影响最大的工程技术成就,制冷技术就是其中的一项。

知识2　认识制冷装置

单级蒸气压缩制冷系统,是由制冷压缩机、冷凝器、蒸发器和节流阀四个基本部件组成。它们之间用管道依次连接,形成一个密闭的系统,见图6-1。

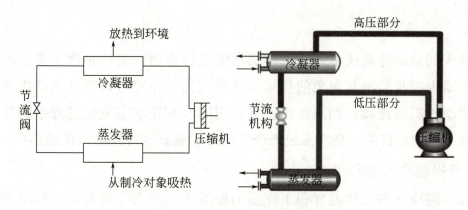

图6-1　蒸气压缩制冷原理

1. 认识制冷系统

(1) 压缩机　压缩机是制冷系统的"心脏",压缩和输送制冷剂。压缩机形式比较多,工业上应用较多的是活塞式和离心式压缩机。

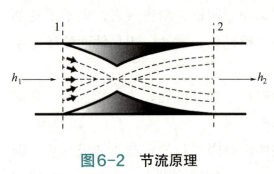

图6-2　节流原理

(2) 节流阀　节流阀的作用是节流降压,并调节进入蒸发器的制冷剂流量;维持系统高低压共存的设备。节流原理如图6-2所示。节流设备有手动节流阀、浮球节流阀、热力膨胀阀和毛细管节流等。

(3) 蒸发器　蒸发器为制冷剂汽化时吸收热量(输出冷量),实现对外制冷的换热设备。

(4) 冷凝器　冷凝器为介质由气态冷凝为液态,输出热量,使介质可以再次汽化制冷的换热设备。

除上述主要构件外,还有一些辅助设备,如电磁阀、分配器、干燥器、集热器、易熔塞、压力控制器等部件组成,它们是为了提高运行的经济性、可靠性和安全性而设置的。

2. 认识制冷流程

液体制冷剂在蒸发器中吸收热量之后,汽化成低温低压的蒸气,被压缩机吸入、压缩成高压高温的蒸气后排入冷凝器,在冷凝器中向冷却介质(水或空气)放热,冷凝为高压液体,经节流阀节流为低压低温的制冷剂,再次进入蒸发器吸热汽化,达到循环制冷的目的。这样,制冷剂在系统中经过蒸发、压缩、冷凝、节流四个基本过程完成一个制冷循环。

知识3　制冷剂

制冷剂是制冷系统中完成制冷循环的工作介质,又称制冷工质。制冷剂在蒸发器内吸收被冷却对象的热量而蒸发汽化,在冷凝器中将热量传递给周围介质而冷凝成液体,制冷系统就是利用制冷剂在状态变化过程中的吸、放热过程达到制冷目的,制冷系统所产生的冷量就是制冷剂的汽化潜热。

1. 选择制冷剂的基本要求

(1) 制冷剂的工作温度和工作压力要适中　在大气压力下,制冷剂的蒸发温度要足够低,以满足冷却的温度要求。

（2）制冷剂要有比较大的单位容积制冷量　同一规格的制冷设备，当选用的制冷剂单位容积制冷量大时，可以获得较大的制冷量。因为在同一工况下，当制冷量一定时，制冷剂的单位容积制冷量大，就可以减少系统的制冷剂容积，也可以相应地缩小压缩机的尺寸。

（3）制冷剂的临界温度要高，凝固点要低　临界温度高，便于制冷剂在环境温度下冷凝成液体；凝固点低，可以制取较低的温度，扩大制冷剂的使用温度范围，减少节流损失，提高制冷系数。

（4）制冷剂的黏度和密度要尽量小　黏度和密度小，可以使系统中制冷剂循环的流动阻力小，降低循环耗功量，适当地缩小管道口径，并允许管路有较小的弯曲半径，这点对于降低蒸发器的压力损失是非常重要的，因为这样的设计能减轻制冷剂对压缩机中阀组的冲击力，延长压缩机的使用寿命。

（5）制冷剂的热导率和放热系数要高　热导率和放热系数高，可以适当减小制冷系统中换热器的结构，并可提高换热器的换热效率。

（6）对环境的亲和友善　臭氧衰减指数ODP：表示物质对大气臭氧层的破坏程度。应越小越好，ODP=0则对大气臭氧层无害。温室效应指数GWP：表示物质造成温室效应的影响程度。应越小越好，GWP=0则不会造成大气变暖。

（7）对制冷剂其他方面的要求　不燃烧、不爆炸、无毒、无腐蚀性作用、价格适宜、来源广、易制取等。

2.制冷剂的分类

根据制冷剂在常温下冷凝压力的大小和在大气压力下蒸发温度的高低，可分成三大类。

① 低压高温制冷剂　蒸发温度高于0℃，冷凝压力低于29.41995×10^4Pa。

② 中压中温制冷剂　蒸发温度-50～0℃，冷凝压力（196.113～29.41995）$\times10^4$Pa。

③ 高压低温制冷剂　蒸发温度低于-50℃，冷凝压力高于196.133×10^4Pa。

根据制冷剂化学结构不同，可分成如下几类。

① 无机化合物类制冷剂。

② 氟利昂制冷剂　氟利昂是饱和烃类化合物（烷族）的卤族元素的衍生物的总称。

③ 饱和烃类化合物　如甲烷为R50、乙烷为R170、丙烷为R290等。

④ 环状化合物　如六氟二氯环丁烷RC316、八氟环丁烷RC318等。

⑤ 非饱和烃类化合物及它们的卤族元素衍生物　如乙烯（R1150）、丙烯（R1270）、二氟二氯乙烯（R1112a）等。

⑥ 共沸制冷剂　由两种或两种以上互溶的单一制冷剂在常温下按一定比例混合而成，它的性质与单一制冷剂的性质一样，在恒定的压力下具有恒定的蒸发温度，且气相和液相的组分也相同。

⑦ 非共沸制冷剂。

3. 常用制冷剂

（1）水 H_2O（R718）；

（2）氨 NH_3（R717）；

（3）氟利昂。

4. 载冷剂

载冷剂是指将制冷装置的制冷量传递给被冷却介质的媒介物质。

（1）工业上常用的载冷剂

① 水　空调系统中常用的载冷剂，但只能做0℃以上的载冷剂。

② 盐水溶液　NaCl、$CaCl_2$、$MgCl_2$，可做0℃以上的载冷剂。

③ 有机物及其水溶液　甲醇、乙二醇、丙三醇。

（2）选择载冷剂的要求

① 工作温度范围内始终呈液态，不凝固、不汽化；

② 无毒、无刺激性、环保、安全，腐蚀性小；

③ 比热容大，同样质量则载冷量大，传热性好；

④ 流动性好，密度小，黏度小，流动阻力小；来源广泛，价低易得。

知识4　学习冷冻能力的计算方法

1. 单级蒸气压缩制冷的理想循环

对于最简单的理想循环如图6-3所示（或称简单的饱和循环）。离开蒸发器和进入压缩机的制冷剂蒸气是处于蒸发压力下的饱和蒸气；离开冷凝器和进入膨胀阀的液体是处于冷凝压力下的饱和液体；压缩机的压缩过程为等熵压缩过程；制冷剂通过膨胀阀节流时，其前、后的焓值相等；制冷剂在蒸发和冷凝过程中没有压力损失；在各设备的连接管道中制冷剂不发生状态变化；

项目6 膨胀式制冷装置

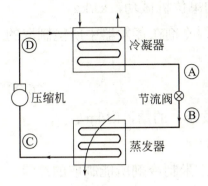

图6-3 单级蒸气压缩制冷理想循环

制冷剂的冷凝温度等于冷却介质温度,蒸发温度等于被冷却介质的温度。显然,上述条件与实际循环是存在着偏差的,但由于理想循环可使问题得到简化,便于对它们进行分析研究,而且理想循环的各个过程均是实际循环的基础,它可作为实际循环的比较标准。

单级理论循环是建立在以下一些假设的基础上的:

(1) 压缩过程为等熵过程,即在压缩过程中不存在任何不可逆损失;

(2) 在冷凝器和蒸发器中,制冷剂的冷凝温度等于冷却介质的温度,蒸发温度等于被冷却介质的温度,且冷凝温度和蒸发温度都是定值;

(3) 离开蒸发器和进入压缩机的制冷剂蒸气为蒸发压力下的饱和蒸气,离开冷凝器和进入膨胀阀的液体为冷凝压力下的饱和液体;

(4) 制冷剂在管道内流动时,没有流动阻力损失,忽略动能变化,除了蒸发器和冷凝器内的管子外,制冷剂与管外介质之间没有热交换;

(5) 制冷剂在流过节流装置时,流速变化很小,可以忽略不计,且与外界环境没有热交换。

2. 单级蒸气压缩理想循环制冷能力

下面以图6-4所示的制冷系统为例说明单级压缩蒸气制冷机理论循环的性能。

设被冷却物体的温度为T'_0,周围介质的温度为T',在这个温度范围内,制冷机从被冷却物体中取出热量q_0,并将它传递给周围介质,为了完成这一循环所消耗的机械功为w,这部分功转变成热量后和取出的热量q_0一起传递给周围介质。因此,根据力学第一定律,可写出制冷机的热平衡式:

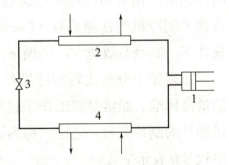

图6-4 单级理想压缩制冷机
1—压缩机;2—冷凝器;
3—节流阀;4—蒸发器

$$q=q_0+w \tag{6-1}$$

式中　q、q_0——传递和取出的单位热量和消耗的单位机械功，kJ/kg。

（1）单位制冷量 q_0　单位制冷量 q_0 是指 1kg 制冷剂在蒸发器中所能制取的热量。

$$q_0 = h_1 - h_4 \tag{6-2}$$

式中　h_1——1kg 制冷剂进入压缩机（即离开蒸发器）的焓，kJ/kg；

　　　h_4——1kg 制冷剂进入蒸发器的焓，kJ/kg。

（2）单位容积制冷量 q_v　指压缩机吸入每立方米制冷剂所能制取的冷量。

（3）单位理论功 w　指压缩机压缩每千克制冷剂所消耗的功。

$$w = h_2 - h_1 \tag{6-3}$$

式中　h_2——表示 1kg 制冷剂离开压缩机的焓，kJ/kg。

（4）单位冷凝器热负荷 q_k　指 1kg 制冷蒸气在冷凝器中所放出的热量。

$$q_k = h_2 - h_3 \tag{6-4}$$

式中　h_3——表示 1kg 制冷剂离开冷凝器的焓，kJ/kg。

（5）理论制冷系数 ε　即单位制冷量与单位理论功之比。在制冷循环中，制冷剂从被冷却物体中所制取的冷量 q_0 与所消耗的机械功 w 之比值称为制冷系数，用代号 ε 表示：

$$\varepsilon = \frac{q_0}{w} \tag{6-5}$$

制冷系数是衡量制冷循环经济性的一个重要技术指标。国外习惯上将制冷系数称为制冷机的性能系数（Coefficient of Performance，COP）。在给定的温度条件下，制冷系数越大，则循环的经济性越高。

在理论上分析比较制冷循环经济性好坏时，仅将逆向卡诺循环作为比较的最高标准。通常是将工作于相同温度范围的制冷循环的制冷系数 ε 与逆向卡诺循环的制冷系数 ε' 之比，称为这个制冷循环的热力完善度，亦称制冷效率，用代号 η 表示：

$$\eta = \frac{\varepsilon}{\varepsilon'} \tag{6-6}$$

制冷效率与循环的工作温度、制冷剂的性质等因素有关，对于工作温度不同的制冷循环，就无法按照制冷效率的大小来判断循环经济性的好坏，在这种情况下，只能根据热力完善度的大小来判断。

3. 压缩蒸气制冷循环制冷能力

如图6-1中,从压缩机出来的高压高温制冷剂气体(D)进入冷凝器被冷却,并进一步冷凝成液体(A)后,进入节流装置如膨胀阀减压,部分液体闪蒸成蒸气,这些气液两相的混合物(B)进入蒸发器,在里面吸热蒸发成蒸气(C)后回到压缩机重新被压缩,从而完成一个循环。

制冷系数:
$$\varepsilon = \frac{Q_0}{W} \tag{6-7}$$

式中 W——压缩机功耗,kW;

Q_0——蒸发器吸热量,称为制冷量,kW。

制冷量 Q_0:
$$Q_0 = g_m q_0 = q_v V \tag{6-8}$$

式中 g_m——流经压缩机的制冷剂质量流量,kg/s;

V——压缩机吸入口处的制冷剂体积流量,m³/s。

单位容积制冷量:
$$q_v = \frac{q_0}{v_1} \tag{6-9}$$

式中 q_v——单位容积制冷量,kJ/m³;

v_1——表示制冷剂按吸气状态计的比体积,m³/kg。

【实例6-1】 在某理论制冷循环中,冷冻剂在蒸发器中的蒸发温度为 $-15℃$,在冷凝器中的冷却温度为 $25℃$,试求:(1)上述条件下的制冷系数;(2)若将蒸发温度降至 $< -20℃$,冷凝器的冷却温度仍为 $25℃$,制冷系数又为多少?

解 (1)制冷系数 ε

对于理想循环有:$\varepsilon = \dfrac{T'_0}{T' - T'_0} = \dfrac{258}{298 - 258} = 6.45$

(2)改变条件状况下的制冷系数有 ε':

$$\varepsilon' = \frac{T'_0}{T' - T'_0} = \frac{253}{298 - 253} = 5.62$$

计算结果表明,$\varepsilon' < \varepsilon$。也即逆向卡诺循环工作的制冷机,其制冷系数与制冷剂的性质无关,而只是工作温度 T' 和 T'_0 的函数。

知识5　认识其他制冷装置

1. 吸收式制冷系统

这种制冷系统由蒸发器、冷凝器、吸收器、发生器、溶液泵、节流阀等组成，见图6-5。吸收器的作用是吸收制冷蒸气；发生器的作用是加热、释放制冷蒸气；溶液热交换器的作用是内部能量利用，提高效率；溶液泵起加压的作用。制冷剂和溶液的循环相当于压缩机的作用。

吸收式制冷依靠吸收器-发生器组的作用完成制冷循环。它用二元溶液作为工质，其中低沸点组分用作制冷剂，即利用它的蒸发来制冷；高沸点组分用作吸收剂，即利用它对制冷剂蒸气的吸收作用来完成工作循环。

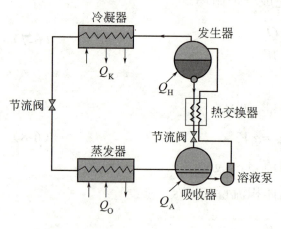

图6-5　吸收式制冷原理与流程

二元溶液在发生器中被加热，产生的制冷剂蒸气进入冷凝器，冷凝成液体，经节流阀降压后送入蒸发器中蒸发制冷，使载冷剂温度降低，即可供给用户以冷量。在发生器中制冷剂含量减少后的溶液（称为吸收液），流经溶液换热器被冷却并经溶液节流阀降压后进入吸收器，与从蒸发器来的制冷剂蒸气相混合，并吸收这些蒸气而形成制冷剂含量较多的溶液，再由溶液泵升压后流经溶液换热器与吸收液进行热交换，然后进入发生器继续使用。

吸收式制冷系统的优点是：①工质环保；②以热能为动力，节电效果明显；③可以利用余热。缺点是：①价格无优势；②耗能大，机组笨重。

2. 吸附式制冷系统

如图6-6所示。吸附制冷系统是以热能为动力的能量转换系统。其原理是：一定的固体吸附剂对某种制冷剂气体具有吸附作用。吸附能力随吸附温度的不同而不同。周期性地冷却和加热吸附剂，使之交替吸附和解析。解析时，释放出制冷剂气体，并使之凝为液体；吸附时，制冷剂液体蒸发，产生制冷作用。

3. 热电制冷（半导体制冷）系统

热电制冷（亦名温差电制冷、半导体制冷或电子制冷）是以温差电现象为基础的制冷方法，它是利用"塞贝克"效应的逆反应——珀尔帖效应的原理达到制冷目的。如图6-7所示。

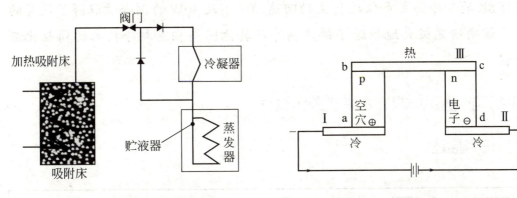

图6-6　吸附式制冷原理　　　　　图6-7　半导体制冷系统

由于半导体材料内部结构的特点，决定了它产生的温差电现象比其他金属要显著得多，所以热电制冷都采用半导体材料，亦称半导体制冷。

当电偶通以直流电流时，p型半导体内载流子（空穴）和n型半导体内载流子（电子）在外电场作用下产生运动，并在金属片与半导体接头处发生能量的传递及转换。

如果将电源极性互换，则电偶对的制冷端与发热端也随之互换。

半导体制冷系统的特点：①不用制冷剂；②无机械传动部分；③冷却速度和制冷温度可任意调节；④可将冷热端互换；⑤体积和功率都可做得很小。

知识链接

能源动力是经济和社会发展的重要物质基础，能源动力工程直接关系到国民经济的发展和人民生活水平的高低。2023年，西安交通大学在固态制冷方向的最新成果——《高性能多模式弹热制冷系统》首次刊登在《科学》杂志上。

截至目前，全世界有20余台公开报道的弹热制冷机，它们主要采用单级循环和主动回热循环两种技术路线：单级循环在低制冷温差条件下效率高、制冷量大，但无法获得高制冷温差；主动回热循环是获得高制冷温差的主要途径，但代价是受限的效率和制冷量。为了充分发挥两种技术路径的优势，西安交通大学与马里兰大学、北京航空航天大学合作，使用4组管内流动、轴向加载的弹热工质管束，研制出多模式弹热制冷机，通过传热流体管网流路的切换，实现单级循环和主动回热循环两种模式的切换。通过多模式的运行，该制冷机实现了22.5K的最大制冷温差和260W的最大制冷量，相比仅运行单级循环8K的制冷温差和仅运行主动回热循环不足30W的制冷量取得了显著的提升。该项研究极大地推进了弹热制冷及其他固态相变制冷技术的商业化应用进程。

任务2 学习膨胀式制冷装置操作过程

 任务描述

任务名称	学习膨胀式制冷装置操作过程	建议学时	
学习方法	1. 分组、遴选组长，组长负责安排岗位、组织讨论、分组汇报； 2. 成员分工、共同协作，完成实际操作； 3. 教师巡回指导，提出问题集中讨论，归纳总结		
任务目标	1. 能按照操作规程规范、熟练完成制冷装置的开车、正常操作、停车； 2. 会观察、判断异常操作现象，并能做出正确处理； 3. 熟悉影响制冷操作的因素		
课前任务： 1. 分组，分配岗位，明确每个人的岗位职责； 2. 熟读操作规程、熟悉工艺指标，掌握操作要点		准备工作： 1. 工作服、手套、安全帽等劳保用品； 2. 管子钳、扳手、螺丝刀、卷尺等工具	
场地	一体化实训室		
具体任务			
1. 正确规范操作膨胀式制冷装置，实现系统开车； 2. 分析处理生产过程中的异常现象，维持生产稳定运行，完成生产任务； 3. 生产完成后，对膨胀式制冷装置进行正常停车			

 知识准备

制冷设备及配套附属设备的操作按照供应商或生产商提供的设备使用说明书中的操作规程执行。同时，在制冷系统和设备操作前应仔细阅读规范和本说明。制冷系统运行时应及时填写制冷设备运行情况表。

知识1 开车前准备

1. 检查压缩机

以螺杆压缩机为例。首先，检查压缩机的各个部分：转子应转动灵活，

项目6　膨胀式制冷装置

无障碍物；油位高度应达到油面线即油镜中间位置偏上；水冷却系统检查螺杆机组中油冷却器和冷凝器的水路是否畅通，液体工质冷却系统检查油冷却器冷却系统是否畅通；排气阀应开启，滑阀应处在0的位置，以便无载启动。并观察高、低压情况，如压力不平衡，则开启旁通阀，使压力平衡，然后再关阀门。

2.检查高、低压系统的有关阀门

在高压系统中，油分离器、冷凝器、高压贮液器、辅助贮液器的进、出液（气）阀，安全阀前的截止阀，均压阀，压力表阀，液面指示计的截止阀均应开启，而压缩机的排气阀，调节站的供液阀、热气冲霜阀、放油阀和放空气阀等应关闭。

在低压系统中，压缩机的吸气阀，各设备的放油阀、加压阀、冲霜阀、排液阀应关闭；压力表阀、安全阀前的截止阀，氨泵上的进液阀、出液阀、抽气阀、自动旁通阀，压差继电器接头上的阀门和有关的过桥阀都应开启；气液分离器和低压循环贮液器的供液阀、分调节站至蒸发器的供液阀，以及由蒸发器经气液分离器、低压循环贮液器至压缩机的进、出气阀都应根据制冷工艺的要求进行调整。另外，所有指示和控制仪表的阀门都应开启，使其投入使用状态。

3.检查高、低压贮液器的液面

高压贮液器的贮液量应不超过70%，不低于30%，辅助贮液器的液面应在溢流口位置；低压贮液器和排液桶一般不应存液，若存液超过30%应及早排液；低压循环贮液器或气液分离器的液面应保持在控制液位上，在控制失灵或无液位控制时，液面应控制在最高不超过60%，最低不低于20%；若液位过高，应先排液再开机。

4.检查中间冷却器

对于双级压缩系统，还应检查中冷器的进、出气阀，蛇形盘管的进、出液阀和液位控制器气体、液体平衡管是否已全部开启。通常手动调节阀是关闭的，只有在浮球阀失灵时，才用手动供液。中冷器的放油阀和排液阀应关闭。打开液位指示器的截止阀就可显示液位高低，若液位过低，应先供液；若液位过高，应先排液；若中冷器内压力超过0.5MPa时，应予排液减压。

5. 其他

检查泵和风机的运转部位有无障碍物，电机及各电气设备是否完好，电压是否正常；对所有用电的指示和控制仪表送电，观察仪表的指示等是否正常，若有问题应及时检修。确认以上所有各项都合格后，启动水泵（或风机），向冷凝器、压缩机水套和油冷却器供水、液（或送风）。

知识2 膨胀式制冷装置开车操作

1. 开车操作

具有自动化的制冷系统，一般自动启动、运转、调节与停机。但是当制冷系统经过拆装修复或较长时间停机而要再行使用时，则需人工启动。

正式启动后，逐渐开启压缩机吸入阀，并注意防止"液击"。开启贮液器出液阀，开始向系统供液。若制冷装置有卸载——能量调节机构，应逐步将其调节到所要求容量。在启动时间内应观察机器运转、振动情况，系统高、低压及油压是否正常，检查电磁阀、能量调节阀、膨胀阀及回油阀的工作等。这些启动后的全面检查直到确认制冷工况稳定、运转正常时为止。

2. 正常操作注意事项

（1）制冷压缩机的调整　压缩机的容量和数量是根据冷库生产规模的最大热负荷，并考虑了各种制冷参数的情况进行配置的，在实际生产中，不可能与设计条件完全一致，须进行选用和调整。其要点如下。

① 根据库房热负荷和蒸发器的制冷能力来选开压缩机，使投入运行的压缩机制冷能力与热负荷及设备的制冷能力相适应。例如，当库房进货热负荷增大时，蒸发温度和蒸发压力大大升高，原运行的压缩机负荷也增大，甚至过载，这时就需要增加压缩机容量。反之，若热负荷很小，蒸发温度过低，就要减少压缩机的容量，必要时可以暂停压缩机运转。

② 如所要求的蒸发温度比较高，而实际冷凝温度又较低时，可采用单级压缩制冷；反之，则需用双级压缩制冷。一般当压缩比小于3时，采用单级压缩，压缩比等于或大于8时，采用双级压缩。

③ 使每一台运转的压缩机尽可能只负担一种蒸发温度的热负荷，这样能得到较好的制冷效果。

④ 双级压缩机或双级压缩机组，可根据中间温度、冷凝温度、蒸发温度

情况，合理调整高低压压缩机的容积比。

（2）制冷装置的调整　制冷装置的调整主要是在库房热负荷发生变化时，对制冷剂供液量及蒸发器面积作适当调整，与压缩机一起来控制适当的蒸发温度。另外，根据压缩机的排气量及冷却水情况，对冷凝器作适当调整，以控制冷凝温度。

① 制冷剂供液量及蒸发面积的调整　当库房进货时，应使库房的蒸发面积全都投入运行，但此时货物散出的热量，仍有可能大于蒸发器的吸热量，致使空气温度上升、温差增大，制冷剂呈现强烈泡沫沸腾状态易使压缩机吸入湿蒸气形成湿冲程。所以，对热负荷变动较大的冻结间和冷却间，一般在货物冷加工接近终了时便停止供液，降低蒸发器内的液面，减少空气与制冷剂实际热交换面积，以利于下批货物入库时的安全操作。随着冷加工过程的进行，制冷剂沸腾状态相对减弱，这时为了使压缩机不吸入过热蒸汽，则需对蒸发器增加供液量。此外，库房温度和蒸发温度也将随热负荷的减少而降低，制冷剂的蒸发量也随之减少，这时就要减少对蒸发器的供液。因此，供液量要根据库房温度和蒸发温度的差数，以及压缩机的吸气温度等情况来调整。在整个系统中，可以通过调整投入运行的蒸发面积来控制蒸发温度和吸气温度。当然，在生产过程中还要根据制冷机构和设备的能力来控制热负荷，以保证制冷装置的正常运转。

② 冷凝器的调整　在正常负荷下，冷凝器应全部投入运行。仅在冬季水温较低、库房热负荷较少、冷凝温度也低的情况下，可适当减少运行冷凝器的数量。

知识3　膨胀式制冷装置停车操作

1. 正常停机

制冷系统临时停用或停用时间不长（不超过1周），则只要在停机前关闭贮液器（或冷凝器）出液阀，使低表压接近0（或稍高于大气压力）时，停止压缩机运转，关闭压缩机的吸、排气阀和冷凝器出液阀，并停止通向冷凝器的冷却水，切断电源即可。

制冷系统停用时间较长时，应将系统中的制冷剂全部送入贮液器（或冷凝器）中。为此，首先关闭贮液器（或冷凝器）的出液阀，让压缩机把系统中的制冷剂全部吸出（此时，应将低压控制器触电常闭）。如压缩机停机后吸入压力迅速上升，则说明系统中还有较多的制冷剂，应再次启动压缩机继续抽吸。若停机后吸入压力缓缓上升，可待表压至0（或稍高于大气压力）时，即关闭压缩机吸、排气阀和贮液器（或冷凝器）进出口阀及高、低压力表阀。如果压缩机停机后，吸入表压在0以下不回升，则可稍开油分离器手动回油阀，从高压端放回少许制冷剂，使系统保持表压0.02MPa左右。然后，关闭冷却水泵、冷库冷却风扇和风冷冷凝器的冷却风扇。如果是间接冷却系统，则应停止盐水泵工作，关闭有关阀门。在制冷系统长期停用或越冬时，则应将冷凝器、压缩机汽缸冷却水套、润滑油冷却器以及所有循环系统内的水全部排空。

2.紧急停机

紧急停机是当制冷系统正常运行过程中，突然遇到设备故障或外界影响，对制冷系统带来严重威胁时所采用的安全措施。紧急停机主要有以下几种情况。

（1）突然断电停机　在运行中遇到这种情况时，应迅速关闭供液阀和吸气阀，将电动机电源开关断开。对于有电磁阀的制冷系统，只要断开开关即可。查明停机原因，恢复正常供电后，重新启动。

（2）突然停水停机　当冷凝器的冷却水突然中断应立即切断电源，停止压缩机的继续运转，然后迅速关闭供液阀和吸排气阀。待查明原因，恢复供水后才能重新启动。若停水时间过长，系统或设备安全阀超压断开，还应对安全阀试压检验一次。

（3）遇火警停机　当操作室内或冷冻站的邻近建筑发生火灾，并危及制冷系统的安全时，应立即切断电源，迅速开启紧急泄压器，打开贮液器、油分离器、蒸发器各放油阀，使系统内的制冷剂液体集中于泄压口迅速排出，以防火势蔓延而使制冷系统爆炸。

知识4　事故与处理（含隐患排查）

1.螺杆压缩机的常见故障及排除

螺杆压缩机的常见故障及排除见表6-1。

项目6　膨胀式制冷装置

表6-1　螺杆压缩机的常见故障及排除

故障现象	原因	消除方法
启动负荷过大或根本不能启动	(1) 滑阀未停到0位 (2) 压缩机内充满了润滑油或液体制冷剂 (3) 部分运动部件严重磨损或烧伤 (4) 电压不足	(1) 使滑阀停到0位 (2) 按转动方向盘动压缩机,排出积液或积油 (3) 拆卸检修及更换零部件 (4) 检查电网电压值
机组发生不正常振动	(1) 机组地脚螺栓未紧固 (2) 压缩机与电动机不同轴 (3) 因管道振动引起机组振动加剧 (4) 过量的液态制冷剂被吸入机体内 (5) 滑阀不能定位而且振动 (6) 吸气腔真空度过高	(1) 旋紧地脚螺栓 (2) 重新找正 (3) 加支撑点或改变支撑点 (4) 调整系统供液量 (5) 检查油活塞及增减载阀是否泄漏 (6) 开大吸气截止阀
压缩机运转后自动停机	(1) 自动保护及自动控制元件调定值不能适应工况的要求 (2) 控制电路内部存在故障 (3) 过载	(1) 检查各调定值是否合理,适当调整 (2) 检查电路,消除故障 (3) 检查原因并消除
制冷能力不足	(1) 滑阀的位置不合适或其他故障 (2) 吸气过滤器堵塞 (3) 机器不正常磨损,造成间隙过大 (4) 吸气管线阻力损失过大 (5) 高低压系统间泄漏 (6) 喷油量不足,不能实现密封 (7) 排气压力远高于冷凝压力 (8) 吸气截止阀未全开	(1) 检查指示器并调整位置,检修滑阀 (2) 拆下吸气过滤器的过滤网清洗 (3) 调整或更换零件 (4) 检查阀门(如吸气截止阀或止回阀) (5) 检查旁通管路 (6) 检查油路系统 (7) 检查排气系统管路及阀门,清除排气系统阻力 (8) 打开
运转中机器出现不正常响声	(1) 转子齿槽内有杂物 (2) 止推轴承损坏 (3) 轴承磨损造成转子与机壳间的摩擦 (4) 滑阀偏斜 (5) 运动部件连接处松动	(1) 检修转子及吸气过滤器 (2) 更换轴承 (3) 更换轴承 (4) 检修滑阀导向块及导向柱 (5) 拆开机器检修,加强防松措施
排气温度过高	(1) 压缩比较大 (2) 油温过高 (3) 吸入严重过热的蒸气 (4) 喷油量不足 (5) 空气渗入制冷系统	(1) 降低排气压力和负荷 (2) 清除油冷却器传热面上的污垢,降低水温或增大水量 (3) 向蒸发系统供液 (4) 提高喷油量 (5) 排出空气,检查空气渗入部件
排气温度或油温度下降	(1) 吸入湿蒸气或液体制冷剂 (2) 连续无负荷运转 (3) 排气压力异常低	(1) 减少向蒸发系统的供液量 (2) 检查滑阀 (3) 降低冷凝器的冷凝能力、减小供水量
滑阀动作太快	手动阀开启过大	适当关闭进油截止阀

续表

故障现象	原因	消除方法
滑阀动作不灵活或不动作	(1) 电磁阀动作不灵 (2) 油管路系统接头堵塞 (3) 手动阀关闭 (4) 油活塞卡住或漏油	(1) 检修电磁阀 (2) 检修 (3) 打开进油截止阀 (4) 检修
压缩机机体温度过高	(1) 吸气严重过热 (2) 旁通管路泄漏 (3) 摩擦部位严重磨损 (4) 压缩比过高	(1) 降低吸气过热度 (2) 检修旁通管路及阀门 (3) 检修及更换零部件 (4) 降低排气压力及负荷
压缩机轴封泄漏	(1) 轴封供油不足造成损坏 (2) 装配不良 (3) O形圈损坏 (4) 动环与静环接触不良	(1) 检修 (2) 检修 (3) 更换新件 (4) 拆下重新研磨
油压过低	(1) 油粗过滤器脏堵 (2) 油精过滤器脏堵	(1) 清洗油粗过滤芯 (2) 清洗油精过滤芯
回油速度低或不流动	回油阀堵塞	检修回油阀
油消耗量大	(1) 回油过滤器脏堵 (2) 回油管脏堵 (3) 油分离器效率下降 (4) 二级油分离器内积油过多,油位高 (5) 排气温度过高,油分离效率下降	(1) 清洗回油过滤器芯 (2) 清除回油管内的污物 (3) 更换油分离芯 (4) 放油、回油,控制油位 (5) 降低油温
油面上升	(1) 过量的制冷剂进入油内 (2) 油分离器出油管路堵塞	(1) 提高油温,加速油内制冷剂蒸发 (2) 检修、清理
停机时压缩机反转	(1) 吸气及排气管路上的止回阀关闭不严 (2) 防倒转的旁通管路堵塞	(1) 检修,消除卡阻现象 (2) 检修旁通管路及电磁阀
压缩机吸气体温度过高	(1) 系统制冷剂不足,吸入气体过热度较高 (2) 调节阀及供液管堵塞 (3) 调节阀开度小 (4) 吸气管路绝热不良	(1) 向系统内充入制冷剂 (2) 检修及清理 (3) 加大供液量 (4) 检修绝热层,必要时更换绝热材料
压缩机吸气体温度过低	(1) 系统液体制冷剂数量过多 (2) 调节阀开度大	(1) 停止或减少供液量 (2) 减小开度
冷凝压力过高	(1) 冷却水量不足 (2) 冷凝器结垢 (3) 系统中不凝性气体含量过多	(1) 加大水量 (2) 清洗、除垢 (3) 放空气

2.制冷系统的常见故障及排除

制冷系统的常见故障及排除见表6-2。

项目6 膨胀式制冷装置

表6-2 制冷系统的常见故障及排除

故障现象	故障分析	故障处理
机组运转噪声大	（1）压缩机、电动机地脚螺钉松动 （2）传动带或飞轮松弛	（1）紧固螺钉 （2）调节传动带张紧，检查飞轮螺母、键等
压缩机排气压力过高	（1）系统混入空气等不凝结气体 （2）水冷冷凝器的冷却水泵不转 （3）冷凝器水量不足 （4）冷却塔风机未开启 （5）风冷冷凝器的冷风机不转 （6）风冷冷凝器散热不良 （7）水冷冷凝器管壁积垢太厚 （8）系统内制冷剂充注过多	（1）排除空气 （2）检查、开启水泵 （3）清洗水管、水阀和过滤器 （4）检查冷却塔风机 （5）检查、开启冷凝风机 （6）清除风冷冷凝器表面灰尘；防止气流短路，保证气流通畅 （7）清除冷凝器水垢 （8）取出多余制冷剂
压缩机排气压力过低	（1）冷凝器水量过大，水温过低 （2）冷凝器风量过大，气温过低 （3）吸、排气阀片泄漏 （4）气缸壁与活塞之间的间隙过大，气缸向曲轴箱串气 （5）油分离器的回油阀失灵，致使高压气体返回曲轴箱 （6）气缸垫击穿，高低压串气 （7）系统内制冷剂不足 （8）制冷蒸发器结霜过厚，吸入压力过低 （9）空调蒸发器过滤网过脏，吸入压力过低 （10）贮液器至压缩机之间的区域出现严重堵塞	（1）减少水量或采用部分循环水 （2）减少风量 （3）检查、更换阀片 （4）检修和更换气缸套（体）、活塞或活塞环 （5）检修、更换回油阀 （6）更换缸垫 （7）充注制冷剂 （8）融霜 （9）清洗过滤网 （10）检修相关部件（如电磁阀等）
压缩机排气温度过高	（1）排气压力过高引起 （2）吸入气体的过热度太大 （3）排气阀片泄漏 （4）气缸垫击穿，高、低压腔之间串气 （5）如冷凝压力过高，蒸发压力过低，以及回气管路堵塞或过长，使吸气压力降低压比过大 （6）冷却水量不足，水温过高或水垢太多，冷却效果降低 （7）压缩机制冷量小于热负荷致使吸热过热	（1）采取有关措施，降低排气压力 （2）调节膨胀阀的开启度，减少过热度 （3）研磨阀线，更换阀片 （4）更换缸垫 （5）调整压力，疏通管路，增大管径及尽可能缩短回气管管长 （6）调整冷却水量和水温，清除水垢 （7）增开压缩机或减少热负荷
压缩机吸入压力过高	（1）蒸发器热负荷过大 （2）吸气阀片泄漏 （3）活塞与气缸壁之间泄漏严重 （4）气缸垫击穿，高、低压腔之间串气 （5）膨胀阀开启度过大 （6）膨胀阀感温包松落，隔热层破损 （7）卸载一能量调节失灵，正常制冷时有部分气缸卸载 （8）油分离器的自动回油阀失灵，高压气体窜回曲轴箱 （9）制冷剂充注过多 （10）系统中混入空气等不凝结气体 （11）供液阀开启太小，供液不足	（1）调整热负荷 （2）研磨阀线、更换阀片 （3）检修，更换气缸、活塞和活塞环 （4）更换缸垫 （5）适当调小膨胀阀的开启度 （6）放正感温包，包扎好隔热层 （7）调整油压，检查卸载机构 （8）检修、更换自动回油阀 （9）取出多余制冷剂 （10）排出空气 （11）调节供液阀

续表

故障现象	故障分析	故障处理
压缩机吸入压力过低	(1) 蒸发器进液量太少 (2) 制冷剂不足 (3) 膨胀阀"冰堵"或开启过小 (4) 膨胀阀感温剂泄漏 (5) 供液电磁阀未开启,液体管上过滤器或电磁阀脏堵 (6) 贮液器出液阀未开启或未开足 (7) 吸气截止阀未开启 (8) 蒸发器积油过多,换热不良 (9) 蒸发器结霜过厚,换热不良 (10) 蒸发器污垢太厚 (11) 蒸发器冷风机未开启或风机反转	(1) 调大膨胀阀开度 (2) 补充制冷剂 (3) 拆下干燥过滤器,更换干燥剂,调节开启度 (4) 更换膨胀阀 (5) 检修电磁阀,清洗通道 (6) 开启、开足 (7) 全开吸气截止阀 (8) 清洗积油 (9) 融霜 (10) 清洗污垢 (11) 启动风机,检查相序
油压过高	(1) 油压调节阀调整不当 (2) 油泵输出端管路不畅通	(1) 重新调整(放松调节弹簧) (2) 疏通油路
油压过低	(1) 油压调节阀调整不当 (2) 油压调节阀泄漏,弹簧失灵 (3) 润滑油太脏,滤网堵塞 (4) 油泵吸油管泄漏 (5) 油泵进油管堵塞 (6) 油泵间隙过大 (7) 油中含有制冷剂(油呈泡沫状) (8) 冷冻机油质量低劣、黏度过大 (9) 摩擦面的间隙过大,回油太快 (10) 油量不足 (11) 油温过低 (12) 油泵传动件损坏	(1) 重新调整,压紧调节弹簧 (2) 更换阀芯或弹簧 (3) 更换、清洗滤网 (4) 检修吸油管 (5) 疏通进油管 (6) 检修或更换油泵 (7) 关小膨胀阀,打开油加热器 (8) 更换清洁的、黏度适当的冷冻机油 (9) 更换连杆瓦或轴套,调整间隙 (10) 找出原因,补充冷冻机油 (11) 开启油加热器 (12) 检查、更换油泵传动件
曲轴箱油温过高	(1) 压缩机摩擦部位间隙过小,出现半干摩擦 (2) 冷冻机油质量低劣,润滑不良 (3) 压缩机排气温度过高,压缩比过大 (4) 机房室温太高,散热不良 (5) 油分离器与曲轴箱串气 (6) 压缩机吸气过热度太大	(1) 调整间隙 (2) 更换冷冻机油 (3) 调整工况,降低排气温度 (4) 加强通风、降温 (5) 检查、修复自动回油阀 (6) 调整工况,降低吸气过热度
压缩机耗油量过大	(1) 油分离器回油浮球阀未开启 (2) 油分离器的分油功能降低 (3) 气缸壁与活塞之间的间隙过大 (4) 油环的刮油功能降低 (5) 因磨损使活塞环的搭口间隙过大 (6) 三个活塞环的搭口距离太近 (7) 轴封密封不良,漏油 (8) 制冷系统设计、安装不合理,致使蒸发器回油不利	(1) 检查回油浮球阀 (2) 检修、更换油分离器 (3) 检修、更换活塞、气缸或活塞环 (4) 检查刮油环的倒角方向,更换油环 (5) 检查活塞环搭口间隙,更换活塞环 (6) 将活塞环搭口错开 (7) 研磨轴封摩擦环,或更换轴封,加大维护力度,注意补充冷冻油 (8) 清洗系统中积存的冷冻机油
冷冻油呈泡沫状	液体制冷剂混入冷冻机油	调整制冷系统的供液量,打开油加热器
卸载-能量调节装置失灵	(1) 能量调节阀弹簧调节不当 (2) 能量调节阀的油活塞卡死 (3) 油活塞或油环漏油严重	(1) 重新调整弹簧的预紧力 (2) 拆卸检修 (3) 拆卸更换

项目6 膨胀式制冷装置

续表

故障现象	故障分析	故障处理
制冷系统堵塞（注：其现象是吸气压力变低，高压压力也变低）	（1）传动机构卡死 （2）油管或接头漏油严重 （3）油压过低 （4）卸载油缸不进油 （5）干燥过滤器脏堵 （6）膨胀阀脏堵 （7）膨胀阀冰堵 （8）膨胀阀感温剂泄漏 （9）电磁阀不能开启	（1）拆卸检修 （2）检修 （3）检修润滑系统 （4）检查疏通油管路 （5）拆卸干燥过滤器，清洗过滤网，更换干燥剂 （6）拆卸膨胀阀和干燥过滤器，清洗过滤网，更换干燥剂 （7）拆下干燥过滤器，更换干燥剂（应同时清洗过滤网） （8）更换膨胀阀 （9）检查电磁阀电源，或检修电磁阀
热力膨胀阀通路不畅	（1）进口过滤网脏堵，或节流孔冰堵 （2）感温剂泄漏	（1）检修膨胀阀和过滤干燥器 （2）更换膨胀阀
热力膨胀阀出现气流声	系统的制冷剂不足	补充制冷剂
热力膨胀阀不稳定，流量忽大忽小	（1）蒸发器的管路过长，阻力损失过大 （2）膨胀阀容量选择过大	（1）合理选配蒸发器 （2）重新选择膨胀阀
压缩机不启动	（1）主电路无电源或缺相 （2）控制回路断开 （3）电动机出现短路，断路或接地故障 （4）温度控制器的感温剂泄漏，处断开状态 （5）高、低压控制器断开 （6）油压差控制器自动断开 （7）制冷联锁装置动作（如自动转入融霜工况）	（1）检查电源 （2）检查原因，恢复其正常工作状态 （3）检修电动机 （4）更换温度控制器 （5）调整压力控制器的断开调定值 （6）调整油压差控制器的断开调定值 （7）检查电气控制系统
压缩机启动后不久停车	（1）油压差控制器的调定值过高 （2）油泵不能建立足够的油压 （3）压力控制器的调定值调节不当 （4）压缩机抱合（卡缸或抱轴）	（1）重新调整油压差控制器的调定值 （2）检查油压过低的原因 （3）重新调节调定值 （4）解体、检修压缩机
压缩机运转中突然停机或启停频繁	（1）高压压力超过调定值，压缩机保护性停机 （2）油压差控制器调节不当，保护停机的压力值（油压差）与自动启机的压力值（油压差）的幅差太小 （3）温度控制器调节不当，控制差额太小 （4）油压过低 （5）制冷系统出现泄漏故障，运转时低压过低，停车后低压迅速回升 （6）压缩机抱合（卡缸或抱轴） （7）电机超负荷或线圈烧损，导致保险丝烧断或过热继电器动作 （8）电路联锁装置故障	（1）检查压力过高的原因，排除故障 （2）重新调节保护停机和自动启机的幅差 （3）重新调节启机温度和停机温度 （4）检修、调整润滑系统 （5）检漏、补漏、补充制冷剂 （6）解体、检修压缩机 （7）检查超负荷原因，排除故障 （8）检查修复
压缩机停车高低压迅速平衡	（1）油分离器回油阀关闭不严 （2）电磁阀关闭不严 （3）排气阀片关闭不严 （4）气缸高、低压腔之间的密封垫击穿 （5）气缸壁与活塞之间漏气严重	（1）检修回油阀 （2）检修或更换电磁阀 （3）研磨阀线，更换阀片 （4）更换缸垫 （5）检修气缸、活塞，或更换活塞环

续表

故障现象	故障分析	故障处理
压缩机运转不停而制冷量不足（不能达到停机温度）	（1）制冷剂不足 （2）制冷剂过多 （3）保温层变差，导致"漏冷"现象严重 （4）压缩机吸、排气阀片泄漏致输气量下降 （5）气缸壁与活塞间漏气导致输气量下降 （6）系统中有空气 （7）蒸发器内油膜过厚，积油过多 （8）冷凝器散热不良	（1）补充制冷剂 （2）取出多余制冷剂 （3）尽量维护保温层的隔热性能 （4）更换阀片，研磨阀线 （5）检修或更换活塞环、活塞或气缸套 （6）排除系统内空气 （7）清洗积油，提高传热系数 （8）检查维护冷凝器
制冷剂泄漏（接头焊缝阀门和轴封处有油迹）	（1）制冷系统管路的喇叭口或焊接点泄漏 （2）压力表和控制器感压管的喇叭口泄漏 （3）制冷系统各阀的阀杆密封不严 （4）空调冷水机组蒸发器铜管泄漏或因蒸发温度过低冻裂 （5）开启式或半封闭压缩机的机体渗漏 （6）开启式压缩机的轴封泄漏	（1）重新加工连接部位 （2）使用扩张管器重新加工喇叭口 （3）检修或更换阀门，更换橡胶填料 （4）检修或更换铜管 （5）进行定期修理 （6）检修或更换轴封
压缩机轴封泄漏	（1）摩擦环过度磨损 （2）轴封组装不良，摩擦环偏磨 （3）轴封弹簧过松 （4）橡胶圈过紧，致使曲轴轴向窜动时动、静摩擦环脱离	（1）研磨或更换 （2）重新研磨、调整、组装 （3）更换弹簧 （4）更换橡胶圈
装置运转但不制冷	（1）制冷剂几乎漏尽（机组未设置低压控制器） （2）过滤干燥器严重脏堵（机组未设置低压器） （3）电磁阀没有开启（机组未设置低压控制器） （4）膨胀阀严重脏堵或冰堵（机组未设置低压控制器） （5）膨胀阀感温剂泄漏（机组未设置低压控制器） （6）压缩机高、低压腔之间的密封垫片被击穿，形成气流短路 （7）吸、排气阀片脱落或严重破裂 （8）蒸发器严重结霜 （9）蒸发器表面积垢太厚 （10）冷风机停转或倒转 （11）卸载机构失灵	（1）检查漏点，充注制冷剂 （2）清洗滤网或更换干燥剂 （3）检修或更换电磁阀 （4）检修膨胀阀和干燥过滤器 （5）更换膨胀阀 （6）检修压缩机，更换垫片 （7）更换阀片，研磨阀线 （8）检修融霜系统，或人工除霜 （9）清洗蒸发器 （10）检修风机及其电气控制系统 （11）检查、调整卸载机构
中间压力太高	（1）从高压级看容积配比小 （2）高低压串气或进气管路不畅 （3）能量调解机构失灵，使高压级吸气少 （4）中冷隔热层有损坏，供液量小，低压级排气不能充分冷却，蛇形管损坏 （5）蒸发压力高使中间压力升高 （6）冷凝压力高使中间压力升高	（1）调整压缩机 （2）检修高压机 （3）检修能量调整装置 （4）修理隔热层，调整供液阀，修理蛇形管 （5）减小蒸发压力 （6）减小冷凝压力

项目6 膨胀式制冷装置

续表

故障现象	故障分析	故障处理
冷间降温困难	(1) 进货量太多或进货温度过高，冷间门关不严或开门次数过多 (2) 供液阀或热力膨胀阀调整不当，流量过大或过小，使蒸发温度过高或过低 (3) 隔热层受潮或损坏使热损失增多 (4) 电磁阀和过滤器中油污、脏污太多，管路阻塞或不通畅 (5) 蒸发器面积较小 (6) 管壁内表面有油污、外表面结霜过多 (7) 制冷剂充灌过多或过少，使蒸发压力过高或过低 (8) 热力膨胀阀感温包感温剂泄漏，冰堵或脏堵	(1) 控制进货量和进货温度，关闭门和减少开门次数 (2) 调整供液阀或热力膨胀阀 (3) 检修隔热层 (4) 清洗过滤网和电磁阀，疏通管路 (5) 增加蒸发器面积 (6) 排除油污和霜层 (7) 调整制冷剂量，检修压缩机 (8) 检修感温包，更换制冷剂或干燥剂，清洗过滤网
冷却排管结霜不均或不结霜	(1) 供液管路故障，如供液阀开启太小，管道、阀门和过滤网堵塞，管道和阀门设计或安装不合理，电磁阀损坏使供液不均 (2) 供液管路中有"气囊"使供液量减少 (3) 蒸发器中积油过多，传热面积小 (4) 蒸发器压力过高和压缩机效率降低，使制冷量减少 (5) 膨胀阀感温剂泄漏 (6) 膨胀阀冰堵、脏堵或油堵	(1) 调整供液量，疏通管路，改进管道和阀门，修复或更换电磁阀 (2) 去除"气囊" (3) 及时放油 (4) 降低蒸发压力，检修压缩机提高效率 (5) 检修感温包 (6) 清洗滤网，更换干燥过滤器
高压贮液器液面不稳	冷间热负荷变化大，供液阀开启度不当	适当调整开启度
压缩机湿冲程	(1) 供液阀开启过大，气液分离器或低压循环贮液器液面过高，中冷器供液过多或液面过高，出液管堵塞或未打开，空气分离器供液太多 (2) 蒸发面积过小，蒸发器积油太多或霜层太厚，使传热面积减小 (3) 冷间热负荷较小或压缩机制冷量较大，使制冷剂不能完全蒸发 (4) 吸气阀开启过快或气缸润滑油太多 (5) 热力膨胀阀感温包未扎紧，受外界影响误动作 (6) 系统停机后，电磁阀关不紧，使制冷剂大量进入蒸发器	(1) 调整供液阀，检查有关阀门和管道，排除多余液体，放出多余制冷剂 (2) 增加蒸发面积或减少产冷量 (3) 冲霜和放油；调配压缩机容量 (4) 缓慢开启吸气阀，调整油压 (5) 检查感温包安装情况 (6) 缓慢开启吸气阀，注意压缩机工作情况
压缩机吸气压力比蒸发压力低得多	(1) 吸气管道、过滤网堵塞或阀门未全开，管道太细 (2) "液囊"存在，使压力损失过大，吸气压力过低	(1) 清洗管道、过滤网、调整阀门和管径 (2) 去除"液囊"段
压缩机排气压力比冷凝压力高得多	(1) 排气管路不畅（阀门未全开、局部堵塞等） (2) 管路配置不合理（如管道太细）	(1) 清洗管道，调整阀门 (2) 改进管路

思考与练习

一、判断题

1. 氟利昂是以前常用的冷冻剂,它一般不会污染环境。（ ）
2. 压缩机铭牌上标注的生产能力,通常是指常温状态下的体积流量。（ ）
3. 节流机构除了起节流降压作用外,还具有自动调节制冷剂流量的作用。（ ）
4. 离心式制冷压缩机不属于容积型压缩机。（ ）
5. 实际气体的压缩过程包括吸气、压缩、排气、余隙气体的膨胀四个过程。（ ）
6. 离心式压缩机在负荷降低到一定程度时,气体的排送会出现强烈的振荡,从而引起机身的剧烈振动,这种现象称为节流现象。（ ）
7. 压缩机旁路调节阀应选气闭式,压缩机入口调节阀应选气开式。（ ）
8. 气体分子量变化再大,对压缩机也不会有影响。（ ）

二、选择题

1. 深度制冷的温度范围在（ ）。
   A. 173K 以内　　　B. 273K 以下　　　C. 173K 以下　　D. 73K 以下
2. 为了提高制冷系统的经济性,发挥较大的效益,工业上单级压缩循环压缩比（ ）。
   A. 不超过 12　　　　　　　　B. 不超过 6～8
   C. 不超过 4　　　　　　　　 D. 不超过 8～10
3. 往复式压缩机压缩过程是（ ）过程。
   A. 绝热　　　　　　　　　　B. 等热
   C. 多变　　　　　　　　　　D. 仅是体积减小压力增大
4. 下列压缩过程耗功最大的是（ ）。
   A. 等温压缩　　　　　　　　B. 绝热压缩
   C. 多变压缩　　　　　　　　D. 以上都差不多
5. 空调所用制冷技术属于（ ）。
   A. 普通制冷　　　B. 深度制冷　　　C. 低温制冷　　D. 超低温制冷

6.往复式压缩机产生排气量不够的原因是（　　）。
A.吸入气体过脏　　　　　　　　　　B.安全阀不严
C.气缸内有水　　　　　　　　　　　D.冷却水量不够
7.离心式压缩机大修的检修周期为（　　）。
A.6个月　　　　B.12个月　　　　C.18个月　　　D.24个月
8.气氨压力越低，则其冷凝温度（　　）。
A.越低　　　　B.越高　　　　C.不受影响　　　D.先低后高

项目 7　连续精馏装置

学习目标

知识目标

1. 通过认识典型中试级的连续筛板精馏装置，学习装置的方案流程图、物料流程图、施工流程图(P&D带控制点的工艺流程图)的构成、内容与要求；
2. 认识和掌握精馏设备及现场阀门和现场图；
3. 认识和掌握精馏装置的DCS控制系统界面及功能；
4. 了解和掌握工业生产中的简单蒸馏装置及蒸馏原理；
5. 了解和掌握工业生产中的精馏装置及精馏原理；
6. 掌握连续筛板精馏塔的操作(开车前准备、开车和停车)与维护；
7. 掌握连续筛板精馏塔操作数据的记录与处理；
8. 掌握精馏过程的控制(对温度、压力、回流等参数的控制)；
9. 掌握精馏过程中可能发生的事故及产生原因与处理方法；
10. 了解精馏设备维护及工业卫生和劳动保护

技能目标

1. 能识读精馏装置的方案流程图、物料流程图、施工流程图(P&D带控制点的工艺流程图)；
2. 能绘制施工流程图(P&D带控制点的工艺流程图)；
3. 能识读精馏装置的现场图和现场各类型阀门；
4. 能识读和介绍精馏装置的DCS控制系统界面及功能；
5. 能查阅相关书籍和资料，了解蒸馏和精馏操作在化工生产中的应用、特点、类别；掌握蒸馏、精馏装置及蒸馏原理；
6. 能完成连续筛板精馏塔的操作(开车前准备、开车和停车)与维护，能够对过程参数进行控制；
7. 能对连续筛板精馏塔操作数据作完整记录，会处理和分析相关数据；
8. 能根据各参数的变化情况、设备运行异常现象，分析故障原因，找出故障并动手排除故障

项目7 连续精馏装置

素质目标

1. 能较熟练地利用各种文献资料收集所需要的信息，并对获取的信息进行筛选与比较，培养学生的自学能力；
2. 在操作时避免遭受职业侵害，体现出自我防护的意识；在操作过程中，体现出经济、环保、成本意识，培养节能减排意识，建立工程概念；了解联锁投运注意事项；掌握紧急情况如何处理；
3. 设备操作过程中分工合作明确，共同解决问题，体现出集体工作的团队精神和合作意识；在汇报中采用简练的语言阐明自己的观点并能说服别人，锻炼语言表达能力、与人沟通的能力和应变能力；
4. 通过方案的现场操作，锻炼学生动手、发现并解决问题的能力

项目7.1 认识连续精馏装置

任务1 认识蒸馏装置和简单精馏装置

 任务描述

任务名称	认识蒸馏装置和简单精馏装置	建议学时	
学习方法	1. 分组、遴选组长，组长负责安排组内任务、组织讨论、分组汇报； 2. 教师巡回指导，提出问题集中讨论，归纳总结		
任务目标	1. 通过传统白酒蒸馏器、工业生产中的简单蒸馏装置的认识，学习蒸馏装置基本结构、工作原理及特点； 2. 通过简单精馏装置的认识，学习精馏装置基本结构、工作原理及特点； 3. 认识其他类型的精馏塔（浮阀塔、泡罩塔、筛板塔）		
课前任务： 1. 分组，分配工作，明确每个人的任务； 2. 预习蒸馏装置和简单精馏装置的构造		准备工作： 1. 工作服、手套、安全帽等劳保用品； 2. 管子钳、扳手、螺丝刀、卷尺等工具	
场地	一体化实训室		
具体任务			
1. 认识传统白酒蒸馏器、工业生产中的简单蒸馏装置； 2. 认识简单精馏装置； 3. 认识其他类型的精馏塔（泡罩塔、筛板塔、浮阀塔）			

 知识准备

蒸馏和精馏能够实现混合液的分离。简单精馏装置主要包括精馏塔、塔釜加热器、换热器、回流罐、产品罐、残液罐等设备。

知识1 认识蒸馏装置

1.认识传统白酒蒸馏器

白酒是人们日常生活中常见的饮品,大多是以高粱、大米等粮食为原料,经过糖化、发酵、蒸馏等工序加工而成。发酵好的酒醪中含有许多其他物质,因此要用蒸馏的方法进行提纯,得到可以饮用的白酒。图7-1展示了传统生产中的白酒蒸馏装置。

图7-1 传统白酒蒸馏器

蒸馏器是蒸馏装置中的核心设备。图中展示的蒸馏装置中蒸馏器是由"蒸桶"和"锅"组成的,加热锅内的水并产生水蒸气,水蒸气进入装有很多酒醪的蒸桶,水蒸气与酒醪充分接触,并将热量传递给酒醪,使酒醪中的酒精汽化,随着加热过程的进行,酒精不断汽化,酒气的浓度不断增加,酒气经过冷凝后得到白酒,最终能够从含酒精5度左右的发酵酒醪中获得40～65度的白酒,所以人们常说白酒是"蒸"出来的。

蒸馏器不仅可用来蒸酒,也可用来蒸馏其他物质,如香料、水银等。俗话说"造香靠发酵,提香靠蒸馏"。

在传统白酒蒸馏器中通过加热和冷却,能够实现混合液的分离。但在工业生产中,我们会遇到一些新的问题。例如,有些混合液在分离时不能用水蒸气直接加热,如苯-甲苯溶液的分离就不能用水蒸气直接加热。另外传统白酒蒸馏器还存在设备不紧凑,过于分散;占地面积大,热量损失多等缺点。

从"蒸"白酒的过程中可以看出,在蒸馏桶中承担"蒸"这项任务的是汽,在"蒸"的过程中,它将酒醪中的酒精蒸出来,气态的酒精经过冷凝后得到的就是产品白酒。一"蒸"一"冷"就构成了蒸馏生产的关键过程。

2.认识工业生产中的简单蒸馏装置

图7-2展示的是一套简单蒸馏装置,这是一种间歇式的生产设备。在这

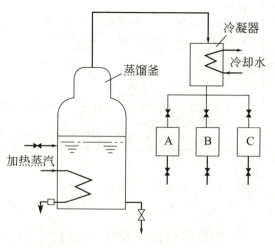

图7-2 简单蒸馏装置

套装置中，主要的设备有蒸馏釜、加热蒸汽系统、冷凝器以及A、B、C三个用于贮存产品的容器。下面将简单蒸馏装置与白酒蒸馏装置做一个对比，找出这两种装置都有哪些不同的地方。

（1）蒸馏釜代替了"蒸桶"。

（2）加热蒸汽系统代替了"锅"的作用。在传统的白酒蒸馏装置中，蒸汽直接进入酒醅中，这是一种直接加热的方式；而在简单蒸馏装置中采用的是蛇管加热器，加热蒸汽是不与蒸馏釜中的溶液接触的，这是一种间接加热的方式。

（3）简单蒸馏装置用了A、B、C三个容器贮存产品，而在白酒蒸馏装置中贮存产品只有一个容器。

练一练

（1）直接加热方式与间接加热方式对蒸馏过程可能会产生什么影响呢？

（2）为什么简单蒸馏装置用了3个容器贮存产品？

3.简单蒸馏原理

从白酒的生产过程了解到，蒸馏过程使白酒的酒精浓度得到了提高。为什么蒸馏过程能使浓度提高呢？

首先来对比白酒中乙醇和水的沸点，乙醇的沸点是78.4℃，水的沸点是100℃，沸点可以表示物质挥发性能的大小。在一定的压力下，物质的沸点越低，越容易挥发；而沸点越高，越难挥发。因此乙醇和水比较，乙醇比较容易挥发，而水较难挥发。在"蒸"酒的过程中，酒醅中含有乙醇和水的混合液，当混合液被加热时，沸点低的乙醇汽化出来，成为气态的乙醇，经过冷凝后得到液态的乙醇。而水则存留在混合液中，随着蒸馏过程的进行，乙醇不断地挥发，混合液中的乙醇浓度逐渐降低，当塔顶产品或蒸馏釜中乙醇浓度降低到规定值时，蒸馏过程结束。

间歇式蒸馏的特点：

（1）待分离的混合液是一次性加入蒸馏釜中的，完成一批分离再进行第二批的分离；

（2）塔顶产品直接采出，而且随着蒸馏过程的进行采出的产品浓度不断降低；

（3）得到的产品浓度不可能很高，不能实现较为完全的分离，因而称为简单蒸馏。

为什么在简单蒸馏装置中设有A、B、C三个贮罐呢？如果将整个蒸馏过程分为"开始阶段""中间阶段""最后阶段"三个阶段，三个贮罐就分别贮存三个阶段蒸出的产品。在间歇蒸馏过程中，产品的浓度是不断降低的，所以开始阶段的产品浓度最低；最后阶段的产品浓度最高，而中间阶段的产品浓度介于开始和最后阶段产品浓度之间。所以采用三个贮罐的好处是可以得到三种浓度不同的产品。

知识2　认识简单精馏装置

从间歇式蒸馏的特点中发现间歇式蒸馏装置不能得到高纯度的产品。那么什么样的装置可以实现连续的生产操作，能得到高纯度的产品呢？

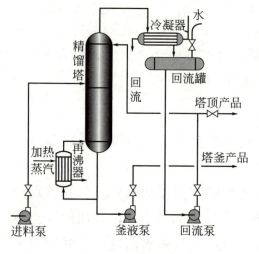

图7-3　精馏装置

图7-3展示的是一种连续生产的精馏装置。这种分离装置在石油化工生产中使用非常广泛。它不仅能实现连续生产，还能得到高纯度的产品。下面来认识这套装置中的主要设备。

（1）进料泵　这是一个输送流体的设备。

（2）再沸器　从图中可以看到有加热蒸汽进入这个设备，因此它是加热设备，是一个立式的换热器。

（3）精馏塔　从外形看它是一个较大直径的圆筒形设备。它的高度可以是几米或者是几十米。

（4）冷凝器　属于传热设备，是一个卧式的换热器。

（5）回流罐　用于贮存回流液，是一个容器。

（6）釜液泵　这也是一个输送流体的设备。它将釜液送出，成为塔釜产品。

很显然这套装置与简单蒸馏装置相比要复杂一些。

精馏装置的生产流程如下：

① 待分离的混合液通过进料泵连续不断从精馏塔的中部进入。

② 塔顶设有冷凝器。被冷凝的产品一部分从塔顶回流至塔内，一部分作为塔顶产品收集。

③ 塔底设有再沸器，进入再沸器的塔底溶液经过加热后，一部分回流至

塔内，一部分作为塔底产品收集。

由于在塔顶能得到较高浓度的产品，实现较完全的分离，所以被称为精馏。

综合练习

认识了上述三种蒸馏装置，它们都有什么相同的设备，又有哪些设备是不同的，请你完成下面的填空练习。

1. 相同的设备有：

蒸馏设备。在白酒蒸馏装置中称为_____；在简单蒸馏装置中称为_____；在精馏装置中称为_____。

加热设备。在白酒蒸馏装置中用于加热的设备称为_____；在简单蒸馏装置使用的是_____；在精馏装置中的加热设备称为_____。

冷凝设备。在白酒蒸馏装置中使用的是冷凝器，这种冷凝器中有弯曲的蛇管，所以这也是种_____换热器；在简单蒸馏装置中使用的也是一种_____；而精馏装置中使用的是一种卧式的_____。

2. 不同的设备有：（请将你的分析结果写在下面。）

_____

知识3　认识其他类型的精馏塔（浮阀塔、泡罩塔、筛板塔）

精馏塔的结构可分为两类，一种是板式塔，另一种是填料塔，填料塔在吸收单元中已经介绍过。板式塔结构如图7-4所示，塔体为一圆形筒体，塔内装有多层塔板，塔板的形式有许多种，而精馏塔常常以塔板的名称来命名，下面就来认识各种不同塔板组成的精馏塔。

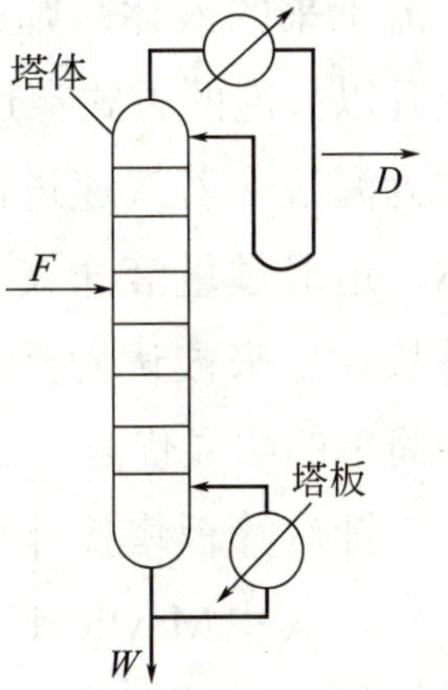

1. 泡罩塔

泡罩塔是Cellier于1813年提出的最早实现工业应用的精馏塔。泡罩塔属于板式塔的一种。

泡罩塔的塔板结构如图7-5所示，在一块圆形板上，开有若干规则排列的圆孔，每个圆孔都装有升气管，泡罩固定在升气管上。当液体通过降液管从上一块塔板流入下一块塔板时，液体在塔板上和泡罩内形成了一定高度的液层，见图7-6；气体从升气管进入，升至泡罩后又沿泡罩转向下流动，从升气管外

图7-4　板式塔结构

侧的液层中穿出，继续向上一层塔板流动。气体在穿越液层时，发生传热和传质过程。

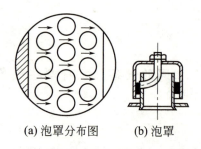

(a) 泡罩分布图　(b) 泡罩

图7-5　泡罩塔的塔板结构情况

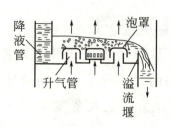

图7-6　泡罩塔板上气液流动

泡罩塔最大的优点是易于操作，操作弹性大。当液体流量变化时，由于塔板上液层厚度主要由溢流堰高度控制，使塔板上液层厚度变化很小。若气体流量变化，泡罩的开启度会随气体流量改变自动调节，故气体通过泡罩的流速变化亦较小。于是，塔板操作平稳，气液接触状况不因气液负荷变化而显著改变。

泡罩塔的缺点是结构复杂，造价高，气体通过每层塔板的压降大等。因此现在泡罩塔的应用已经比较少了。

2. 筛板塔

筛板塔内装有若干块按一定的间距安装的筛板，见图7-7（a），筛板上开有许多筛孔，起到均匀分散气体的作用。筛板塔正常运行时，从上一层塔板上流下来的液体从筛板上横向流过，并保持一定的液层高度，气体则从筛孔上升以鼓泡的方式穿过液层，见图7-7（b）。当气速过低时液体会从筛孔漏下，称为漏液；若气速过高时，气体从筛孔上升并穿过液层时会带走一定量的液体，造成过量液沫夹带，漏液和液沫夹带都属于不正常的操作。所以，筛板塔长期以来被认为操作困难、操作弹性小而受到冷遇。然而，筛板塔具有结构简单的明显优点。

针对筛板塔操作中存在的问题，美国Celanese公司对筛板塔进行了大量研究。其中Mayfield等的研究结论表明，只要筛板塔设计合理，操作得当，筛板塔不仅可稳定操作，而且操作弹性可达2～3，能满足生产要求。在对筛板塔作出改进后，筛板塔一直是世界各国广泛应用的塔型。生产实践说明，筛板塔比起泡罩塔，生产能力可增大10%～15%，板效率约提高15%，单板压降可降低30%左右，造价可降低20%～50%。

项目7 连续精馏装置

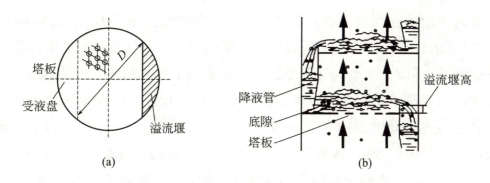

图7-7 筛板结构及板上气液相的流动

3.浮阀塔

在筛板塔的基础上，每个筛孔处安置一个可上下移动的阀片。见图7-8，其特点是当筛孔气速高时，阀片被顶起，气体穿过阀片并通过阀片周围的液层向上流动；孔速低时，阀片因自重而下降。阀片升降位置随气流量大小作自动调节，从而使进入液层的气速基本稳定。又因气体在阀片下侧水平方向进入液层，既减少液沫夹带量，又延长气液接触时间，可以收到很好的传质效果。

浮阀的形状如图7-8、图7-9所示。浮阀有三条带钩的腿。将浮阀放进筛孔后，将其腿上的钩扳转90°，可防止操作时气速过大将浮阀吹脱。此外，浮阀边沿冲压出三块向下微弯的"脚"。当筛孔气速降低浮阀降至塔板时，靠这三只"脚"使阀片与塔板间保持2.5mm左右的间隙；在浮阀再次升起时，浮阀不会被粘住，可平稳上升。

浮阀塔的生产能力比泡罩塔大20%～40%，操作弹性可达7～9，板效率比泡罩塔约高15%，制造费用为泡罩塔的60%～80%，为筛板塔的120%～130%。浮阀一般都用不锈钢制成。

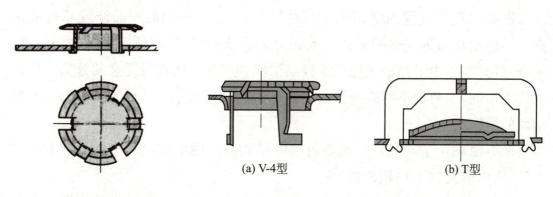

图7-8 浮阀（F1型） 图7-9 浮阀

国内常用的浮阀有三种，即图7-8所示的F1型及图7-9所示的V-4型与T型。V-4型的特点是阀孔被冲压成向下弯的喷嘴形，气体通过阀孔时因流道形状渐变可减小阻力。T型阀则借助固定于塔板的支架限制阀片移动范围。三类浮阀中，F1型浮阀最简单，该类型浮阀已被广泛使用。F1型阀又分重阀与轻阀两种，重阀用厚度2mm的钢板冲成，阀质量约33g，轻阀用厚度1.5mm的钢板冲成，质量约25g。阀重则阀的惯性大，操作稳定性好，但气体阻力大。一般采用重阀。只有要求压降很小的场合，如真空精馏时才使用轻阀。

浮阀是20世纪第二次世界大战后开始研究，50年代开始使用的一种新型塔板，后来又逐渐出现各种形式的浮阀，其形式有圆形、方形、条形及伞形等。如图7-10、图7-11所示。

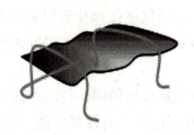

图7-10　方形浮阀

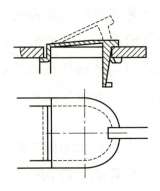

图7-11　喷射塔板

小调研

如果你想了解最新的塔板结构，可以查阅资料或上网搜一下，将你查到的有关塔板最新资料写成一篇调研报告。

4.精馏原理

在简单蒸馏装置的学习中，有这样一句话："得到的产品浓度不可能很高，不能实现较为完全的分离，因而称为简单蒸馏。"在精馏装置的学习中，也有一句话："由于在塔顶能得到较高浓度的产品，实现较完全的分离，所以被称为精馏。"两种不同的装置，达到不同的分离效果，其原因是蒸馏釜与精馏塔的结构完全不同。

图7-12展示了筛板式精馏塔内部的结构。从图中可以看出塔内装有"塔板"，这个塔共装了14块塔板。

为什么在这样的装置中就能得到高纯度的产品呢？我们将精馏塔与简单

蒸馏装置中的蒸馏釜作一些对比。

（1）将简单蒸馏装置中的蒸馏釜看作是一块塔板，那么精馏塔就相当于将14个蒸馏釜叠在了一起，一个精馏塔就相当于14个蒸馏釜。

（2）将蒸馏釜中完成的乙醇蒸发看作是一次汽化，那么精馏塔就是完成了14次汽化。

（3）蒸馏釜中完成一次汽化就将乙醇的浓度提高了一次，精馏塔内的14次汽化就是将乙醇浓度提高了14次。

通过上述对比可以得出，在精馏塔中进行了多次的汽化过程，每一次汽化都是一次分离，而每次分离都提高了乙醇的浓度，所以最终从塔顶可以得到浓度较高的乙醇产品。

现在我们可以将精馏的原理总结如下：利用液相混合物中各个组分的沸点不同，采用加热的方法使混合液产生汽化，由于轻组分的沸点低，重组分的沸点高，所以在汽化时，轻组

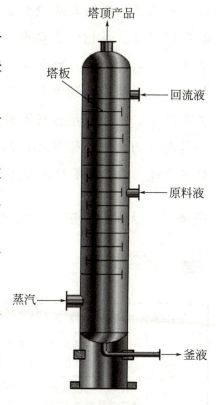

图7-12 精馏塔内部结构

分汽化的多，而重组分汽化的少，将汽化后的蒸气采出后冷凝，得到的混合液中轻组分浓度就高于原来的混合液中轻组分的浓度，经过多次这样的汽化和冷凝，就可以实现轻组分和重组分分离，得到纯度较高的产品。

> **知识链接**

精馏塔作为一种重要的化工设备，应用范围非常广泛，主要应用于以下几个领域。石油化工领域：精馏塔主要用于原油和炼油副产品的深度处理和再加工。化学药品领域：精馏塔主要用于分离各种药品成分、纯化农药和医药中间体等。食品工艺领域：在白酒、啤酒等食品加工过程中，精馏塔主要用于酒花油提取、纯化、除臭等工艺。精细化工领域：精馏塔主要用于分离纯化各种有机物和化合物，如分离苯环类物质等。其他领域：精馏塔还广泛应用于化工、轻工、食品、医药、环保、钢铁、电力等领域，为这些领域的发展和进步做出了重要贡献。

未来随着化工工艺的不断发展和优化，精馏塔的应用领域将会越来越广

泛。未来精馏塔的发展趋势主要包括以下几个方面：在应用过程中提高安全性和环保性，精馏塔需要承受较高的压力和温度，在设计和运行上需要更安全可靠，同时需要减少污染排放。智能化和自动化水平提高，未来的精馏塔将会实现更为精准的流量、温度控制和精馏效果分析，最终提高工艺的稳定性和效率。节能减排方面得到进一步提高。随着能源问题的日益严重，节能减排也成为未来精馏塔发展的重要方向，预计未来将会有更多的新型材料和装置出现，以实现更好的热力学性能和节能效果。

任务2 认识筛板式连续精馏装置

 任务描述

任务名称	认识筛板式连续精馏装置	建议学时	
学习方法	1.分组、遴选组长，组长负责安排组内任务、组织讨论、分组汇报； 2.教师巡回指导，提出问题集中讨论，归纳总结		
任务目标	1.通过筛板式连续精馏装置（中试级）现场图及主要设备和阀门的认识，学习筛板式连续精馏装置基本结构、工作原理及特点； 2.认识和绘制带控制点的筛板式连续精馏装置工艺流程图； 3.通过筛板式连续精馏装置DCS控制系统的认识，学习筛板式连续精馏装置； 4.通过筛板式连续精馏装置流程的认识，学习筛板式连续精馏装置； 5.学习筛板式连续精馏装置产品量、塔顶产品回收率、回流及回流比的计算		
课前任务： 1.分组，分配工作，明确每个人的任务； 2.预习筛板式连续精馏装置的构造		准备工作： 1.工作服、手套、安全帽等劳保用品； 2.管子钳、扳手、螺丝刀、卷尺等工具	
场地	一体化实训室		
具体任务			
1.认识筛板式连续精馏装置（中试级）现场图及主要设备和阀门； 2.认识和绘制带控制点的筛板式连续精馏装置工艺流程图； 3.认识筛板式连续精馏装置DCS控制系统； 4.认识筛板式连续精馏装置流程； 5.学习筛板式连续精馏装置产品量、塔顶产品回收率、回流及回流比的计算			

 知识准备

通过对筛板式连续精馏装置(中试级)现场图及主要设备和阀门的认识，学

项目7 连续精馏装置

习筛板式连续精馏装置基本结构、工作原理及特点，进一步绘制筛板式连续精馏装置工艺流程图。

📩 知识1 筛板式连续精馏装置（中试级）现场图及主要设备和阀门

图7-13是某型号的筛板式连续精馏装置现场图，本单元采用常压精馏操作，原料液为酒精和水的混合液，分离后塔顶馏出液为高浓度的酒精产品，塔釜残液主要是水。其常压精馏流程：原料槽V703内约20%的水-乙醇混合液，经原料泵P702输送至原料加热器E701，预热后，由精馏塔中部进入精馏塔T701，进行分离，气相由塔顶馏出，经冷凝器E702冷却后，进入回流罐V705，经产品泵P701，一部分送至精馏塔上部第一块塔板作回流用；一部分送至塔顶产品罐V702作产品采出。塔釜残液经塔底换热器E703冷却后送到残液罐V701，也可不经换热，直接到残液罐V701。

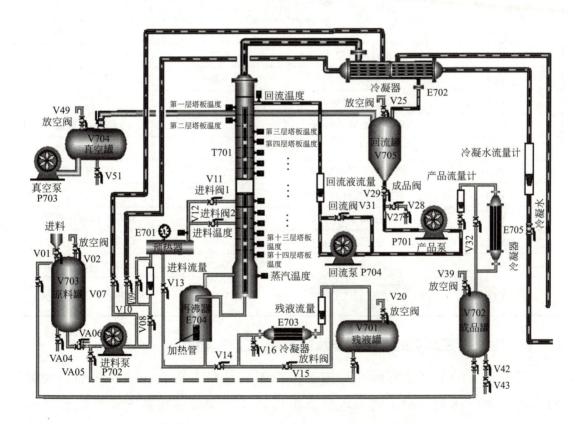

图7-13 某型号筛板式连续精馏装置现场图

认真观察精馏塔现场图，并对照表7-1认识和了解主要设备及位号。

表7-1 精馏装置主要设备及位号

设备位号	名称	设备位号	名称
V703	原料罐	P702	原料进料泵
V704	真空缓冲罐	P703	真空泵
E701	原料预热器	P704	回流泵
E704	塔釜再沸器	P701	产品泵
T701	精馏塔	E703	塔底残液冷却器
V701	残液罐	V705	回流液缓冲罐
V702	塔顶产品罐	E705	塔顶产品二次冷凝器
E702	塔顶冷凝器		

认真观察精馏塔现场图,并对照表7-2认识和了解主要阀门及位号。

表7-2 精馏装置主要阀门及位号

阀门位号	名称	阀门位号	名称
V01	原料罐进料阀	V15	再沸器排污阀
V02	原料罐放空阀	V16	塔底冷凝器排污阀
V04	原料罐出料阀	V20	残液罐放空阀
V06	进料泵前阀	V25	回流罐放空阀
V07	塔顶冷凝器进料阀	V27	回流罐排料阀
V08	进料泵后阀	V28	回流罐排料阀
V09	塔顶冷凝器出料阀	V29	产品泵前阀
V10	原料泵快速出口阀	V31	回流阀
V11	第十层塔板进料阀	V32	塔顶产品罐进料阀
V12	第十二层塔板进料阀	V39	塔顶产品罐放空阀
V13	预热器排污阀	V42	塔顶产品罐出料阀
V14	再沸器与塔底冷凝器连接阀	V43	塔顶产品罐出料阀

知识2 带控制点的筛板式连续精馏装置工艺流程图

带控制点的工艺流程图也称施工流程图,是在方案流程图的基础上绘制的内容较为详尽的一种工艺流程图,是设计、绘制设备布置图和管道布置图的基础,又是施工安装和生产操作时的主要参考依据。在施工流程图中应把生产中涉及的所有设备、管道、阀门以及各种仪表控制点都画出。施工流程图的具体内容如下:

项目7 连续精馏装置

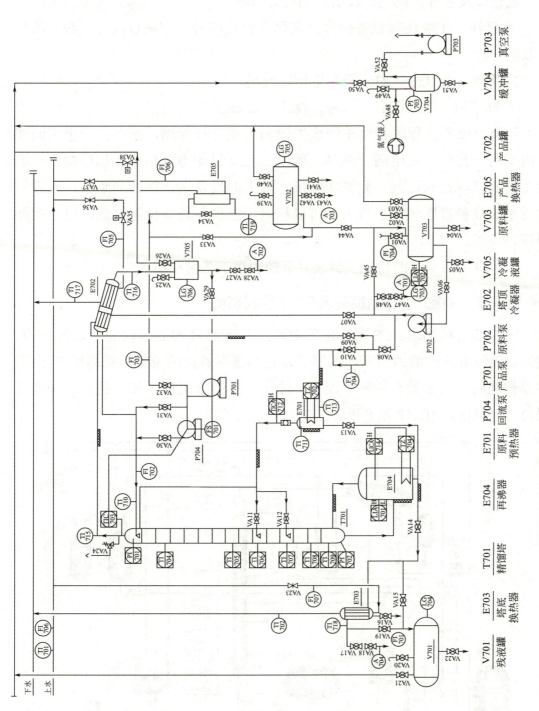

图7-14 某型号精馏实训装置带控制点工艺流程图

① 图形 将全部工艺设备按简单形式展开在同一平面上,再配以连接的主、辅管线及管件,阀门、仪表控制点等符号。

② 标注 主要注写设备位号及名称、管段编号、控制点代号、必要的尺寸数据等。

③ 图例 为代号、符号及其他标注说明。

④ 标题栏 注写图名、图号、设计阶段等。

管道及仪表流程图是以车间或工段为主项进行绘制,原则上一个车间或工段绘制一张图,使用同一图号;所以工艺流程图不按精确比例绘制,一般设备图例只取相对比例,允许实际尺寸过大的设备按比例适当缩小,实际尺寸过小的设备按比例适当放大,可以相对示意出各设备位置高低,整个图面协调、美观。

图7-14为某型号的精馏实训装置带控制点工艺流程图。

知识3 筛板式连续精馏装置DCS控制系统

图7-15是精馏塔DCS图。在图中可以看到温度的显示仪表,以及压力、温度、流量和液位的调节器,根据需要它们都有各自的位号。在精馏单元中,主要控制的工艺参数有四种:流量、液位、压力和温度,相应的显示或调节器位号分别以F、L、P和T开头。

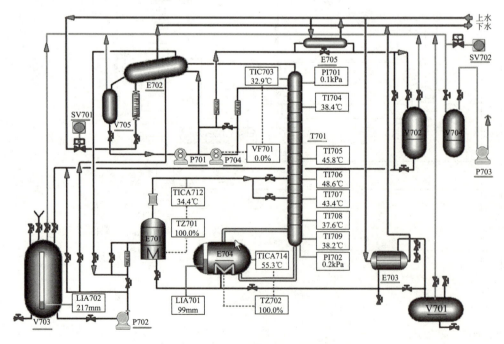

图7-15 某型号精馏实训装置DCS图

项目7 连续精馏装置

认真观察精馏塔DCS图,并对照表7-3认识重要的温度显示仪表及其正常工况操作参数。

表7-3 重要的温度显示仪表及其正常工况操作参数

位号	显示变量	正常值范围	单位
TI709	精馏塔塔釜温度	80~100	℃
TICA712	预热器出口温度	77~85	℃
TICA714	再沸器温度	80~100	℃
TIC703	精馏塔顶温度	78~80	℃

认真观察精馏塔DCS图,并对照表7-4认识调节器及其正常工况操作参数。

表7-4 流量、液位和压力正常工况操作参数

仪表名称或位号	调节变量	正常值	单位
进料流量计	进料流量	40	L/h
冷凝器上冷却水流量计	冷凝器上冷却水流量	400~600	L/h
回流流量计	回流流量	由塔顶温度控制	L/h
塔顶产品流量计	塔顶产品流量	由回流液缓冲罐液位控制	L/h
LIA702	原料罐液位	0~650 低限报警:L=100	mm
LIA701	再沸器液位	0~280 高限报警:H=196 低限报警:L=84	mm
PI701	精馏塔顶压力	0.5	kPa
PI702	精馏塔釜压力	5.5	kPa

知识4 筛板式连续精馏装置流程

结合精馏塔现场图和精馏塔DCS图,阅读下面关于精馏流程的描述。

(1)进料 质量浓度为15%左右的酒精原料从原料罐V703中由原料泵P702输入至原料预热器E701,经第十二块塔板进入精馏塔内,流入再沸器E704至一定液位,停泵P702。待有塔顶产品采出时,以约40L/h的流量连续进料。

(2)加热 启动TZ701、TZ702分别对预热器E701、再沸器E704内的原料进行加热,预热器E701出口温度TICA712升至75℃时,降TZ701加热功率,保温。塔顶气体:从精馏塔顶出来的气体经过位号为E702的塔顶冷凝器冷凝为液体后进入回流液缓冲罐V705,回流罐的液体由位号为P701、P704的

产品泵和回流泵抽出,一部分作为回流由回流调节阀控制流量送回精馏塔;另一部分则作为产品由塔顶产品进料阀V32控制产品流量并采出,根据回流液缓冲罐液位调节产品采出量。

(3) 塔顶、塔釜压力　精馏塔的塔顶、塔釜压力由回流流量、塔釜加热量控制,同时调节回流液缓冲罐的不凝气排放量,调节与控制塔顶压力。

(4) 塔釜液体　从塔底出来的液体有一部分进入再沸器E704,加热后产生蒸气并送回精馏塔;另一部分由残液流量计控制流量作为塔釜残液采出。根据塔釜液位调节残液采出量。

知识5　筛板式连续精馏装置有关产品的计算

1. 产品量的计算

如图7-16所示,待分离的原料液流量用F表示,单位为kmol/h,混合液中轻组分的摩尔分数用x_F表示,经过精馏塔的分离后,得到的塔顶产品流量用D表示,单位为kmol/h,其中轻组分的摩尔分数用x_D表示,塔底产品流量用W表示,单位为kmol/h,其中轻组分的摩尔分数用x_W表示。关于产品量的计算公式可以通过全塔的物料衡算方法得出。

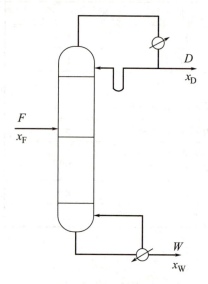

图7-16　全塔物料衡算示意

全塔物料衡算式:

$$F = D + W \tag{7-1}$$

全塔轻组分的物料衡算式:

$$Fx_F = Dx_D + Wx_W \tag{7-2}$$

将上述两个衡算式进行替代后,可以得到产品量的计算式:

塔顶产品量计算式:

$$D = \frac{F(x_F - x_W)}{x_D - x_W} \tag{7-3}$$

塔底产品量计算式:

$$W = \frac{F(x_D - x_F)}{x_D - x_W} \tag{7-4}$$

【**实例7-1**】 在图7-16所示的精馏操作中,要求将酒精水溶液进行分离,已知酒精水溶液的流量是20kmol/h,其中乙醇的摩尔分数为40%,要求经过分离后得到的塔顶产品中乙醇的摩尔分数为89%,塔底产品中乙醇的摩尔分数不大于3%,请计算在上述分离质量的要求下,得到的塔顶产品量D和塔底产品量W分别是多少(单位:kmol/h)。

计算向导:

(1)写出计算公式

塔顶产品量计算式:$D=$＿＿＿＿;塔底产品量计算式$W=$＿＿＿＿。

(2)确定已知条件

原料液(酒精水溶液)流量$F=$＿＿＿＿kmol/h;

原料液中乙醇的摩尔分数$x_F=$＿＿＿＿;

塔顶产品中乙醇的摩尔分数$x_D=$＿＿＿＿;

塔底产品中乙醇的摩尔分数$x_W=$＿＿＿＿。

(3)计算塔顶产品量D

$$D = \frac{F(x_F - x_W)}{\underline{\quad}} = \frac{20 \times (\underline{\quad} - \underline{\quad})}{0.89 - \underline{\quad}} = \underline{\quad\quad} (\text{kmol/h})$$

(4)计算塔底产品量W

$$W = \frac{F(x_D - x_F)}{\underline{\quad} - x_W} = \frac{20 \times (\underline{\quad} - 0.4)}{0.89 - \underline{\quad}} = \underline{\quad\quad} (\text{kmol/h})$$

(答案:塔顶产品量$D=$8.6kmol/h,塔底产品量$W=$11.4kmol/h,你算对了吗?)

2.塔顶产品回收率

在精馏计算中,常常使用回收率ϕ来表示分离的效果,回收率的计算式如下:

$$\phi = \frac{Dx_D}{Fx_F} \times 100\% \qquad (7\text{-}5)$$

式中 Dx_D——塔顶产品中轻组分的流量,kmol/h;

Fx_F——原料液中轻组分的流量,kmol/h;

ϕ——从原料液中回收的轻组分的百分比,回收率越大,说明分离效果越好。

【实例7-2】 将1500kg/h含苯40%和甲苯60%的溶液在连续精馏塔中进行分离,要求釜残液中含苯不高于2%(以上均为质量分数),苯的回收率为97.1%。操作压强为1atm。请计算塔顶产品和塔底产品的流量及组成,要求流量以kmol/h,组成以摩尔分数表示。

计算向导:
(1)写出计算公式

塔顶产品量
$$D = \frac{F(x_F - x_W)}{x_D - x_W}$$

质量分数换算成摩尔分数的公式

$$x_D = \frac{\dfrac{x_{苯}}{M_{苯}}}{\dfrac{x_{苯}}{M_{苯}} + \dfrac{x_{甲苯}}{M_{甲苯}}}$$

式中 $x_{苯}$、$x_{甲苯}$——苯、甲苯的质量分数;
$M_{苯}$、$M_{甲苯}$——苯、甲苯的摩尔质量,kg/kmol。

(2)确定已知条件

原料液(苯-甲苯溶液)流量F=_____kg/h

原料液中苯的质量分数$x_{F苯}$=_____,甲苯的质量分数$x_{F甲苯}$=_____

塔底产品中苯的质量分数$x_{W苯}$=_____

苯的回收率
$$\phi = \frac{Dx_D}{Fx_F} \times 100\% = \underline{\qquad}$$

苯的摩尔质量($M_{苯}$)=78kg/kmol

甲苯的摩尔质量($M_{甲苯}$)=92kg/kmol

(3)计算原料液的摩尔分数、平均摩尔质量与原料液的摩尔流量

原料液的摩尔分数
$$x_F = \frac{\dfrac{0.4}{78}}{\dfrac{0.4}{78} + \dfrac{0.6}{92}} = 0.44$$

项目7 连续精馏装置

原料液的平均摩尔质量　　　$M_F=0.44×78+0.56×92=85.8$（kg/kmol）

原料液的摩尔流量　　　$F=\dfrac{1500}{85.5}=17.5$（kmol/h）

（4）根据苯的回收率计算苯的回收量

苯的回收量　　$Dx_D=\phi Fx_F=0.971×\underline{\quad}×0.44=\underline{\quad}$

（5）计算塔底产品的摩尔分数与摩尔流量

塔底产品摩尔分数　　　$x_W=\dfrac{\dfrac{0.02}{78}}{\dfrac{0.02}{78}+\dfrac{0.98}{92}}=0.0235$

根据全塔轻组分的物料衡算式：$Fx_F=Dx_D+Wx_W$，计算塔底产品摩尔流量：

塔底产品摩尔流量　　$W=\dfrac{Fx_F-Dx_D}{x_W}=\dfrac{17.5×0.44-\underline{\quad}}{0.0235}=\underline{\quad}$（kmol/h）

（6）计算塔顶产品摩尔流量

根据全塔物料衡算　　　　$F=D+W$

塔顶产品摩尔流量　　　$D=F-W=17.5-\underline{\quad}=\underline{\quad}$（kmol/h）

（7）计算塔顶产品摩尔分数

根据回收率计算式　　　　$Dx_D=\phi Fx_F$

塔顶产品摩尔分数　　　$x_D=\dfrac{\phi Fx_F}{D}=\underline{\quad}=\underline{\quad}$

重要提示：计算向导（1）～（5）中各项物理量单位可以用摩尔流量、摩尔分数进行计算，也可以用质量流量、质量分数进行计算，但各项的单位必须一致。

3. 回流及回流比的计算

（1）什么是回流　图7-17表示的是连续精馏塔的顶部。从图中可以看出塔顶出来的蒸气经过冷凝后，一部分作为塔顶产品收集，而另一部分则送回塔内，这部分送回塔内的产品就称为回流，用符号L表示。

（2）回流的作用　回流是保证精馏操作正常进行

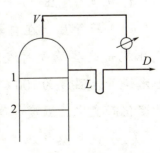

图7-17　塔顶回流

的重要条件，或者说没有回流精馏操作就无法进行，也不可能得到高浓度的产品。那么回流在精馏过程中起着什么样的作用呢？

回流的作用是保证塔板上有一定的液层高度。为什么塔板上一定要有液层呢？在精馏操作中，每一块塔板上都有蒸气自下而上流过，也有液体自上而下流动，在塔板上蒸气和液体相遇，蒸气将热量传给液体，并将液体中的轻组分蒸出；而蒸气传出热量后，重组分就会冷凝成为液体，在这个蒸出和冷凝的过程中，蒸气中的轻组分逐渐增多，而液体中的重组分逐渐增多，当蒸气到达塔顶时，就得到高浓度的轻组分，当液体到达塔底时，就得到高浓度的重组分。所以回流保证了每块塔板上能够正常进行分离过程。

(3) 回流比的计算　回流比计算式：

$$R = \frac{L}{D} \tag{7-6}$$

式中　R——回流比；
　　　L——回流流量，kmol/h；
　　　D——塔顶产品流量，kmol/h。

回流量的大小对产品流量和产品质量都有着非常大的影响，对产品流量的影响可以通过精馏塔顶的物料衡算得出。

精馏塔顶物料衡算：
$$V = L + D \tag{7-7}$$

在精馏塔的正常运行下，塔顶蒸气流量V是一定的，那么从上式中不难看出，回流量L越大，产品流量D就越小。所以合理的回流量是保证精馏生产效益的关键因素。

拓展知识

饱和蒸气压、挥发度、双组分理想溶液的气液相平衡关系

1. 饱和蒸气压

(1) 蒸气压　在自然界中某种液体的表面总是存在着该物质的蒸气，蒸气压就是这些蒸气对液体表面产生的压强。比如，水的表面就有水蒸气压，当水烧开，温度为100℃时，水的蒸气压等于一个大气压。蒸气压会随着温度的变化而变化，温度越高，蒸气压越大；不同的物质蒸气压也不相同。

(2) 饱和蒸气压　一定的温度下，与同种物质的液态处于平衡状态时蒸气所产生的压强叫饱和蒸气压，它随温度升高而增加。例如：放在杯子里的

水,因为不断蒸发会变得愈来愈少。如果把水放在一个密闭的容器里,并抽走上方的空气,当水不断蒸发时,水面上方的蒸气压就不断增加,但是,当温度一定时,蒸气压最终稳定并且不再变化,这时的蒸气压称为水在该温度下的饱和蒸气压。饱和蒸气压是物质的一个重要性质,它的大小取决于物质的本性和温度。饱和蒸气压越大,表示该物质越容易挥发。

当气相压力的数值达到饱和蒸气压力的数值时,液相的水分子仍然不断地汽化,气相的水分子也不断地冷凝成液体,只是由于水的汽化速度等于水蒸气的冷凝速度,液体量才没有减少,气体量也没有增加,液体和气体达到平衡状态。所以,液态纯物质蒸气所具有的压力为其饱和蒸气压力时,气液两相达到了相平衡。

研究表明,液体的饱和蒸气压越大,沸点就越低,挥发性就越强。

2.挥发度

液体的沸点和饱和蒸气压可以表示挥发性的大小,也可以用挥发度来表示。

纯液体挥发度的表示方法: $v_A = p_A/x_A$ $v_B = p_B/x_B$ (7-8)

式中 v_A、v_B——A、B 两个组分的挥发度;

p_A、p_B——A、B 两个组分的饱和蒸气压;

x_A、x_B——A、B 两个组分的摩尔分数。

理想溶液挥发度的表示方法: $v_A = p_A^°$ $v_B = p_B^°$ (7-9)

式中 $p_A^°$、$p_B^°$——A、B 两个组分的饱和蒸气压。

3.相对挥发度

溶液中两个组分的挥发度之比,称为相对挥发度,以 α 表示。

相对挥发度: $$\alpha = \frac{v_A}{v_B}$$

当相对挥发度 $\alpha > 1$ 时,表示 A 组分的挥发度大于 B 组分的挥发度,这种物系的分离就可以采用普通的精馏方法;当相对挥发度 $\alpha \approx 1$,则表示 A 组分的挥发度与 B 组分的挥发度基本相同,就不能用普通蒸馏方法进行分离;因此,相对挥发度的大小,可以用来判定用蒸馏方法进行分离的难易程度。

4.双组分理想溶液的气液相平衡关系

在一定温度和压力下,当溶液达到平衡时,气液相组成之间的变化关系称为气液相平衡关系,可以用拉乌尔定律或者气液相平衡方程来表示。

(1)拉乌尔定律 $\quad p_A = p_A^\circ x_A \quad\quad p_B = p_B^\circ x_B$ (7-10)

式中 p_A、p_B——A、B两个组分的平衡分压,Pa;

p_A°、p_B°——A、B两个组分的饱和蒸气压,Pa;

x_A、x_B——A、B两个组分的摩尔分数。

(2)气液相平衡方程 $\quad y = \dfrac{p_A^\circ x_A}{p}$ (7-11)

用相对挥发度表示的气液相平衡方程: $y = \dfrac{\alpha x}{1+(\alpha-1)x}$ (7-12)

知识链接

反应精馏是蒸馏技术中的一个特殊领域。目前,反应精馏一方面是为提高分离效率而将反应与精馏相结合的一种分离操作,另一方面则是为提高反应收率而借助于精馏分离手段的一种反应过程。反应精馏技术主要分为三种情况:用精馏促进反应、用反应促进精馏和催化精馏。

用精馏促进反应:通过精馏不断移走反应的生成物,产物离开了反应区,从而破坏了原有的化学平衡,使反应向生成产物的方向移动,以提高反应转化率和收率。

用反应促进精馏:在待分离的混合物溶液中加入反应夹带剂,使其有选择地与溶液中的某一组分发生快速可逆反应,以加大组分间的挥发度差异,从而更容易用精馏方法将混合物分离。

催化精馏:实质是一种非均相催化反应精馏。将催化剂填充于精馏塔中,它既起加速反应的催化作用,又作为填料起分离作用,催化精馏具有均相反应精馏的全部优点,既适合于可逆反应,也适合于连串反应。

西安交通大学已经对反应精馏和膜分离工艺进行了研究,取得了很大进展。随着节能和环保的要求日益提高,反应精馏技术将会发挥更大作用,是解决能源危机和缓解三废污染的有效途径。结合了先进的计算机模拟工具,相信反应精馏工艺在未来几十年将会有更好的发展。

项目7　连续精馏装置

项目7.2　操作连续筛板式精馏装置

任务1　学习连续筛板式精馏装置操作过程

 任务描述

任务名称	学习连续筛板式精馏装置操作过程	建议学时	
学习方法	1. 分组、遴选组长，组长负责安排组内任务、组织讨论、分组汇报； 2. 教师巡回指导，提出问题集中讨论，归纳总结		
任务目标	1. 通过对连续筛板精馏装置开车前准备、开车和停车及正常操作注意事项的认识，学习连续筛板式精馏装置操作过程； 2. 通过连续筛板精馏塔操作数据的记录与处理，学习连续筛板式精馏装置操作过程； 3. 掌握精馏过程中可能的事故及产生原因与处理方法； 4. 了解精馏设备维护及工业卫生和劳动保护		
课前任务： 1. 分组，分配工作，明确每个人的任务； 2. 预习连续筛板精馏装置开车前准备、开车和停车及正常操作注意事项等相关知识		准备工作： 1. 工作服、手套、安全帽等劳保用品； 2. 纸、笔等记录工具； 3. 管子钳、扳手、螺丝刀、卷尺等工具	
场地	一体化实训室		
具体任务			
1. 学习连续筛板精馏装置开车前准备、开车和停车及正常操作注意事项； 2. 掌握连续筛板精馏塔操作数据的记录与处理； 3. 掌握精馏过程中可能的事故及产生原因与处理方法； 4. 了解精馏设备维护及工业卫生和劳动保护			

 知识准备

连续筛板式精馏装置操作实训过程主要包括以下步骤：准备工作、开车准备与检查、开车运行、正常停车及数据记录与处理。操作时要提高安全使用水、电、气，高空作业不伤人、不伤己等安全防范意识。

知识1　开车前准备

（1）由相关操作人员组成装置检查小组，对本装置所有设备、管道、阀门、仪表、电气、分析、保温等按工艺流程图要求和专业技术要求进行检查。

（2）检查所有仪表是否处于正常状态。

（3）检查所有设备是否处于正常状态。

（4）用电检查：检查外部供电系统，确保控制柜上所有开关均处于关闭状态；开启外部供电系统总电源开关；打开控制柜上空气开关（1QF）；打开装置仪表电源总开关（2QF），打开仪表电源开关（SA1），查看所有仪表是否上电，指示是否正常；将各阀门顺时针旋转操作到关的状态。

（5）准备原料：配制质量分数约为15%的乙醇溶液约650L，通过原料槽进料阀（V01），加入原料槽。

（6）开启公用系统：将冷却水管进水总管和自来水龙头相连、冷却水出水总管接软管到下水道，已备待用，并记录水、电表初始数值。

知识2　常压精馏开车操作

（1）将配制好的一定浓度的乙醇与水的混合溶液，加入原料槽后搅拌混匀。

（2）开启控制台、仪表盘电源。

（3）开启原料泵进出口阀门（V06、V08）、精馏塔原料液进口阀（V12）。

（4）开启塔顶回流罐放空阀（V25）。

（5）关闭预热器和再沸器排污阀（V13和V15）、再沸器至塔底冷却器连接阀门（V14）、塔顶回流罐出口阀（V28）。

（6）启动原料泵（P702），开启原料泵出口阀门（V10）快速进料，当原料预热器充满原料液后，可缓慢开启原料预热器加热器，同时继续往精馏塔塔釜内加入原料液，调节好再沸器液位，并酌情停原料泵。

（7）启动精馏塔再沸器加热系统，系统缓慢升温，开启精馏塔塔顶冷凝器冷却水进、出水阀门，调节好冷却水流量，关闭回流罐放空阀（V25）。

（8）当回流罐液位达到1/3时，开产品泵（P701）阀门（V29、V31），启动产品泵（P701），系统进行全回流操作，控制回流罐液位稳定，控制系统压力、温度稳定。当系统压力偏高时可通过回流罐放空阀（V25）适当排放不凝性气体。

（9）当系统稳定后，开塔底换热器冷却水进、出口阀，开再沸器与塔底冷凝器连接阀（V14）。

（10）手动或自动开启回流泵（P704）调节回流量，控制塔顶温度，当产品符合要求时，可转入连续精馏操作，开塔顶回流罐至产品槽阀门（V32），通过调节产品流量控制塔顶回流罐液位。

（11）当再沸器液位开始下降时，可启动原料泵，将原料打入原料预热器预热，调节加热功率，原料达到要求温度后，送入精馏塔，或开原料至塔顶换热器的阀门，让原料与塔顶产品换热回收热量后进入原料预热器预热，再送入精馏塔。

（12）调整精馏系统各工艺参数稳定，建立塔内平衡体系。

（13）按时做好操作记录。

知识3　常压精馏停车操作

（1）系统停止加料，停止原料预热器加热，关闭原料液泵进、出口阀（V06、V08），停原料泵。

（2）根据塔内物料情况，停止再沸器加热。

（3）当塔顶温度下降，无冷凝液馏出后，关闭塔顶冷凝器冷却水进水阀，停冷却水，停产品泵和回流泵，关泵进、出口阀（V29、V31和V32）。

（4）当再沸器和预热器物料冷却后，开再沸器和预热器排污阀（V13、V14和V15），放出预热器及再沸器内物料，开塔底冷凝器排污阀（V16）、塔底产品槽排污阀，放出塔底冷凝器内物料、塔底产品槽内物料。

（5）打开塔顶产品罐出料阀（V42、V43），回收塔顶产品。

（6）停控制台、仪表盘电源。

（7）做好设备及现场的整理工作。

知识4　正常操作注意事项

（1）精馏塔系统采用自来水作试漏检验时，系统加水速度应缓慢，系统高点排气阀应打开，密切监视系统压力，严禁超压。

（2）再沸器内液位高度一定要超过100mm，才可以启动再沸器电加热器进行系统加热，严防干烧损坏设备。

（3）原料预热器启动时应保证液位满罐，严防干烧损坏设备。

（4）精馏塔釜加热应逐步增加加热电压，使塔釜温度缓慢上升，升温速度过快，易造成塔视镜破裂（热胀冷缩），大量轻、重组分同时蒸发至塔釜内，延长塔系统达到平衡时间。

（5）精馏塔塔釜初始进料时进料速度不宜过快，防止塔系统进料速度过快、满塔。

（6）系统全回流时应控制回流流量和冷凝流量基本相等，保持回流液槽一定液位，防止回流泵抽空。

（7）系统全回流流量控制在40L/h，保证塔系统气液接触效果良好，塔内鼓泡明显。

（8）在系统进行连续精馏时，应保证进料流量和采出流量基本相等，各处流量计操作应互相配合，默契操作，保持整个精馏过程的操作稳定。

（9）塔顶冷凝器的冷却水流量应保持在400～600L/h，保证出冷凝器塔顶液相在30～40℃，塔底冷凝器产品出口保持在40～50℃。

（10）分析方法可以为酒精密度计分析或色谱分析。

知识5　数据记录与处理

常压精馏操作数据记录与处理见表7-5。

表7-5　常压精馏操作数据记录与处理

序号	时间	进料系统				塔系统											冷凝系统				回流系统				残液系统
		原料槽液位/mm	进料流量/(L/h)	预热器加热开度/%	进料温度/℃	塔釜液位/mm	再沸器加热开度/%	再沸器温度/℃	第三塔板温度/℃	第八塔板温度/℃	第十塔板温度/℃	第十二塔板温度/℃	第十四塔板温度/℃	塔底蒸气温度/℃	塔底压力/kPa	塔顶压力/kPa	塔顶蒸气温度/℃	冷凝液温度/℃	冷却水流量/(L/h)	冷却水出口温度/℃	塔顶温度/℃	回流流量/(L/h)	产品流量/(L/h)	残液流量/(L/h)	冷却水流量/(L/h)
1																									
2																									
3																									
4																									
5																									
6																									
7																									
操作记事																									
异常现象记录																									
操作人：													指导老师：												

知识6　事故与处理（含隐患排查）

在精馏操作中，学生应能根据各参数的变化情况、设备运行异常现象，分析故障原因，找出故障并动手排除故障，以提高学生对工艺流程的认识度和实际动手能力。事故及产生原因与处理方法见表7-6。

项目7 连续精馏装置

表7-6 事故及产生原因与处理方法

异常现象	产生原因	处理方法
塔压增大	(1) 塔顶冷凝量不够 (2) 塔顶、塔釜采出过少 (3) 塔釜加热量过大	(1) 增加冷凝水流量 (2) 增加塔顶、塔釜采出量 (3) 降低釜温 注意：塔压的增加往往不是某一个原因引起，因此要综合考虑，要有整体解决方案
塔釜温度过高	(1) 塔釜加热量过大 (2) 塔釜液位过高 (3) 塔釜压力增加	(1) 降低釜温 (2) 加大塔釜采出或减少进料量 (3) 按塔压增大方案调整塔压
塔顶温度过高	(1) 塔釜温度过高 (2) 塔顶采出过多 (3) 原料中重组分过高	(1) 按塔釜温度过高方法处理 (2) 减少塔顶采出 (3) 调整原料组成
塔釜液位过高或过低	(1) 塔釜加热量过小或过大 (2) 塔压增大或降低 (3) 采出过多或过少 (4) 进料量过多或不足 (5) 原料中重组分过高	(1)(2)(3) 按上述相应方案调整 (4) 减少或增加进料量 (5) 按上述相应方案调整
塔顶产品质量下降	(1) 回流比过小或塔顶采出过少 (2) 塔釜采出过多 (3) 塔顶或塔釜温度过高 (4) 塔压增大 (5) 原料中重组分过高	(1) 适当增加回流比 (2) 减少塔釜采出 (3)(4)(5) 按上述相应方法调整
塔内发生液泛或雾沫夹带	(1) 塔釜温度过高 (2) 塔釜液位过高 (3) 塔釜加热量过大 (4) 进料温度过高或过低 (5) 塔负荷过大	(1)(2)(3) 按上述相应方案调整 (4) 调整进料温度 (5) 降低进料量以降低塔负荷

知识7 设备维护及工业卫生和劳动保护

1. 设备维护及检修

（1）泵的开、停，正常操作及日常维护。

（2）系统运行结束后，相关操作人员应对设备进行维护，保持现场、设备、管路、阀门清洁，方可以离开现场。

（3）定期组织学生进行系统检修演练。

2. 工业卫生和劳动保护

化工单元实训基地的老师和学生进入化工单元实训基地后必须佩戴合适的防护手套，无关人员不得进入化工单元实训基地。

（1）动设备操作安全注意事项

① 启动风机，上电前观察风机的正常运转方向，通电并很快断电，利用

风机转速缓慢降低的过程，观察风机是否正常运转；若运转方向错误，立即调整风机的接线。

② 确认工艺管线，工艺条件正常。

③ 启动风机后看其工艺参数是否正常。

④ 观察有无过大噪声，振动及松动的螺栓。

⑤ 电机运转时不可接触转动件。

（2）静设备操作安全注意事项

① 操作及取样过程中注意防止静电产生。

② 换热器在需清理或检修时应按安全作业规定进行。

③ 容器应严格按规定的装料系数装料。

（3）安全技术

① 进行实训之前必须了解室内总电源开关与分电源开关的位置，以便出现用电事故时及时切断电源；在启动仪表柜电源前，必须清楚每个开关的作用。

② 设备配有压力、温度等测量仪表，一旦出现异常及时对相关设备停车进行集中监视并做适当处理。

③ 不能使用有缺陷的梯子，登梯前必须确保梯子支撑稳固，面向梯子上下并双手扶梯，一人登梯时要有同伴监护。

（4）行为规范

① 严禁烟火、不准吸烟。

② 保持实训环境的整洁。

③ 不准从高处乱扔杂物。

④ 不准随意坐在灭火器箱、地板和教室外的凳子上。

⑤ 非紧急情况下不得随意使用消防器材（训练除外）。

⑥ 不得靠在实训装置上。

⑦ 在实训基地、教室里不得打骂和嬉闹。

⑧ 使用完的清洁用具按规定放置整齐。

知识链接

电子化学品泛指电子工业使用的专用化学品和化工材料，即电子元器件、印刷线路板、工业及消费类整机生产和包装用各种化学品及材料。《中国制造

项目7　连续精馏装置

2025》将集成电路的发展上升为国家战略。随着我国半导体材料销售额及市场份额不断提高,电子化学品制备的技术研发具有重要意义。电子化学品常通过工业级化学品提纯得到,其中,分离提纯过程是电子化学品生产的关键单元。提纯过程通常采用精馏、吸附、结晶、萃取等多种分离技术集成,其中精馏技术具有分离效率高、产品纯度高、处理量大、可控性强、适用范围广、易于工程化等突出优点,是电子化学品提纯的常用技术和关键技术。

电子级氟化氢对金属和玻璃具有强烈的腐蚀性,具有清洗和蚀刻两大功能,广泛应用于光伏、集成电路等行业。目前最为常用的工艺路线是精馏法。我国科学家使用氟气作为氧化剂,通过吸收塔结合两塔连续精馏的方法,制备得到SEMI-2级别的电子级氢氟酸。

在电子工业中异丙醇可作芯片等表面清洗溶剂,被广泛应用于大规模和超大规模集成电路生产过程的清洗工序。异丙醇的制备方法,其中涉及金属杂质离子的去除是通过多级连续化精馏、蒸馏的方式实现的,常采用共沸精馏或萃取精馏过程。我国科学家采用萃取精馏回收异丙醇,萃取剂使用的是乙二醇,考察了溶剂比、回流比、塔板数、进料位置、采出量等对异丙醇产品质量分数及单次收率的影响,设计了异丙醇废溶剂回收制备电子级异丙醇的工艺流程,异丙醇质量分数≥99.99%。

精馏技术作为重要的分离手段,具有分离精度高、处理量大、技术通用性强等优点,在电子纯化学品制备中是核心技术之一。

任务2　学习精馏过程运行状况

 任务描述

任务名称	学习精馏过程运行状况	建议学时	
学习方法	1.分组、遴选组长,组长负责安排组内任务、组织讨论、分组汇报; 2.教师巡回指导,提出问题集中讨论,归纳总结		
任务目标	1.通过对精馏段与提馏段、进料板、塔内气液相的流动情况、塔顶产品的采出与回流、塔底产品的采出与返回的认识,学习精馏过程的运行状况; 2.通过回流、温度、压力、塔板数的认识,学习精馏过程的正常运行条件; 3.了解精馏塔混合物进料的热状况及进料位置对精馏过程的影响		
课前任务: 1.分组,分配工作,明确每个人的任务; 2.预习连续筛板精馏装置精馏过程的正常运行条件等相关知识		准备工作: 1.工作服、手套、安全帽等劳保用品; 2.纸、笔等记录工具; 3.管子钳、扳手、螺丝刀、卷尺等工具		

场地	一体化实训室
具体任务	
1. 掌握精馏段与提馏段、进料板、塔内气液相的流动情况、塔顶产品的采出与回流、塔底产品的采出与返回； 2. 通过回流、温度、压力、塔板数的认识，掌握精馏过程的正常运行条件； 3. 了解精馏塔混合物进料的热状况及进料位置对精馏过程的影响	

知识准备

通过对精馏段与提馏段、进料板、塔内气液相的流动情况、塔顶产品的采出与回流、塔底产品的采出与返回的认识，了解精馏过程的运行状况。

知识1　了解精馏过程的运行状况

1. 精馏段与提馏段

见图7-18，在生产中通常将进料板以上的部分称为精馏段，进料板以下的部分称为提馏段。在精馏段内越往塔顶轻组分的浓度越来越高，得到浓度较高的塔顶产品，在提馏段内越往塔底重组分的浓度越来越高，得到浓度较高的塔底产品。因此生产中常说精馏段提浓的是轻组分，而提馏段提浓的是重组分。

在整个精馏塔内，塔底的温度最高，而塔顶的温度最低。

2. 进料板

进料板的位置取决于混合液的浓度，生产上要求混合液的浓度要尽量与进料板上液体的浓度接近，这样混合液进入塔内后，不会因为浓度相差太大而破坏塔内的气液相平衡。精馏塔常设有多个进料口，这是为了在混合物浓度发生变化时，可以选择合适的进料口。

3. 塔内气液相的流动情况

从图7-18中看到气相在压差的作用下逐板向上流动，液相在重力的作用下逐板向下流动。每层塔板上都有一定厚

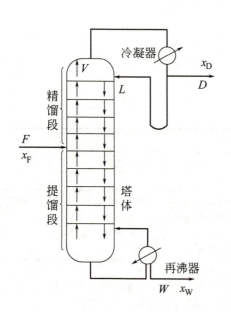

图7-18　精馏塔内气液相流动情况

度的液体层,当气体向上流动时要穿过液体层,并与液体相互接触,在气体向液体传热的同时有部分气体冷凝;而在液体得到热量的同时有部分液体汽化,冷凝的大多是重组分,并进入液相,汽化的大多是轻组分,并进入气相,在每块塔板上都进行着这样的冷凝和汽化过程,每一次的冷凝都会使液相中的重组分浓度增大,而每一次的汽化都会使气相中的轻组分浓度增大,这就是生产中常说的多次部分汽化和多次部分冷凝使混合液得到分离。上述过程还说明了在每层塔板上不仅有热量的传递,而且还有质量的传递。

4. 塔顶产品的采出与回流

见图7-19,从精馏塔顶部出来的气相首先进入冷凝器,冷凝后的液体一部分作为回流送回塔内,其余的部分再经过冷却器降低温度后作为产品采出,生产中通过控制回流比的大小来保证产品的质量。

5. 塔底产品的采出与返回

见图7-19,从精馏塔底部出来的液相首先进入再沸器,经过加热后有一部分汽化成蒸气,将蒸气从塔底又送回精馏塔,所以再沸器为精馏过程提供了足够的蒸气。

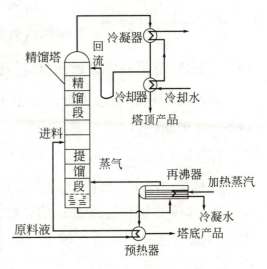

图7-19 连续精馏装置与流程

✏️ **练一练**

(1) 从精馏塔的运行过程中我们了解到,在精馏塔内,越接近塔顶,气相中的_____浓度越来越大,温度越来越_____;越接近塔底,液相中的重组分浓度越来越_____,温度也越来越_____。

(2) 从塔顶送入的回流液使精馏塔内每一块板上保持一定的液位高度,从塔底送入的蒸气穿过每一块塔板上的液体层,因此回流和蒸气保证了塔板上_____和_____过程的正常进行。

⚛️ **小调研**

从上面的学习中我们了解到精馏塔分为精馏段和提馏段,是不是精馏塔一定都要有精馏段和提馏段呢?

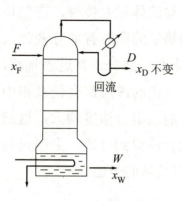

图7-20 间歇精馏

在有些生产中，精馏塔只有精馏段，例如间歇精馏，见图7-20。原料液一次性加入精馏釜，釜中液体达到规定的浓度后，精馏操作即被停止，可以看出间歇精馏塔只有精馏段没有提馏段。它一般用于回收稀溶液中的轻组分，对浓度要求不高，或物系在低浓度范围内的相对挥发度较大的精馏，例如从稀氨水中回收氨。

请同学们查阅资料或上网搜一下，了解只有提馏段没有精馏段的生产情况。

知识2　了解精馏装置正常运行的条件

精馏过程能够正常进行，完成生产任务，并达到规定的质量要求，必须具备一定的条件。

1. 回流

在精馏生产中，回流量是根据生产的质量要求进行控制的。

① 理论分析和实践都说明，回流比的大小对产品量和产品质量影响很大：回流比越大，产品量越少，质量越高。表7-7的生产数据说明了回流的影响。

表7-7　回流对精馏的影响

项目 序号	原料量 F /(kmol/h)	原料液浓度 x_F	塔顶产品量 D /(kmol/h)	塔顶产品浓度 x_D	塔底产品量 W /(kmol/h)	塔底产品浓度 x_W	回流比 R
1	20	0.4	8.6	0.89	11.4	0.03	小
2	20	0.4	8.0	0.95	12.0	0.03	大

从表中可以清楚地看到，在不同的分离效果时，塔顶和塔底的产品量都发生了变化，同时，回流比 R 也发生了改变，当塔顶产品量 D 减少时，则回流比 R 就增大，塔顶产品浓度就提高了。在生产中，常常采用增大回流比的方法来提高塔顶产品的浓度。

② 精馏过程要正常进行，塔板上必须有一定厚度的液层，同时也必须有一定量的蒸气穿过液层流动，若没有回流的液体，没有向上流动的蒸气，塔板上的传热和传质就无法实现，因此液相回流和蒸气回流是保证精馏过程连续稳定进行的重要条件。

2. 温度

由于在塔底重组分浓度最高，所以塔底部温度最高，而塔顶轻组分浓度最高，所以塔顶温度最低，整个塔内的温度由下向上逐渐降低。也就是说精馏塔内的每一块塔板温度都不相同。在操作过程中，保持每一块塔板的温度稳定，是保证精馏操作稳定进行的重要条件。

3. 压力

蒸气从塔底进入精馏塔，并且能够穿过每层塔板流向塔顶，需要有一定的压力差，这样才能保证蒸气在流动过程中有足够的动力，而且在操作过程中还需要控制压力的稳定。

4. 塔板数

通过前面的学习可以知道，精馏装置之所以能够得到高浓度的产品，主要的过程是多次部分汽化和多次部分冷凝，而每一次冷凝和汽化都发生在一块塔板上，因此塔板的数量决定汽化和冷凝的次数。按照生产要求，精馏塔应具有相应数量的塔板数，才能保证分离效果。

拓展知识

全回流操作、最小回流比

1. 全回流操作

全回流操作的条件是：①将塔顶上升的蒸气全部冷凝后又全部回流至塔内，即产品量$D=0$；②不向塔内进料，即原料液流量$F=0$；③不取出塔底产品，即残液量$W=0$。在这三种条件下进行的操作就称为全回流操作。

从上述条件中可以看出，在全回流下精馏塔没有生产能力，得不到任何产品，因此对正常生产无实际意义。那么全回流操作对生产来说有什么意义呢？全回流操作主要在以下两种情况下使用：

① 精馏塔的开工阶段，开工时采用全回流装置，既可减少精馏塔的稳定时间，又可降低不合格产品的产出量。

② 精馏塔的实验研究，如塔板效率的测定、塔填料性能的测定等。其特点是设备简单、操作方便。

2. 最小回流比R_{min}

从前面的讨论中我们知道，回流比是精馏生产中重要的控制指标，对生产过程的稳定和产品的质量起着非常重要的作用，因此精馏操作中没有回流是无法正常进行的。那么回流量有没有最小用量的限制呢？生产实践告诉我们，任何一个精馏操作都有一个最小回流比，这就是回流量的最小限制。

最小回流比可以通过计算得到：

$$R_{\min} = \frac{x_D - y_q}{y_q - x_q} \tag{7-13}$$

式中　$R_{\min}$——最小回流比；
　　　x_D——塔顶产品摩尔分数；
　　　y_q、x_q——q 线方程与相平衡线交点的坐标。

想一想

精馏过程在最小回流比条件下进行时，对生产会产生什么影响呢？请同学们通过查阅资料进行深入学习，了解相关的知识。

3.最适宜回流比

通常情况下适宜回流比都是取最小回流比的倍数。究竟取多大最合适，主要根据经济核算来决定。精馏塔的经济指标主要有两项：一是设备费；二是操作费。二者费用之和称总费用。见图7-21，曲线1表示设备费用的变化，随着回流比的增大，设备费用急剧下降，但当回流比增大到一定值后，设备费又会逐渐上升。曲线2表示操作费用的变化，操作费用随回流比的增大而增大。曲线3表示总费用的变化，总费用也是呈现出先降后升的变化规律，曲线最低点就表示总费用最低，对应的回流比就称为适宜回流比。通常取 $R_{适宜}$ = （1.3～2.0）$R_{\min}$。

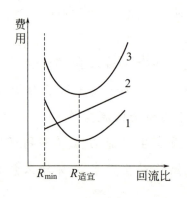

图7-21　适宜回流比的确定

知识3　了解精馏塔混合物进料的热状况及进料位置对精馏过程的影响

1.五种进料热状况

在精馏生产中待分离的混合物入塔时可能有不同的情况，例如：混合物是液相或气液混合物，也可能是气相，温度也可能不同。表7-8反映了混合物进塔时的五种热状况。

表7-8 不同的进料热状况

序号 项目	1	2	3	4	5
进料热状况	冷液	饱和液体	气液混合物	饱和蒸气	过热蒸气
温度	低于沸点	沸点	沸点<T<露点	露点	高于露点
热状态参数	$q>1$	$q=1$	$0<q<1$	$q=0$	$q<0$

当原料液的温度低于沸点时称为冷液进料；原料液的温度等于沸点时称为饱和液体进料；在沸点和露点之间的原料是由气相和液相组成的，称为气液混合物进料；饱和蒸气进料的温度是露点；原料的温度高于露点时称为过热蒸气进料。

从表7-8中可以看到，对于这五种不同的进料热状况，都对应于一个q值，q称为原料的热状态参数。q值的大小可以表明原料液中所含饱和液体的比例，例如原料为饱和液体时，$q=1$。

2. 进料方程

进料方程又称为q线方程，表示了进料板上气液两相之间的关系。

q 线方程：
$$y = \frac{q}{q-1}x - \frac{x_F}{q-1} \qquad (7\text{-}14)$$

式中　y、x——进料板上气、液相的摩尔分数；

　　　x_F——原料的摩尔分数；

　　　q——进料热状态参数。

3. 进料位置

从连续精馏的操作过程中我们知道，当某一塔板下降的液体组成与原料液组成相近时，这块板即为精馏塔的进料板。也就是说，当精馏操作条件和分离任务确定后，精馏塔的进料位置也就确定了。如果进料位置提前或推迟，会对精馏产品产生什么样的影响呢？

当进料位置偏高时，使塔顶产品中难挥发组分含量升高，影响塔顶产品质量，即x_D减小；反之如果进料位置偏低，使塔底残液中易挥发组分含量升高，即x_W减小。因此确定正确的进料位置可以有效地保证塔顶和塔底产品的质量。

> 拓展知识

理论塔板数

1. 什么是理论塔板

当气液两相在塔板上充分接触,有足够长的时间进行传热传质,气体离开塔板时与下降的液体达到相平衡,这样的塔板称为理论塔板。由于塔板上气液两相接触的时间及面积均有限,因而任何形式的塔板上气液两相都难以达到平衡状态,它仅仅是一种理想的板,是用来衡量实际分离效率的依据。

2. 理论塔板数的计算方法

(1)计算条件 由于精馏过程是涉及传热与传质的复杂过程,影响因素很多。因此需要规定一些计算的条件。

① 精馏塔对外界是绝热的,没有热损失。

② 回流液由塔顶全凝器提供,其组成与塔顶产品相同。

③ 恒摩尔汽化在精馏段与提馏段内,每层塔板上升蒸气的摩尔流量都是相等的,但精馏段与提馏段上升的蒸气量不一定相等。即:

精馏段:$V_1=V_2=V_3=\cdots=V_n=V$ mol/s 表示精馏段内从第一板到第 n 板的上升蒸气量都相等。

提馏段:$V'_1=V'_2=V'_3=\cdots=V'_n=V$ mol/s 表示提馏段内从第一板到第 n 板的上升蒸气量都相等。

④ 恒摩尔溢流:在精馏段与提馏段内,每层塔板下降液体的摩尔流量都是相等的,但精馏段与提馏段下降液体量不一定相等。即:

精馏段:$L_1=L_2=\cdots=L_n=L$ mol/s 表示精馏段内从第一板到第 n 板的下降液体量都相等。

提馏段:$L'_1=L'_2=L'_3=\cdots=L'_n=L$ mol/s 表示提馏段内从第一板到第 n 板的下降液体量都相等。

(2)逐板计算法

① 计算公式 精馏段操作线方程表示了精馏段内板之间气液相摩尔分数之间的关系:

$$y_{n+1}=\frac{R}{R+1}x_n+\frac{x_D}{R+1}$$

式中 R——回流比；

x_D——塔顶产品浓度；

x_n——第 n 板下降液体的浓度；

y_{n+1}——离开第 $n+1$ 板蒸气的浓度。

提馏段操作线方程表示了提馏段内板之间气液相摩尔分数之间的关系：

$$y_{m+1} = \frac{L'}{L'-W}x_m - \frac{W}{L'-W}x_W$$

式中 x_W——塔底产品浓度；

x_m——第 m 板下降液体的浓度；

y_{m+1}——离开第 $m+1$ 板蒸气的浓度；

L'——提馏段下降液体量；

W——塔底产品量。

相平衡方程表示了精馏塔内离开塔板的气液相摩尔分数之间的关系：

$$y = \frac{\alpha x}{1+(\alpha-1)x}$$

式中 α——相对挥发度；

x——下降液体浓度；

y——与 x 平衡的气相浓度。

② 计算步骤

a. 精馏段计算 见图 7-22，从第 1 板开始，逐板计算。

已知条件：相对挥发度 α，回流比 R，塔顶产品浓度 x_D。提馏段下降液体量 L'，塔底产品量 W。

第 1 板：已知条件：因为上升蒸气浓度与塔顶产品的浓度相同，所以 $y_1 = x_D$，计算 x_1。

因为在理论板上气液两相达到相平衡，所以

用相平衡方程：$y_1 = \dfrac{\alpha x_1}{1+(\alpha-1)x_1}$，得到 x_1。

第 2 板：已知条件：x_1，计算 y_2 和 x_2。

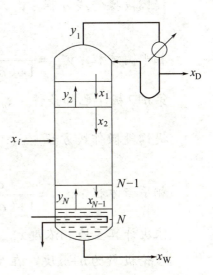

图 7-22 逐板计算示意图

板与板之间的浓度可以用操作线方程进行计算,对于精馏段应采用精馏段操作线方程。

精馏段操作线方程:$y_2 = \dfrac{R}{R+1}x_1 + \dfrac{x_D}{R+1}$,得到$y_2$。

相平衡方程:$y_2 = \dfrac{\alpha x_2}{1+(\alpha-1)x_2}$,得到$x_2$。

第3板:已知条件:x_2,计算y_3和x_3。

精馏段操作线方程:$y_3 = \dfrac{R}{R+1}x_2 + \dfrac{x_D}{R+1}$,得到$y_3$。

相平衡方程:$y_3 = \dfrac{\alpha x_3}{1+(\alpha-1)x_3}$,得到$x_3$。

依次计算至液相浓度x_n与进料浓度接近时,该板为进料板。开始进入提馏段的计算。

b.提馏段计算　见图7-22,从进料板开始,逐板计算。

已知条件:相对挥发度α,提馏段下降液体量L',塔底产品量W,第n板的液相浓度x_n。

第$n+1$板:已知条件:精馏段第n板液相浓度x_n,计算y_{n+1}和x_{n+1}。

对于提馏段板,板与板之间的浓度应采用提馏段操作线方程进行计算。

提馏段操作线方程:$y_{n+1} = \dfrac{L'}{L'-W}x_n - \dfrac{W}{L'-W}x_W$,得到$y_{n+1}$。

相平衡方程:$y_{n+1} = \dfrac{\alpha x_{n+1}}{1+(\alpha-1)x_{n+1}}$,得到$x_{n+1}$。

第$n+2$板:已知条件:x_{n+1},计算y_{n+2}和x_{n+2}。

提馏段操作线方程:$y_{n+2} = \dfrac{L'}{L'-W}x_{n+1} - \dfrac{W}{L'-W}x_W$,得到$y_{n+2}$。

相平衡方程:$y_{n+2} = \dfrac{\alpha x_{n+2}}{1+(\alpha-1)x_{n+2}}$,得到$x_{n+2}$。

依次计算至液相浓度x_{n+m}与塔底产品的浓度接近时,计算结束。

理论板数为$n+m$块。在生产中再沸器的作用相当于一块理论塔板,所以将再沸器算作一块塔板,则塔板数为$n+m-1$。

项目7　连续精馏装置

项目7.3　连续精馏装置仿真操作训练

任务　连续精馏单元操作仿真训练

 任务描述

任务名称	连续精馏单元操作仿真训练		建议学时	
学习方法	1. 分组、遴选组长，组长负责安排组内任务、组织讨论、分组汇报； 2. 教师巡回指导，提出问题集中讨论，归纳总结			
任务目标	1. 通过对仿真系统中的精馏设备及现场阀门的认识，学习连续精馏装置仿真操作； 2. 通过精馏操作仪表、精馏操作流程、精馏操作DCS图的认识，学习精馏DCS操作系统； 3. 通过开车、停车、正常运行与维护、简单事故处理的认识，学习精馏仿真操作			
课前任务： 1. 分组，分配工作，明确每个人的任务； 2. 预习连续筛板精馏装置操作流程、精馏操作DCS图等相关知识		准备工作： 1. 工作服、手套、安全帽等劳保用品； 2. 纸、笔等记录工具； 3. 管子钳、扳手、螺丝刀、卷尺等工具		
场地		一体化实训仿真室		
具体任务				
1. 掌握仿真系统中的精馏设备及现场阀门知识； 2. 掌握精馏操作仪表、精馏操作流程、精馏操作DCS图； 3. 掌握开车、停车、正常运行与维护、简单事故处理等相关操作				

 知识准备

连续精馏装置仿真操作训练包括准备工作、认识仿真系统中的精馏设备及现场阀门、认识精馏DCS操作系统和开车、停车、正常运行与维护、简单事故处理等相关操作。

知识1　仿真系统中的精馏设备及现场阀门

1. 精馏设备

图7-23是精馏塔现场图，本单元采用了加压精馏操作，原料液为脱丙烷塔塔釜的混合液，分离后馏出液为高纯度的C_4产品，塔釜主要为C_5以上组分。全塔共32块塔板。

请认真观察精馏塔现场图，并对照表7-9认识和了解主要设备及位号。

表7-9　精馏塔主要设备及位号

设备位号	名称	设备位号	名称
DA405	精馏塔	GA412A/B	回流泵/备用泵
EA419	塔顶全凝器	EA408A/B	再沸器/备用再沸器
FA408	回流罐	FA414	蒸气冷凝液贮罐

2. 现场阀门

请认真观察精馏塔现场图（图7-23），并对照表7-10认识和了解各种阀门及位号。

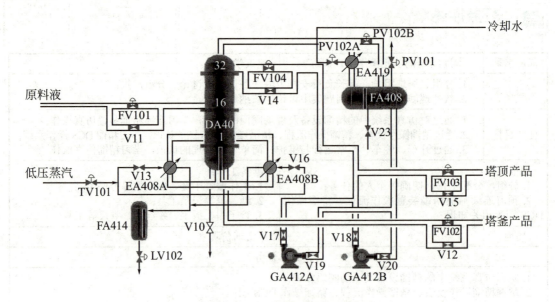

图7-23　精馏塔现场图

表7-10　精馏塔阀门位号名称

位号	名称	位号	名称	位号	名称
FV101	原料液调节阀	FV102	塔釜产品调节阀	FV103	塔顶产品调节阀
FV104	回流调节阀	TV101	低压蒸汽调节阀	PV102A	冷却水调节阀
PV102B	塔顶压力调节阀	PV101	不凝气放空阀	LV102	蒸气冷凝液贮罐泄液阀
V10	塔釜泄液阀	V14	FV104 旁通阀	V18	备用泵出口阀
V11	FV101 旁通阀	V15	FV103 旁通阀	V19	回流泵进口阀
V12	FV102 旁通阀	V16	再沸器蒸汽进口阀	V20	备用泵进口阀
V13	再沸器蒸气进口阀	V17	回流泵出口阀	V23	回流罐泄液阀

知识2　认识精馏DCS操作系统

1. 精馏操作DCS图

各种调节器，根据需要它们都有各自的位号。在精馏单元中，主要控制的工艺参数有四种：流量、液位、压力和温度，相应的显示或调节器位号分别以F、L、P和T开头。

项目7　连续精馏装置

2.精馏操作仪表

请认真观察精馏塔DCS图，并对照表7-11认识显示仪表及其正常工况操作参数。

表7-11　精馏装置显示仪表及其正常工况操作参数

调节器名称	位号	调节变量	正常值	单位	正常工况
流量调节器	FIC101	原料液流量	14056	kg/h	投自动
	FC102	塔釜产品流量	7349	kg/h	投串级
	FC103	塔顶产品流量	6707	kg/h	投串级
	FC104	回流流量	9664	kg/h	投自动
温度调节器	TC101	灵敏板温度	89.3	℃	投自动
液位调节器	LC102	蒸汽冷凝液贮罐液位	50	%	投自动
	LC101	精馏塔釜液位	50	%	投自动
	LC103	回流罐液位	50	%	投自动
压力调节器	PC101	精馏塔顶压力	5.0	atm	投自动
	PC102	精馏塔顶压力	4.25	atm	投自动，分程控制

图7-24是精馏塔DCS图。请认真观察精馏塔DCS图，并对照表7-11认识调节器及其正常工况操作参数。

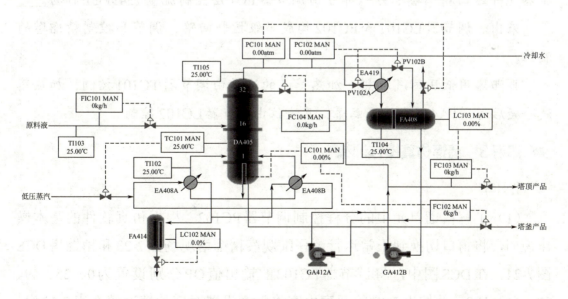

图7-24　精馏塔DCS图

3. 精馏操作流程

> **练一练**

结合精馏塔现场图和精馏塔DCS图，阅读下面关于精馏流程的描述，并完成填空练习。

原料：温度为67.8℃的原料经流量调节阀FIC101控制流量为_____kg/h后，从精馏塔的第16块板进入塔内。

塔顶气体：从精馏塔顶出来的气体经过位号为EA419的_____，冷凝为液体后进入_____；回流罐的液体由位号为GA412A_____的抽出，一部分作为回流由回流调节阀FC104控制流量为_____kg/h送回精馏塔，从第32块塔板进入；另一部分则作为产品由塔顶产品出料阀FC103控制流量为_____kg/h并采出。回流罐的液位由调节器LC103与塔釜产品流量调节器FC102构成串级回路控制。

塔顶压力：精馏塔的操作压力由压力调节器PC102分程控制为_____atm，同时调节器PC101将调节回流罐的不凝气排放量，调节与控制塔顶压力。

塔釜液体：从塔底出来的液体有一部分进入再沸器EA408A，加热后产生蒸气并送回精馏塔；另一部分由调节器FC102控制流量7349kg/h作为_____采出。调节器LC101和FC102构成串级控制回路，调节和控制精馏塔的液位。

再沸器用低压蒸汽加热，加热蒸汽的流量由调节器TC101控制，加热蒸汽冷凝后送到FA414冷凝液贮罐，其液位由调节器LC102控制。

> **知识3　精馏仿真操作训练**

1. 开车

（1）了解精馏单元中的分程控制调节器PC102　根据仿真软件的基本操作说明，将窗口切换到正常运行，仔细观察精馏塔现场图7-23和精馏塔DCS图7-24。在DCS图中，将调节器PC102的输出值OP分别设置为0、25、49、50、51、100，并按表7-12的观察内容将每个设置对应的情况填在表7-12内。注意每次设置一个数值，都要稳定一段时间。

项目7 连续精馏装置

表7-12 分程控制调节器的设置

调节器 PC102 的输出值 OP	调节阀 PV102A 的颜色	调节阀 PV102B 的颜色	精馏塔顶压力 PC102 的变化（升高、降低、不变）
0			
25			
49			
50			
51			
100			

（2）冷态开车及运行　启动冷态开车项目。

（3）进料、排不凝性气体

① 打开 PV101，开度＞5%，排放塔内不凝气体。

② 打开 FV101，开度＞40%，向塔内加料。

③ 进料后，塔内温度微升，压力上升，当压力（表压）升高至 0.05MPa 时（1MPa≈1atm，下面的压力单位均以 MPa 表示），关闭 PV101 阀。

④ 控制塔顶压力（表压）在 1.0～4.25MPa。

想一想

为什么要等到塔顶 PC101 的压力升高至 0.05MPa 时，才关闭 PV101 阀？请将你的想法写在下面。

_____

_____

（4）启动再沸器

① 当塔顶压力 PC101（表压）升到 0.05MPa 时，逐渐打开冷却水调节阀 PV102A，阀门开度为 50%。

② 待塔釜液位升至 20% 后，打开蒸汽入口阀 V13，将开度调节为 50%，给再沸器缓慢加热。

③ 打开调节阀 TV101，逐渐开大直至开度达到 50%，使塔釜温度上升到 100℃，灵敏板温度升至 75℃。

④ 逐渐打开蒸汽冷凝液贮罐 FA414 液位调节器 LC102 的开度，直至其开度达到 50% 时，并投自动。

⑤ 在塔釜和灵敏板温度上升过程中，要不断调整塔顶冷凝水调节阀 PV102A 的开度，必要时可超过 50%，维持塔顶压力 PC101 在 4.25MPa 左右。

🏵 **想一想**

启动再沸器前为什么要先开冷凝水？请将你的答案写在下面。

_____

_____

（5）建立回流

① 随着塔釜内液位、再沸器温度的不断升高，塔顶冷凝器的正常运行，要注意塔顶压力PC101要稳定在4.25MPa左右，可通过不断调整塔顶冷凝水调节阀PV102A的开度，或通过PC101的放空阀PV101来进行调节控制，回流罐FA408的液位LIC103也在不断上升。

② 当灵敏板温度TC101＞75℃，塔釜温度在100℃以上，回流罐液位升至20%以上时，全开回流泵进口阀V19，启动回流泵，全开回流泵出口阀V17。

③ 手动打开回流调节阀FV104，开度可＞40%，全回流操作，并维持回流罐液位在40%左右。

🏵 **想一想**

塔顶回流是如何影响塔顶压力的？请在下面写出你的想法。

_____

_____

2．正常运行与维护

（1）通过不断调整塔顶全凝器冷却水调节阀PV102A的开度，维持塔顶压力PC101在4.25MPa左右，并使PV102A的开度接近50%。

（2）逐渐调整进料阀FIC101的开度接近50%，使进料量接近14056kg/h。

（3）通过调节器TC101调整灵敏板的温度接近89.3℃，塔釜温度接近109.3℃。

（4）当回流罐液位接近50%时，逐渐打开FV103，采出塔顶产品。

（5）当塔釜液位无法维持50%时，逐渐打开FV102，采出塔釜产品。

（6）在调节与控制的过程中，关键是要做到各参数的波动小，采用的方法是逐渐缓慢地调整塔顶冷却水调节阀PV102A、进料阀FV101、低压蒸汽调节阀TV101、塔顶产品采出阀FV103、塔釜采出阀FV102、回流流量调节阀FV104的开度，并使它们逐步接近50%的开度。

（7）当进料量FIC101接近14056kg/h，并且较稳定时，将FIC101投自动。

（8）当回流液流量FC104接近9664kg/h，并且较稳定时，将FC104投自动。

（9）当塔釜液位LC101接近50%、塔釜采出流量FC102接近7349kg/h，并且较稳定时，将LC101投自动，将FC102先投自动，再投串级。

（10）当回流罐液位LC103接近50%、塔顶采出流量FC103接近6707kg/h，并且较稳定时，将LC103投自动，将FC103先投自动，再投串级。

（11）当灵敏板TC101温度接近89.3℃，塔釜温度TI102接近109.3℃，并且较稳定时，将FIC101投自动。

（12）当塔顶压力PC101、PC102的压力维持在4.25MPa附近，并且稳定时，将PC101投自动，修改设定值为5.0MPa；将PC102投自动，修改设定值为4.25MPa。

想一想

本单元中塔顶压力是关键参数，它是否稳定直接影响系统的稳定，谈谈你是如何使它稳定的？请在下面写出尽可能多的调整方案。

_____

_____

3.停车

（1）启动正常停车项目　降负荷。

① 手动逐渐减小进料阀FV101的开度＜35%，使进料量降到正常进料的70%。

② 同时保证灵敏板温度TC101和塔压PC101、PC102的稳定，使精馏塔能分离出合格产品。

③ 降负荷过程中，断开LC103和FC103的串级，手动开大FV103的开度至＞90%，尽量通过FV103排出回流罐中的液体产品，使得回流罐液位降至20%左右。

④ 断开LC101与FC102的串级，手动开大FV102的开度至＞90%，使塔釜液位降至30%左右。

想一想

在系统停车前先要降负荷，为什么？

（2）停止进料、停止再沸器加热　在精馏塔负荷降至70%左右，且产品已大部分采出，可停止进料并停止再沸器加热。

① 停进料，关闭进料阀FV101；

② 停加热蒸汽，关闭调节阀TV101，关闭蒸汽阀V13；

③ 停产品采出，手动关闭调节阀FV102和FV103；

④ 打开塔釜泄液阀V10，排出不合格产品；

⑤ 手动打开调节阀LV102，对蒸气冷凝液贮罐FA414进行泄液。

> **想一想**

为什么要先停进料再停加热？请说明原因。

（3）停回流

① 手动开大回流阀FV104，将回流罐内液体全部打入精馏塔，以降低塔内温度。

② 当回流罐液位降至0，停止回流，关闭回流阀FV104。

③ 依次关闭回流泵出口阀V17、停泵、关闭回流泵进口阀V19。

> **想一想**

停止回流时为什么要将回流罐内液体全部打入精馏塔，是否可以作为产品直接采出？

（4）降温、降压

① 塔内液体排放完毕后，进行降压，手动打开不凝气放空阀PV101，将塔压降至常压。

② 灵敏板温度降至50℃以下，关闭全凝器冷却水，手动关闭PV102。

③ 当塔釜液位降至0后，关闭塔釜泄液阀V10。

> **综合练习**

请你总结对精馏单元操作的体会。操作的关键是什么？

4.事故及处理方法

启动事故处理项目。精馏装置常见事故及处理见表7-13。

表7-13 精馏装置常见事故及处理

事故	主要现象	处理方法
1.加热蒸汽压力过高	（1）加热蒸汽流量过大 （2）塔釜温度持续上升	改TC101为手动，适当减小调节阀TV101的开度，约30%
2.加热蒸汽压力过低	（1）加热蒸汽流量减小 （2）塔釜温度持续下降	改TC101为手动，适当增大调节阀TV101的开度，约75%

续表

事故	主要现象	处理方法
3. 冷凝水中断	塔顶 TI105 升高，压力 PC101 升高	通知调度室，得到停车指令后进行如下操作 （1）打开回流罐放空阀 PV101 进行保压 （2）手动关闭 FV101 停止进料 （3）手动关闭 TV101 停止加热蒸汽 （4）手动关闭 FV103 和 FV102 停止产品采出 （5）打开塔釜泄液阀 V10 及回流罐泄液阀 V23 排出不合格产品 （6）手动打开 LV102，对 FA414 泄液 （7）当回流罐液位为 0，关闭 V23 （8）关闭回流泵 GA412A 的出口阀 V17、停泵、关闭泵入口阀 V19 （9）当塔釜液位为 0，关闭 V10 （10）当塔顶压力降至常压，关闭冷凝器
4. 回流泵 GA412A 故障	（1）回流中断 （2）塔顶温度、压力上升	按照泵的切换顺序启用备用泵 GA412B
5. 回流调节阀 FV104 阀卡	（1）回流量减小 （2）塔顶温度、压力上升	打开旁通阀 V14，保持回流

  想一想

你认为如何才能及时发现事故？写出事故处理的心得。

_____

_____

思考与练习

一、简答题

1. 叙述恒摩尔流假设的内容。

2. 什么是理论板？

3. 在精馏操作过程中为什么要有回流及再沸器？

4. 什么位置为适宜的进料位置？为什么？

5. 精馏塔在一定条件下操作时，试问将加料口向上移动两层塔板，此时塔顶和塔底产品组成将有何变化？为什么？

6. 精馏塔中精馏段的作用是什么？

7. 回流比的意义是什么？全回流、适宜回流比和最小回流比各有什么用处？一般适宜回流比为最小回流比的多少倍？

8. 在分离任务一定时，进料热状况对所需的理论板层数有何影响？

9. 简述板式精馏塔的主要设备部件。

10.精馏塔进料量对塔板层数有无影响?为什么?

11.简述板式塔和填料塔的特点及用途。举出几种板式塔的塔板类型。

12.精馏塔开车前必须做好哪些准备工作?

13.试说明精馏塔冷态开车的一般步骤。

14.板式精馏塔开车时如何判断塔釜物料开始沸腾?随着全塔分离度提高,塔釜沸点会如何变化?

15.回流比如何计算?什么是全回流?说明全回流在开车中的作用。

16.回流量过大会导致什么现象?

17.什么是灵敏板?该板的温度有何特点?

18.影响塔顶采出合格标准的主要因素是什么?塔釜呢?

19.如果塔顶馏出物不合格且回流罐液位超高,应如何处理?

20.如果塔釜馏出物不合格且塔釜液位超高,应如何处理?

21.如果塔釜加热量超高会导致什么现象?

22.监测塔压差对了解全塔工况有何重要意义?

23.什么是淹塔现象?如何形成?如何克服?

24.什么是液泛现象?如何形成?如何克服?

25.何谓塔的漏液现象?如何防止?

26.什么是雾沫夹带现象?如何形成?如何克服?

二、判断题

1.所谓恒摩尔流假设就是指每一块塔板上上升的蒸气量是相等的,而下降的液体量也是相等的。(　　)

2.精馏操作中,两操作线的位置都随进料状态的变化而变化。(　　)

3.精馏操作的依据是物系中组分间沸点的差异。(　　)

4.精馏段操作线方程 $y=0.65x+0.4$,绝不可能。(　　)

5.回流比相同时,塔顶回流液体的温度越高,分离效果越好。(　　)

6.精馏塔的全塔总效率不等于塔内各板的默弗里效率。(　　)

7.精馏的操作线为直线主要是因为物系为理想物系。(　　)

8.精馏操作中,若其他条件都不变,只将塔顶的过冷液体回流改为泡点回流,则塔顶产品组成 x_D 变小。(　　)

9.连续精馏停车时,先停再沸器,后停进料。(　　)

10.精馏塔操作中常通过调节灵敏板温度来控制塔釜再沸器的加热蒸汽量。(　　)

项目8 萃取装置

  学习目标

知识目标

1. 掌握萃取的基本概念，熟悉萃取设备的分类；
2. 了解萃取在化工生产中的应用；
3. 掌握萃取设备种类、构造特点；
4. 掌握萃取基本计算；
5. 熟悉影响萃取操作的因素；
6. 了解萃取剂选择的方法；
7. 掌握填料萃取塔DCS控制运行规程

技能目标

1. 能识读和绘制萃取的工艺流程图(PID)；
2. 能认识萃取设备的主体结构；
3. 能熟练进行萃取塔的开车操作、正常运行操作、停车操作；
4. 具备操作过程中工艺参数的调节能力；
5. 能对生产过程中异常现象进行分析诊断，能正确判断事故并进行处理；
6. 具备温度、流量监测仪表的使用能力；
7. 能初步进行萃取剂和萃取设备的选择；
8. 能正确穿戴和使用安全劳保用品，能合理使用环保设施设备

素质目标

1. 具有化工生产操作规范意识；
2. 具有良好的观察能力、逻辑判断能力和紧急应变能力；
3. 具有健康的体魄和良好的心理调节能力；
4. 具有安全环保意识，做到文明操作、保护环境；
5. 具有好的口头和书面表达能力；
6. 具有获取、归纳、使用信息的能力

任务1　认识填料塔萃取装置的工艺流程

 任务描述

任务名称	认识填料塔萃取装置的工艺流程	建议学时	
学习方法	1. 分组、遴选组长，组长负责安排组内任务、组织讨论、分组汇报； 2. 教师巡回指导，提出问题集中讨论，归纳总结		
任务目标	1. 通过认识萃取在工业中的运用，学习萃取的原理及用途； 2. 通过对萃取操作实训单元装置的认识，学习萃取装置的主体结构及工艺流程； 3. 通过资料查找、学习总结萃取操作的特点		
课前任务： 1. 分组，分配工作，明确每个人的任务； 2. 预习萃取的工业用途及原理、萃取的工艺流程		准备工作： 1. 工作服、手套、安全帽等劳保用品； 2. 纸、笔等记录工具； 3. 管子钳、扳手、螺丝刀、卷尺等工具	
场地	一体化实训室		
具体任务			
1. 掌握萃取的工业用途及原理； 2. 认识萃取装置的基本工艺流程； 3. 识读和绘制萃取工艺流程简图			

 知识准备

萃取是在欲分离的液体混合物中加入一种适宜的溶剂，使其形成两液相系统，利用液体混合物中各组分在两相中分配差异的性质，易溶组分较多地进入溶剂相，从而实现了混合液的分离。

知识1　萃取操作的工业运用及原理

做一做

在分液漏斗中加入25mL溴水，再加入10mL的四氯化碳溶液，如图8-1所示，溴水在上层，四氯化碳在下层。将漏斗振荡数次后，如图8-2所示，溴水和四氯化碳形成了一个混合体；将分液漏斗放在铁环上静置，待混合液体重新分层后，我们就会发现如图8-3中的现象，溴单质从上层的水中转移到了下层的四氯化碳中。

想一想

溴单质为什么会发生转移呢？

这种分离方法是根据溴单质在四氯化碳中的溶解度比在水中的溶解度大，四氯化碳不与水混溶，在溴水中加入四氯化碳后，溴水中的溴就溶解在四氯化碳中而分层，上层为水层，下层是含有溴的四氯化碳层。

图8-1 溴水（上层）和四氯化碳（下层）

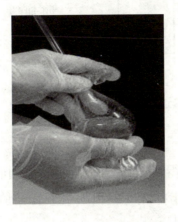
图8-2 振荡混合溶液

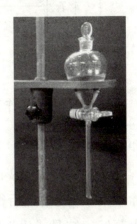
图8-3 静置分层

1.萃取的原理

萃取通常可以分为液液萃取和固液萃取两种。固液萃取也叫浸取，用溶剂分离固体混合物中的组分，如用水浸取甜菜中的糖类；用酒精浸取黄豆中的豆油以提高油产量；用水从中药中浸取有效成分以制取流浸膏叫"渗沥"或"浸沥"。本章我们不作重点讨论。

液液萃取是利用均相液体混合物中各组分在某溶剂中溶解度的差异来实现分离的一种单元操作。下面是萃取过程中常用到的基本术语。

溶质：混合液中被分离出的物质，以A表示；

稀释剂（原溶剂）：混合液中的其余部分，以B表示；

萃取剂：萃取过程中加入的溶剂，以S表示；

萃取相：以萃取剂S为主，并溶有较多溶质A的一相称为萃取相，以E表示；

萃余相：以稀释剂B为主并含有少量未扩散的溶质A的一相称为萃余相，以R表示；

萃取液：脱除S后的萃取相称为萃取液，以E'表示；

萃余液：脱除S后的萃余相称为萃余液，以R'表示。

萃取剂对溶质应有较大的溶解能力，对于稀释剂则不互溶或仅部分互溶。

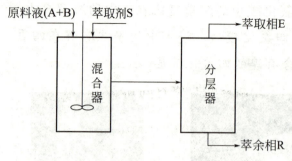

图8-4 萃取操作基本过程示意图

工业萃取操作一般由图8-4所示的三个基本过程组成。

（1）混合 将一定量的萃取剂加到待分离的混合液中，采取搅拌使两相充分混合，以促进溶质组分A由原溶液向萃取剂中转移。

（2）分层萃取 操作完成后使两相进行沉降分层，以得到萃取相E和萃余相R。

（3）脱溶剂 为了得到产品A（或B）并回收溶剂S，需对E相和R相脱除溶剂S。脱溶剂后得到萃取液E′和萃余液R′。脱溶剂常用蒸馏方法，也可采用蒸发、结晶或化学方法。

2.萃取操作的工业用途

在实际工业生产中，对于一种液体混合物往往采取蒸馏的方式进行分离，但在以下情况下，蒸馏的方式就不太合适。

① 某些芳烃与脂肪烃的分离，由于原料液中各组分间的沸点非常接近，组分间的相对挥发度接近1，采用蒸馏分离的方式就很不经济。

② 用稀醋酸水溶液制备无水醋酸，由于原料液（稀醋酸）中需分离的组分（醋酸）含量很低且为难挥发组分，若采用蒸馏方法，则必须大量稀释汽化剂，耗能较大。

③ 生物制药中从发酵液中提取抗生素，由于原料液中需分离的组分是热敏性物质，若采取蒸馏极易分解、聚合或发生其他变化。

④ 料液在分离时形成恒沸物，用普通蒸馏方法不能达到所需的纯度。

萃取与其他分离溶液组分的方法相比，优点在于操作温度可以是常温，节省能源，不涉及固体、气体，操作方便，既能用来分离、提纯大量物质，更适合于微量、痕量物质的分离，因此在许多工业生产中被广泛使用。

① 在石油化工中用于分离链烷烃与芳香烃共沸物。例如，用二甘醇从石脑油裂解副产汽油或重整油中萃取芳烃（尤狄克斯法，Udex process），如苯、甲苯和二甲苯。

② 在工业废水的处理中，用二烷基乙酰胺脱除染料厂、炼油厂、焦化厂废水中的苯酚。

③ 在有色金属冶炼工业中，萃取成为湿法冶金中溶液分离、浓缩和净化的有效方法。例如从锌冶炼烟尘的酸浸出液中萃取铊、铟、镓、锗，以及铌-钽、镍-钴、铀-钒体系的分离，以及核燃料的制备。

④ 在制药工业中，从复杂的有机液体混合物中分离青霉素、链霉素以及维生素等。

知识2　萃取流程的种类

萃取操作过程是由混合、分层、分离等所需的一系列设备共同完成，这些设备的合理组成构成了萃取的操作流程。根据分离工艺的要求不同，按溶剂与原料的接触方式可将萃取流程分为以下4种。

（1）单级萃取　料液与萃取剂在混合过程中密切接触，让被萃取的组分通过相际界面进入萃取剂，直到组分在两相间的分配基本达到平衡。然后静置沉降，分离成为两层液体，如图8-5所示。

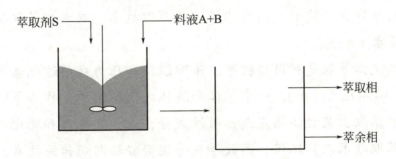

图8-5　单级萃取示意图

（2）多级错流萃取　料液和各级萃余液都与新鲜的萃取剂相接触，如图8-6所示。多级错流萃取率较高，但萃取剂用量大。

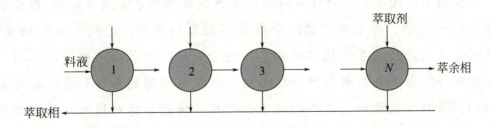

图8-6　多级错流萃取

（3）多级逆流萃取　料液与萃取剂分别从级联或板式塔的两端加入，在级间作逆向流动，最后成为萃余相和萃取相，各自从另一端离开，如图8-7所示。萃取率较高，是工业上常用的方法。

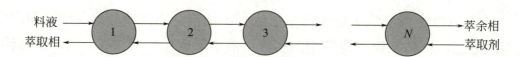

图8-7 多级逆流萃取

(4) 连续逆流萃取。如图8-8所示。在微分接触式萃取塔中,料液与萃取剂在逆向流动的过程中进行接触传质。

图8-9是浙江某公司的萃取单元操作实训装置的工艺流程图,采取的是用水来萃取煤油中的苯甲酸。请结合该流程图,运用自己所学到的萃取的相关知识,查找并用文字叙述其萃取的流程。

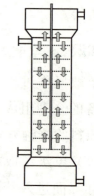

图8-8 连续逆流萃取

▶ 知识链接

新型的萃取分离技术包括超临界流体萃取技术、双水相萃取技术、加速溶剂萃取技术(ASE)。

超临界流体萃取是利用超临界流体即温度和压力略超过或靠近超临界温度(T_c)和临界压力(p_c)、介于气体和液体之间的流体,作为萃取剂,从固体或液体中萃取出某种高沸点或热敏性成分,以达到分离和纯化的目的。超临界流体萃取技术以其环保、高效等显著优势轻松超越传统技术,迅速渗透到萃取分离、石油化工、材料科学、生物技术、环境工程等诸多领域,并成为这些领域发展的主导之一。我国年生产能力上万吨的茶叶处理和脱咖啡因工厂早已投入生产,啤酒花有效成分、香料等的萃取也已达到产业化规模。

双水相萃取技术。将两种不同的水溶性聚合物的水溶液混合时,当聚合物浓度达到一定值,体系会自然地分成互不相溶的两相,这就是双水相体系。双水相是利用物质在互不相溶的两水相间分配系数的差异来进行的萃取。目前,我国科学家及企业家已经将双水相萃取技术应用到分离和提纯各种蛋白质(酶)、提取抗生素和分离生物粒子、天然产物的分离与提取、稀有金属贵金属分离等众多行业。

加速溶剂萃取技术是在提高的温度(50~200℃)和压力(10.3~20.6MPa)下用溶剂萃取固体或半固体样品的新颖样品前处理方法。ASE被用来萃取聚丙烯、聚酯和其他材料中的添加剂,包括抗氧化、抗紫外、防滑和

项目8 萃取装置

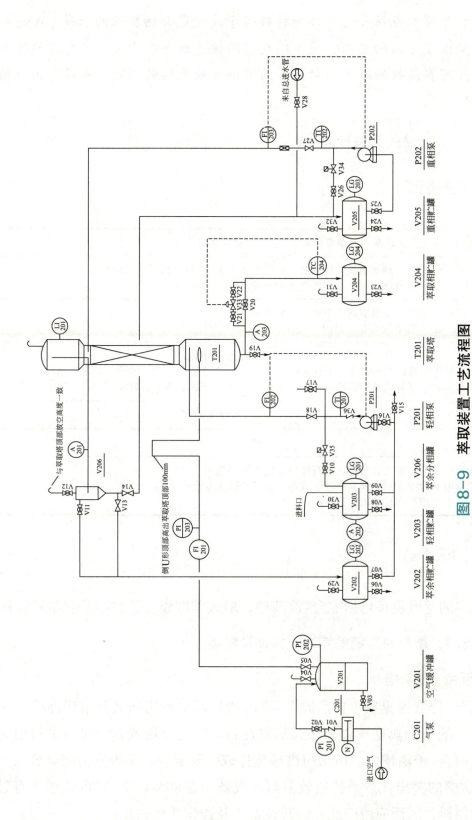

图8-9 萃取装置工艺流程图

抗微生物等添加或结合进聚合物材料用于改变聚合物特性的物质；ASE在进出口检验检疫方面的应用，还体现在它的快速通关能力上，与先进的检测仪器结合，可在最短的时间内对待检物做出准确无误的判断，确保进出口检验的时效性。

任务2　认识常用的萃取设备

 任务描述

任务名称	认识常用的萃取设备	建议学时	
学习方法	1. 分组、遴选组长，组长负责安排组内任务、组织讨论、分组汇报； 2. 教师巡回指导，提出问题集中讨论，归纳总结			
任务目标	1. 认识萃取装置的主要结构及特点； 2. 了解萃取设备选择的一般原则			
课前任务： 1. 分组，分配工作，明确每个人的任务； 2. 预习常用萃取设备的结构和特点		准备工作： 1. 工作服、手套、安全帽等劳保用品； 2. 管子钳、扳手、螺丝刀、卷尺等工具		
场地	一体化实训室			
具体任务					
1. 认识填料萃取塔的主体结构、物料接口和仪表检测器； 2. 认识萃取装置中物料泵和其他动静设备，明确其操作要点； 3. 了解其他常用萃取设备的结构和特点				

 知识准备

常用的萃取设备包括混合-澄清槽、塔式萃取设备、离心萃取器等设备。

知识1　填料萃取塔的结构、原理及特点

1. 混合-澄清槽

混合-澄清槽见图8-10，混合-澄清槽是最早使用而且目前仍然广泛用于工业生产的一种典型逐级接触式萃取设备。它可单级操作，也可多级组合操作。在混合-澄清槽中，可采用机械搅拌或喷射混合，多为重力沉降分层。混合-澄清槽的突出优点是传质效率高（级效率在80%以上），可处理含有悬浮固体的物料，因而应用广泛。但其设备费及操作费均较高。

2. 塔式萃取设备

通常将高径比较大的萃取装置统称为塔式萃取设备,简称萃取塔。为了获得满意的萃取效果,萃取塔应具有分散装置,以提供两相间良好的接触条件;同时,塔顶、塔底均应有足够的分离空间,以便两相分层,两相混合和分散所采取的措施不同,萃取塔的结构和形式也多种多样。有筛板萃取塔、填料萃取塔、振动筛板塔、喷洒塔、转盘萃取塔(RDC)和脉冲筛板塔等。

(1) 普通填料萃取塔　普通填料萃取塔与用于蒸馏及吸收的填料塔类似,为了使萃取过程中的一个液相可更好地分散于另一个液相之中,在液相入口装置上有所不同。如图8-11所示,轻液相的入口管装在填料的支承栅板之上,可以使轻相液滴更顺利地直接进入填料层中。

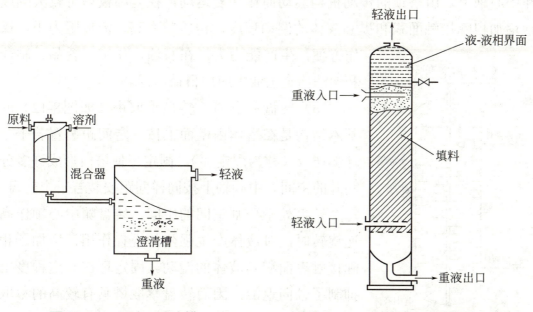

图8-10　混合-澄清槽　　　　图8-11　普通填料萃取塔示意图

在普通填料塔中两相依靠密度差而逆向流动,塔顶、塔底没有澄清段。由于填料层的存在,强化了传质,萃取效率比喷洒塔有较大提高,特别适用于处理腐蚀性料液。

(2) 脉冲填料萃取塔　采用往复泵或者压缩空气给塔内部提供外加机械能以造成脉动,脉冲能量的加入,造成液滴的脉动,减少了分散相液滴过多凝聚,有利于传质。但与此同时,脉冲可能造成沟流,从而限制了脉冲填料萃取塔的应用。

(3) 筛板萃取塔　筛板萃取塔是多级式萃取器。由于筛孔的喷射作用使分散相分散成较细的液滴而与连续相密切接触。根据轻、重相作为分散相选择的不同，塔内连续相在塔板间的流动方式不尽相同。筛板萃取塔的效率比填料萃取塔有所提高，再加上筛板塔结构简单、价格低廉，可处理腐蚀性料液，因而在许多萃取过程中得到广泛应用，如在芳烃提取中取得良好效果。

（4）脉冲筛板萃取塔　脉冲筛板萃取塔又称液体脉动筛板塔，是指由于外力作用使液体在塔内产生脉冲运动的筛板塔。使液体产生脉冲运动的方法有很多种，其中，活塞型、膜片型、风箱型等脉冲发生器是常见的机械脉冲发生器。近年来，空气脉冲技术得到快速发展。塔内液体的脉动使传质效率大大提高，使塔能提供较多的理论级数，但其生产能力有所下降。

（5）往复筛板萃取塔　往复筛板萃取塔是将若干层筛板按一定间距固定在中心轴上，由塔顶的传动机构驱动而作往复运动，往复筛板塔可较大幅度地增加相际接触面积和提高液体的湍动程度，传质效率高，流体阻力小，操作方便，生产能力大，在石油、化工、食品、制药和湿法冶金工业中应用日益广泛。

（6）转盘萃取塔　转盘萃取塔（如图8-12）的基本结构是在塔体内壁面上按一定间距装置若干个环形挡板（称为固定环），固定环使塔内形成许多分割开的空间。中心轴上按同样间距安装若干个转盘，每个转盘处于分割空间的中间。转盘随中心轴作高速旋转时，对液体产生强烈的搅拌作用，增加了相际接触表面积和液体的湍动。固定环在一定程度上抑制了轴向返混，因而转盘萃取塔具有较高的萃取效率。转盘萃取塔结构简单，生产能力大，传质效率高，操作弹性大，因而在化工和石油工业中应用比较广泛。

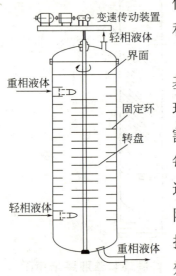

图8-12　转盘萃取塔

3.离心萃取器

离心萃取器是利用离心力使两相快速充分混合并快速分相的萃取装置，广泛应用于制药、香料、染料、废水处理、核燃料处理等领域。

按两相接触方式，离心萃取器可分为微分接触式和逐级接触式。

（1）波德式（Podebielniak）离心萃取器　波德式离心萃取器也称离心薄膜萃取器，简称POD离心萃取器，是卧式微分接触离心萃取器的一种。其结构见图8-13，由水平转轴、圆形转鼓及固定的外壳组成。转鼓由一多孔的长带卷绕而成，运转时其转速可高达2000～5000r/min，产生的离心力为重力的几百至几千倍。操作时，在带有机械密封装置的套管式空心转轴的两端分别引入重液和轻液，重液引入转鼓的中心，轻液引到转鼓的外缘，在离心力的作用下，轻液由外向内，重液由内向外，两相沿径向逆流通过螺旋带上的各层筛孔，分散并进行相际传质。传质后的混合物在离心力作用下又分为轻相和重相，并分别引到套管式空心轴的两端流出。

波德式离心萃取器的优点：结构紧凑，物料停留时间短。缺点：结构复杂，制造困难，造价高，维修费和能耗均比较大。适用于两相密度差小，易乳化，难分相及要求接触时间短、处理量小的场合。

（2）芦威（Luwesta）式离心萃取器　芦威式离心萃取器是一种立式逐级接触式离心萃取设备。如图8-14所示为三级离心萃取器，其主体是固定在外壳上的环形盘，此盘随壳体作高速旋转。在壳体中央有固定不动的垂直空心轴，轴上装有圆形圆盘且开有若干个喷出口。萃取操作时，原料液和萃取剂均由空心轴的顶部加入，重液沿空心轴的通道下流至萃取器的底部而进入第3级的外壳内，轻液由空心轴的通道流入第1级，在空心轴内，轻液与来自下一级的重液混合，进行相际传质，然后混合物经空心轴上的喷嘴沿转盘与上方固定盘之间的通道被甩到外壳的四周。靠离心力的作用使轻、重相分开，重液由外部沿着转盘与下方固定盘之间的通道而进入轴的中心（如图中实线所示），并由顶部排出，其流向为由第3级经第2级再到第1级，然后进入空心轴的排出通道。轻液则沿图中虚线所示的方向，由第1级经第2级再到第3级，然后由第3级进入空心轴的排出通道。两相均由萃取器的顶部排出。

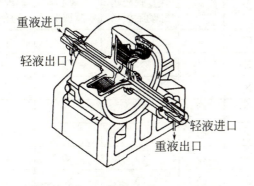

图8-13　波德式离心萃取器

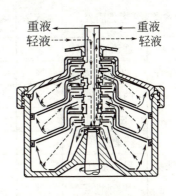

图8-14　芦威式离心萃取器

芦威式离心萃取器的优点：可以靠离心力的作用处理密度差小或易产生乳化现象的物系；设备结构紧凑，占地面积小、效率较高。缺点是：动能消耗大，设备费用也较高。

练一练

通过以上知识的学习，你能说出各种不同萃取设备分别适用于什么场合吗？

知识2 萃取设备的选择

不同的萃取设备有各自的特点。选择时应根据萃取体系的物理化学性质、处理量、萃取要求及其他因素进行选择。

（1）物系的稳定性和停留时间　要求停留时间短时，可选择离心萃取器，停留时间长时，可选用混合澄清器。

（2）所需理论级数　所需理论级数多时，应选择传质效率高的萃取塔，如所需理论级数少，可采用结构与操作比较简单的设备。

（3）处理量　处理量大可选用混合澄清器、转盘塔和筛板塔，处理量小可选用填料塔等。

（4）系统物性　对易乳化、密度差小的物系宜选用离心萃取设备；有固体悬浮物的物系可选用转盘塔或混合澄清器；腐蚀性强的物系宜选用结构简单的填料塔；放射性物系可选用脉冲塔。

（5）厂房条件　面积大的厂房可选用混合澄清器；面积小但高度不受限制的厂房可选用塔式设备。

选择设备时应考虑的各种因素列于表8-1。

表8-1　萃取设备的选择

设备类型/考虑因素		喷洒塔	填料塔	筛板塔	转盘塔	往复筛板塔 脉动筛板塔	离心萃取器	混合澄清器
工艺条件	理论级数多	×	○	○	√	√	○	○
	处理量大	×	×	○	√	×	○	√
	两相流比大	×	×	×	○	○	√	√
物系性质	密度差小	×	×	×	○	○	√	√
	黏度高	×	×	×	○	○	√	√
	界面张力大	×	×	×	○	○	√	○
	腐蚀性强	√	○	○	○	○	×	×
	有固体悬浮物	√	×	×	√	○	○	○

续表

设备类型/考虑因素		喷洒塔	填料塔	筛板塔	转盘塔	往复筛板塔 脉动筛板塔	离心萃取器	混合澄清器
设备费用	制造成本	√	○	○	○	○	×	○
	操作费用	√	√	√	○	○	×	×
	维修费用	√	√	○	○	○	×	×
安装场地	面积有限	√	√	√	○	√	√	×
	高度有限	×	×	×	○	○	√	√

注：√—适用；○—可以；×—不适用。

任务3　操作填料萃取塔

 任务描述

任务名称	操作填料萃取塔	建议学时	
学习方法	1. 分组、遴选组长，组长负责安排岗位、组织讨论、分组汇报； 2. 成员分工、共同协作，完成实际操作； 3. 教师巡回指导，提出问题集中讨论，归纳总结		
任务目标	1. 能按照操作规程规范、熟练完成萃取装置的开车、正常操作、停车； 2. 会观察、判断异常操作现象，并能做出正确处理； 3. 了解萃取剂的选择方法、熟悉影响萃取操作的因素		
课前任务： 1. 分组，分配岗位，明确每个人的岗位职责； 2. 熟读操作规程、熟悉工艺指标，掌握操作要点		准备工作： 1. 工作服、手套、安全帽等劳保用品； 2. 纸、笔等记录工具； 3. 管子钳、扳手、螺丝刀、卷尺等工具	
场地	一体化实训室		
具体任务			
1. 正确规范操作萃取装置，实现系统开车； 2. 分析处理生产过程中的异常现象，维持生产稳定运行，完成生产任务； 3. 生产完成后，对萃取装置进行正常停车			

 知识准备

填料萃取塔操作实训过程主要包括以下步骤：准备工作、正常开车、正常运行、停车。操作时要提高安全使用水、电、气，高空作业不伤人、不伤己等安全防范意识。

知识1　萃取塔的开车、停车操作要点

（1）开车之前，操作人员必须熟读安全操作规程，明确各自的岗位职责，熟悉岗位工艺控制指标。对装置流程、工艺条件、操作方案要熟练掌握，做好安全防护、事故处理预案及开工条件的准备。

（2）进行装置检查。由相关操作人员组成装置检查小组，对本装置所有设备、管道、阀门、仪表、电气、分析等按工艺流程图要求和专业技术要求进行检查。检查所有仪表是否处于正常状态。检查所有设备是否处于正常状态。然后进行试电：

① 检查外部供电系统，确保控制柜上所有开关均处于关闭状态。

② 开启外部供电系统总电源开关。

③ 打开控制柜上空气开关。

④ 打开电源开关以及空气开关，打开仪表电源开关。查看所有仪表是否上电，指示是否正常。

⑤ 将各阀门顺时针旋转操作到关的状态。

（3）萃取塔开车时，先将连续相注满塔中，若连续相为重相（即相对密度较大的一相），液面应在重相入口高度处为宜，关闭重相进口阀，然后开启分散相，使分散相不断在塔顶分层段凝聚。随着分散相不断进入塔内，在重相的液面上形成两液相界面并不断升高。当两相界面升高到重相入口与轻相出口处之间时，再开启分散相出口阀和重相进口阀，调节流量或重相升降管的高度使两相界面维持在原高度。当重相作为分散相时，则分散相不断在塔底的分层段凝聚，两相界面应维持在塔底分层段的某一位置上，一般在轻相入口处附近。

（4）均衡进料，使塔内萃取剂与原料液的流量比保持恒定。对于一定流量的原料液，加大萃取剂的用量，可使萃取容易完全彻底，但却使操作费用增加了。因此，应当保持萃取剂用量与原料液的比例，此比例的选择可以通过实验确定或采用经验数据。流量比一旦选定，就不能有太大的波动，否则会影响操作的稳定性。萃取剂和原料的流量可以通过阀门调节，但原料液的流量关系到生产能力的大小，故生产中不能随意调节。

（5）使塔顶两相分界面的位置保持稳定。特定两相分界面是否维持稳定的位置是塔能否维持稳定操作的关键。在稳定操作条件下，若萃取剂和原料液的流量比恒定，则两相界面处于一稳定位置，此位置可以通过塔上部的玻

璃视孔来观察。如果操作条件由于某些因素而有波动，例如流量改变，则在改变阀门开度时，要注意观察界面的位置，必要时可在重相出口前安装一个倒U形管来调节塔内两相界面的位置。

（6）注意维持两相的流速。在萃取塔的正常操作过程中，两相的流速必须低于液泛速度。所谓液泛，是指当萃取塔内两液相的速度达到某一极限时，会因阻力的增大而产生两个液相相互夹带的现象。液泛的出现标志着萃取操作中流量达到了负荷的最大极限。在填料萃取塔中，连续相的适宜操作速度一般为液泛速度的50%～60%。

（7）随时注意物料的控制阀门，经常观察界面波动的情况，以便进行操作调节，对有外加能量的设备，如脉动萃取塔等，一旦确定脉动频率及振幅等条件，生产中不宜做过多调节，以免影响生产稳定性。

（8）萃取塔在维修、清洗或工艺要求下需要停车时，如果连续相为重相，首先应该关闭连续相的进口阀，再关闭轻相的进口阀，让轻重两相在塔内静置分层。分层后慢慢打开连续相的进口阀，让轻相流出塔外，并注意两相的界面，当两相界面上升至轻相全部从塔顶排出时，关闭重相进口阀，让重相全部从塔底排出。

对于连续相为轻相的相界面在塔底，停车时首先应关闭重相进出口阀，然后再关闭轻相进出口阀，让轻重两相在塔中静置分层。分层后打开塔顶旁路阀，塔内接通大气，然后慢慢打开重相出口阀，让重相排出塔外。当相界面下移至塔底旁路阀的高度处关闭重相出口阀，打开旁路阀，让轻相流出塔外。

知识2　影响萃取操作的主要因素

1.萃取剂

萃取剂的性质、用量、纯度对萃取分离的效果都有影响。对于已确定的萃取剂，在一定的操作条件下，其用量基本稳定，过多操作费用会显著增加，过少达不到分离要求。贫液中萃取剂纯度越高，萃取推动力越大，萃取能力越强，但是再生费用越高，因此萃取剂与原料液要有适宜比例。

另外，合适的萃取剂是萃取操作能正常进行和经济合理的关键所在。一般选择时要注意考虑以下几点。

（1）选择性好　萃取剂对溶质应具有较强的溶解能力，对稀释剂不溶或溶解度小。

（2）再生容易　从经济角度考虑，通常萃取剂和萃余相中的萃取剂都需回收后循环利用，生产中选择再生较容易的萃取剂可以节约萃取操作费用。

（3）化学性质稳定　萃取剂必须有较强的化学稳定性，不易分解、聚合，有足够的抗氧化性和热稳定性。

除此之外，萃取剂的选择还应该考虑其腐蚀性、易燃易爆性和经济性。

2. 萃取温度

从萃取的操作范围来看，萃取的温度越低，对萃取操作过程越有利，但温度的降低，会增大液体的黏度，从而导致传质速率降低，又对萃取操作不利。因此需要综合考虑选择适宜的操作温度。

另外，温度对溶剂的选择性和溶解度都具有较大的影响。温度升高，溶质溶解度会增大，有利于溶质的回收；但同时稀释剂在溶剂中的溶解度也会增大，有可能比溶质增加得更多，因此溶剂的选择性就变差。在实际生产中，通常采用调整贫溶剂入塔温度来控制塔的操作温度。

3. 萃取压力

压力本身不影响溶剂的溶解度和选择性，萃取塔的操作压力对回收率影响不大，但由于适宜的操作压力是保证原料处于泡点下液相状态的因素，因此需要注意萃取塔的汽化降低萃取效率，并限制塔内流速。所以，实际操作中应避免进出萃取塔的流量突然变化而引起压力骤变。

知识3　萃取塔异常现象及处理

萃取塔在生产过程中因操作不当可能会出现一些异常现象，比较常见的包括液泛、返混、乳化等现象。

1. 乳化

乳化是一种液体以极微小液滴均匀地分散在互不相溶的另一种液体中的现象。如油与水，原本在容器中分为两层，密度小的油在上层，密度大的水在下层。若加入适当的表面活性剂并进行强烈的搅拌，油就会被分散在水中，形成乳状液，这一过程就称为乳化。

在萃取过程中，可以尝试采取以下方法来消除乳化现象。

（1）长时间静置混合液，静待混合液分层；

（2）如若是相对密度接近1的溶剂，在萃取过程中发生乳化现象，可以加入适量的乙醚稀释有机相，使有机相密度降低，从而产生分层；

（3）采取高速离心分离的方式对乳化液进行分离；

（4）对于乙酸乙酯与水的乳化液，可以加入无机盐或进行减压操作。

除以上方法外，还可以采用加热或深度冷冻等方法消除乳化现象。

2. 液泛

逆流操作过程中，由于两相（或一相）流速加大到一定程度后，一相被另一相夹带，由出口端流出塔外的现象被称为液泛。液泛的产生不仅与两相流体的物性有关，而且与塔的类型、内部结构等也有关。操作过程中要注意流速不宜过大，脉冲振动的频率不宜过快。

3. 返混

由于液体在塔中心与边缘的流速不一致，造成中心区与近壁区液体停留时间不均匀，加上分散相的液滴大小不一致，可能导致小液滴被连续相夹带，产生反方向运动形成返混，从而造成分离效果不理想。

在实际操作中，萃取塔常见的异常现象及处理见表8-2。

表8-2　萃取塔常见异常现象的分析处理

异常现象	原因分析	处理方法
重相贮槽中轻相含量高	轻相从塔底混入重相贮槽	减小轻相流量，加大重相流量，并减小采出量
轻相贮槽中重相含量高	重相从塔底混入轻相贮槽	减小重相流量，加大轻相流量，并减小采出量
	重相由分相器内带入轻相贮槽	及时将分相器重相排入重相贮槽
分相不清晰、溶液乳化、萃取塔液泛	返塔空气流量过大	减小空气流量
油相、水相传质不好	进塔空气流量过小或油相加入量过大	加大空气流量，减小油相流量或加大水相流量

思考与练习

一、简答题

1. 液-液萃取操作在何种场合下应用较为合适？与蒸馏操作有什么不同？
2. 萃取剂的选择应从哪些方面考虑？
3. 影响液-液萃取操作的主要因素有哪些？试分析萃取温度对萃取的影响。

4. 液体流速的大小对萃取塔操作有何影响？何谓液泛，如何预防？

5. 简述萃取塔的开车、停车步骤。

二、判断题

1. 萃取剂对原料液中的溶质组分要有显著的溶解能力，对稀释剂必须不溶。（　　）

2. 在一个既有萃取段，又有提浓段的萃取塔内，往往是萃取段维持较高温度，而提浓段维持较低温度。（　　）

3. 萃取中，萃取剂的加入量应使原料和萃取剂的和点的位置位于两相区。（　　）

4. 分离过程可以分为机械分离和传质分离过程两大类。萃取是机械分离过程。（　　）

5. 含A、B两种成分的混合液，只有当分配系数大于1时，才能用萃取操作进行分离。（　　）

6. 液-液萃取中，萃取剂的用量无论如何，均能使混合物出现两相而达到分离的目的。（　　）

7. 均相混合液中有热敏性组分，采用萃取方法可避免物料受热破坏。（　　）

8. 萃取操作设备不仅需要混合能力，而且还应具有分离能力。（　　）

9. 利用萃取操作可分离煤油和水的混合物。（　　）

10. 一般萃取操作中，选择性系数 $\beta > 1$。（　　）

11. 萃取塔正常操作时，两相的速度必须高于液泛速度。（　　）

12. 萃取剂S与溶液中原溶剂B可以不互溶，也可以部分互溶，但不能完全互溶。（　　）

13. 萃取操作的结果，萃取剂和被萃取物质必须能够通过精馏操作分离。（　　）

14. 萃取温度越低萃取效果越好。（　　）

15. 在填料萃取塔正常操作时，连续相的适宜操作速度一般为液泛速度的50%～60%。（　　）

三、选择题

1. 处理量较小的萃取设备是（　　）。

A. 筛板塔　　　　　B. 转盘塔　　　　　C. 混合-澄清槽　　D. 填料塔

2. 萃取操作包括若干步骤，除了（　　）。

A. 原料预热　　　　　　　　　　　　B. 原料与萃取剂混合

C. 澄清分离　　　　　　　　　　　　D. 萃取剂回收

3. 萃取操作的依据是（　　）。

A. 溶解度不同　　　　B. 沸点不同　　　　C. 蒸气压不同

4. 萃取操作温度一般选（　　）。

A. 常温　　　　　B. 高温　　　　　C. 低温　　　　　D. 不限制

5. 萃取操作应包括（　　）。

A. 混合-澄清　　　　　　　　　　　B. 混合-蒸发

C. 混合-蒸馏　　　　　　　　　　　D. 混合-水洗

6. 萃取操作中，选择混合-澄清槽的优点有多个，除了（　　）。

A. 分离效率高　　　　　　　　　　　B. 操作可靠

C. 动力消耗低　　　　　　　　　　　D. 流量范围大

7. 萃取剂的温度对萃取蒸馏影响很大，当萃取剂温度升高时，塔顶产品（　　）。

A. 轻组分浓度增加　　　　　　　　　B. 重组分浓度增加

C. 轻组分浓度减小　　　　　　　　　D. 重组分浓度减小

8. 萃取剂的选用，首要考虑的因素是（　　）。

A. 萃取剂回收的难易　　　　　　　　B. 萃取剂的价格

C. 萃取剂溶解能力的选择性　　　　　D. 萃取剂稳定性

9. 萃取是分离（　　）。

A. 固液混合物的一种单元操作

B. 气液混合物的一种单元操作

C. 固固混合物的一种单元操作

D. 均相液体混合物的一种单元操作

10. 萃取是根据（　　）来进行的分离。

A. 萃取剂和稀释剂的密度不同

B. 萃取剂在稀释剂中的溶解度大小

C. 溶质在稀释剂中不溶

D. 溶质在萃取剂中的溶解度大于溶质在稀释剂中的溶解度

11. 多级逆流萃取与单级萃取比较，如果溶剂比、萃取相浓度一样，则多级逆流萃取可使萃余相浓度（　　）。

　　A.变大　　　　　　B.变小　　　　　　C.基本不变　　D.不确定

12.混合溶液中待分离组分浓度很低时一般采用（　　）的分离方法。

　　A.过滤　　　　　　B.吸收　　　　　　C.萃取　　　　D.离心分离

13.填料萃取塔的结构与吸收和精馏使用的填料塔基本相同。在塔内装填充物,（　　）。

　　A.连续相充满整个塔中,分散相以滴状通过连续相

　　B.分散相充满整个塔中,连续相以滴状通过分散相

　　C.连续相和分散相充满整个塔中,使分散相以滴状通过连续相

　　D.连续相和分散相充满整个塔中,使连续相以滴状通过分散相

14.维持萃取塔正常操作要注意的事项不包括（　　）。

　　A.减少返混　　　　　　　　　　　　B.防止液泛

　　C.防止漏液　　　　　　　　　　　　D.两相界面高度要维持稳定

15.下列关于萃取操作的描述,正确的是（　　）。

　　A.密度相差大,分离容易但萃取速度慢

　　B.密度相近,分离容易且萃取速度快

　　C.密度相差大,分离容易且分散快

　　D.密度相近,分离容易但分散慢

项目9 干燥装置

学习目标

知识目标

1. 掌握干燥概念和种类；
2. 掌握对流干燥的原理和条件；
3. 熟悉湿空气的性质；
4. 熟悉对流干燥的影响因素；
5. 掌握流化床干燥和喷雾干燥设备的工作原理与结构组成；
6. 熟悉工艺参数对生产操作过程的影响；
7. 了解干燥器选择基本原则

技能目标

1. 能识读和绘制简单的干燥料流程图；
2. 能识读干燥装置的主要设备和各种检测仪、现场各类型阀门；
3. 能完成流化床干燥和喷雾干燥装置的操作（开车前准备、开车和停车），能够对过程参数进行控制；
4. 能对流化床干燥和喷雾干燥装置操作数据作完整记录，初步学会处理和分析相关数据；
5. 能初步根据各参数的变化情况、设备运行异常现象，分析故障原因，找出故障并动手排除故障；
6. 具备化工生产安全和环保意识

素质目标

1. 具有化工生产操作规范意识；
2. 具有良好的观察能力、逻辑判断能力和紧急应变能力；
3. 具有健康的体魄和良好的心理调节能力；
4. 具有安全环保意识，做到文明操作、保护环境；
5. 具有好的口头和书面表达能力；
6. 具有获取、归纳、使用信息的能力

项目 9.1　操作流化床干燥装置

任务 1　认识流化床干燥工艺流程

 任务描述

任务名称	认识流化床干燥工艺流程	建议学时	
学习方法	1. 分组、遴选组长，组长负责安排组内任务、组织讨论、分组汇报； 2. 教师巡回指导，提出问题集中讨论，归纳总结		
任务目标	1. 能正确识读干燥装置的流程图及设备作用； 2. 能正确查走、叙述干燥的工艺流程； 3. 能正确识读各测量仪表； 4. 了解任务中的节能降耗及安全环保措施		
课前任务： 1. 分组，分配工作，明确每个人的任务； 2. 预习干燥基本知识，预习流化床干燥流程图		准备工作： 1. 工作服、手套、安全帽等劳保用品； 2. 纸、笔等记录工具	
场地	一体化实训室		
具体任务			
1. 干燥预备知识； 2. 对流干燥流程，掌握对流干燥流程的步骤；熟悉每个步骤的作用及原理；了解每个步骤中常见的设备及用途； 3. 观察流化床干燥装置，识别主要设备、附属设备，了解其作用；理清物料流程、空气流程及工艺管线的来龙去脉；观察绘制流化床干燥工艺流程图； 4. 以生产上的干燥案例，识读干燥流程图；识别干燥设备、除尘设备、固液分离设备、流体输送设备、换热设备的编号名称及作用；理清干燥物料从湿到干的整个过程路线；理清气流干燥段、流化床干燥段干燥用介质空气的走向；掌握整个生产流程；分析过程中的节能环保降耗措施			

 知识准备

利用加热除去固体物料中水分或其他溶剂的单元操作，称为干燥。从广义上说，除去气体、液体物料中的水分的操作也属于干燥，但在生产中提到的干燥，如不特别指明，即指固体干燥。

知识 1　认识对流干燥

1. 认识对流干燥流程

如图 9-1 所示，空气经过风机输送至预热器中加热，进入干燥器，与进入干燥器的湿物料进行传热、传质，

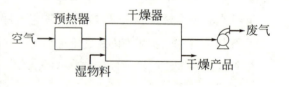

图 9-1　对流干燥流程示意图

项目9 干燥装置

湿物料中的水分吸热汽化后进入空气,吸收了水分的空气从干燥器的另一端以废气形式排出,而除去水分的湿物料则变成了干物料从干燥器排出。空气与湿物料在干燥器里的接触方式按生产需要而定,可以是逆流、并流等形式。

熟悉气流干燥各步骤的作用,并填写表9-1空格。

表9-1 气流干燥流程各步骤的作用

序号	名称	作用
1	空气	传递热量,带走湿分
2	预热器	湿空气预热,提高温度,提高空气焓值;降低空气相对湿度,提高吸湿能力
3	干燥器	干燥主要设备,热空气和湿物料在干燥器内接触传热和传质,使物料中的水分进入空气
4	废气	从干燥器出来含有大量水分的废空气,同时带走了系统中的湿分
5	湿物料	
6	干燥产品	

2.认识流化床干燥流程

如图9-2所示,本装置主体设备为流化床干燥器,湿物料由贮罐经螺旋加料器进入流化床内,空气由气泵输送进入预热器,预热后的热空气进入干燥器底部经分布板与固体湿物料接触,物料干燥后由排料口排出至干物料贮罐;湿物料中的水分吸热汽化成水蒸气被废气带出干燥器,废气经旋风分离器及袋滤器回收粉料后排出。

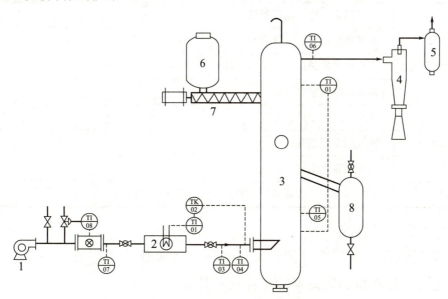

图9-2 流化床干燥流程图

1—气泵;2—预热器;3—流化床干燥器;4—旋风分离器;
5—袋式除尘器;6—湿物料贮罐;7—螺旋加料器;8—干物料贮罐

（1）识别流程中的设备名称及作用　熟悉表9-2流化床干燥流程装置中设备及作用，填写空格。

（2）识别流程中仪表及阀门的作用　熟悉表9-3流化床干燥流程装置中仪表阀门等的作用。

表9-2　流化床干燥流程装置中设备及作用

编号	设备名称	设备作用
1	气泵	提供干燥所用湿空气，给空气增加能量
2	预热器	
3	流化床干燥器	干燥主体设备
4	旋风分离器	气固分离设备，使物料颗粒和空气分离，净化废气，回收物料颗粒
5	袋式除尘器	气固分离设备，使物料颗粒和空气分离，进一步净化废气，回收物料颗粒
6	湿物料贮罐	
7	螺旋加料器	固体物料输送设备，使湿物料进入流化床干燥器
8	干物料贮罐	

表9-3　流化床干燥流程装置中仪表阀门等的作用

设备类型	设备作用
涡轮流量计	气泵出口空气流量测量
温度计测量仪	预热器进口空气温度测量
	预热器出口空气温度测量
	流化床塔底进口空气温度测量
	流化床床层温度测量
	流化床塔顶出风温度测量
压力测量仪	流化床塔压测量
截止阀	气泵流量调节阀
球阀	预热器空气流量调节阀、干物料贮罐罐底出口阀

（3）识别工艺管线

① 空气流程　从气泵开始，经过预热进入流化床干燥器，干燥器出来的气体经过旋风分离器和袋滤器除尘净化后排出。

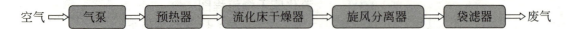

② 物料流程　湿物料从贮罐进入流化床干燥器，干燥后的物料进入干物料贮罐；同时从流化床干燥器中排出的废气经过旋风分离器和袋滤器也回收了大部分的干物料颗粒。

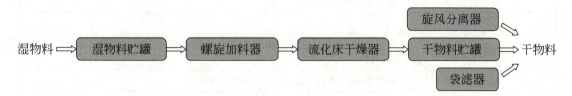

3.认识一种生产上的干燥联合流程实例

由于生产上物料的多样性和复杂性，只用单一的干燥形式往往不能达到最终产品的要求，把两种或以上的干燥方法组合可做到优势互补。

图9-3是聚氯乙烯（PVC）浆料干燥装置。在聚氯乙烯（PVC）的干燥生产过程中使用的是气流-沸腾二段干燥器，是将气流干燥器与流化床干燥器组合使用。从离心机出来的较湿聚氯乙烯树脂，送入第一段气流干燥器，将颗粒表面的水分基本除净，再进入第二段流化床干燥器，将内部水分除净，使含水量降至质量分数3%以下。

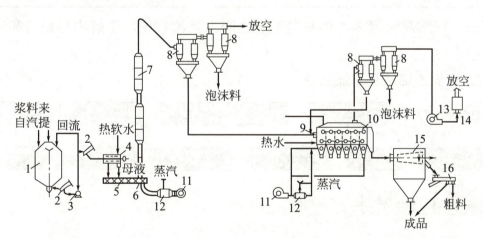

图9-3　聚氯乙烯浆料干燥工艺流程

1—混料槽；2—树脂过滤器；3—浆料泵；4—沉降式离心机；5—螺旋输送机；6—送料器；7—气流干燥器；8—旋风分离器；9—加料器；10—流化床干燥器；11—鼓风机；12—预热器；13—抽风机；14—消声器；15—滚动筛；16—振动筛

（1）识别聚氯乙烯浆料干燥生产工艺流程中设备名称及作用　图9-3为聚氯乙烯浆料干燥工艺流程。

认识聚氯乙烯浆料干燥装置中的流程和作用（见表9-4），填写表格中空白处。

表9-4 聚氯乙烯（PVC）浆料干燥装置中设备名称及作用

序号	设备名称	本流程中的设备作用
1	混料槽	
2	树脂过滤器	分离浆料中的固体颗粒
3	浆料泵	
4	沉降式离心机	将聚氯乙烯浆料中的液体和固体进行分离，除去大量的液体，得到湿的聚氯乙烯树脂
5	螺旋输送机	把湿的聚氯乙烯颗粒送到气流干燥器底部
6	送料器	把底部湿的聚氯乙烯颗粒送至气流干燥器指定位置
7	气流干燥器	
8	旋风分离器	
9	加料器	把颗粒送至流化床干燥器
10	流化床干燥器	
11	鼓风机	
12	预热器	
13	抽风机	把干燥过程产生的废气排出
14	消声器	减少噪声设备
15	滚动筛	筛分固体颗粒，并使物料输送
16	振动筛	

（2）仔细观察聚氯乙烯浆料干燥生产工艺流程图，了解物料系统和空气系统的走向。

① 聚氯乙烯浆料干燥系统

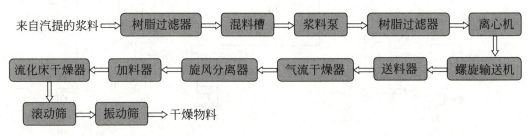

② 空气系统

a. 第一段气流干燥系统

b. 第二段沸腾干燥系统

知识2 干燥

干燥是去湿方法中的一种。除去物料中湿分（包括水分或其他溶剂）的操作称为去湿。日常生活中常遇到为了除去湿物体中的水分，而采用各种方式。例如为了防止饼干受潮而放入袋装干燥剂；使用洗衣机进行衣物甩干脱水。洗衣粉、奶粉等吸收空气中的水分会结块变质；干炒的花生、瓜子，酥香的麻花、饼干等食品久置于空气中会失去原有的口味……这都是过多水分存在的缘故。

同样，工业生产中的固体物料，总是或多或少含有一些湿分（水或其他液体），为了便于加工、运输、贮存和使用，往往需要将其中的湿分除去，这种操作称为"去湿"，它广泛应用于化学工业、制药工业、轻工和食品等有关工业中。例如木材在制作木模、木器前的干燥可以防止制品变形；陶瓷坯料在煅烧前进行干燥可以防止成品龟裂；将收获的粮食干燥到一定湿含量以下，以防霉变；药物和食品的去湿（中药冲剂、片剂、糖、咖啡等），以防失效变质；塑料颗粒若含水超过规定，则在以后的注塑加工中会产生气泡，影响产品的品质。

1. 去湿方法

常见的"去湿"方法可分为以下三类。

（1）机械去湿 用压榨、过滤或离心分离的方法去除湿分的操作。该操作能耗低，但湿分的除去不完全。当物料带水较多时，可采用机械分离方法以除去大量的水分。

（2）吸附去湿 用某种干燥剂（如$CaCl_2$、硅胶等）与湿物料并存，使物料中的水分被干燥剂吸附并带走。如实验室中用干燥剂保存干物料；人们购买的食品包装中也常常会看到干燥剂。该方法能耗几乎为零，去湿程度高，但干燥剂的成本高，去湿速率慢。

（3）热能去湿 向物料提供热能使物料中的水分汽化，并将汽化所产生的蒸汽除去的方法，也称固体干燥，简称"干燥"。工业干燥操作多用热空气或其他高温气体为介质，使之吹过物料表面，同时向湿物料供热并带走汽化的湿分，此种干燥常称为对流干燥。该操作能量消耗大，所以工业生产中湿物料若含水较多则可先采用机械去湿，然后再进行供热干燥来制得合格的干品。

2.干燥操作的分类

（1）按操作压强来分

① 常压干燥　在常压下进行的干燥操作，多数物料的干燥采用常压干燥。

② 真空干燥　该过程在真空条件下操作，可以降低湿分的沸点和物料的干燥温度，适用于处理热敏性、易氧化或要求产品含湿量很低的物料。

（2）按操作方式来分

① 连续式干燥　湿物料从干燥设备中连续投入，干品连续排出。其特点是生产能力大，产品质量均匀，热效率高和劳动条件好。

② 间歇式干燥　湿物料分批加入干燥设备中，干燥完毕后卸下干品再加料。如烘房，适用于小批量、多品种或要求干燥时间较长的物料的干燥。

（3）按供热方式来分

① 对流干燥　使干燥介质直接与湿物料接触，热量以对流的方式通过干燥介质传递给湿物料；温度较高的介质在吹过物料表面时向物料供热，汽化产生的蒸汽由干燥介质带走，这种干燥又称直接加热干燥。这种干燥特点是物料不易过热，但介质由干燥器出来时由于温度较高，热能利用率低。如流化床干燥器、喷雾干燥器、气流干燥器等。

② 传导干燥　湿物料与加热介质不直接接触，热量以传导方式通过固体壁面传递给湿物料，使湿分汽化达到干燥的目的，又称作间接加热干燥。这种干燥器的热能利用率高，但物料易过热变质。如烘房、滚筒干燥器等；生活中用电熨斗熨烫湿衣服也属于这类过程。

③ 辐射干燥　辐射能以电磁波的形式由辐射器发射到湿物料表面，被湿物料吸收后再转变成为热能后将湿分汽化并除去的干燥方式。其特点是生产能力大，产品洁净且干燥均匀，但能耗大。常见的设备有红外干燥器，如实验室中红外灯烘干物料。

④ 介电加热干燥　将湿物料置于高频电场内，依靠高频电场的交变作用使内部分子因振动而发热，从而使湿分汽化，达到干燥目的的操作。如家用微波炉就属于这种形式。

小调研

由于现代科技水平的不断进步，有许多新的干燥方式被开发出来，由于种种原因，有的还没有实现工业化，请你查阅资料或上网搜一下，了解最新的干燥方法。

知识3　对流干燥原理和条件

目前在工业中应用最普遍的是对流干燥，使用的干燥介质为空气。本项目重点讨论以热空气为干燥介质，以含水湿物料为干燥对象的对流干燥过程。

1.对流干燥原理

日常生活中把湿衣服晾干，就是简单的对流干燥过程：一方面温度较高的空气把热量传递到湿衣服表面；另一方面湿衣服中的水分得到热量汽化传递到空气中。这实际上就是传热和传质的过程。我们发现温度高、空气干燥的地方，衣服干得快；而温度低、空气潮湿的地方，衣服干得慢。这说明在晾衣服的过程中，干燥速率与空气的温度和湿度密切相关。

在生产过程中的对流干燥过程也是如此，如图9-4所示，一方面空气经预热升高温度后，在从湿物料表面流过时，将热量传给湿物料表面，再从表面传至湿物料内部，这是一个传热过程。另一方面，湿物料温度升高的同时，表面上的水分汽化扩散到空气中并被空气流带走，由于湿物料内部水分含量大于其表面的水分含量，内部的水分便首先扩散到物料表面，然后再扩散到空气中，这是一个传质过程。

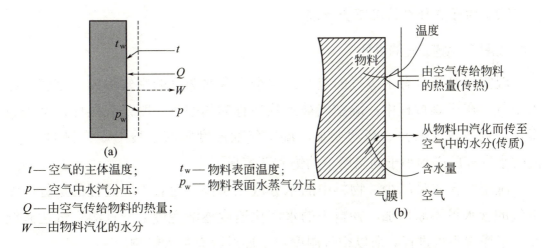

t——空气的主体温度；
p——空气中水汽分压；
Q——由空气传给物料的热量；
W——由物料汽化的水分
t_w——物料表面温度；
p_w——物料表面水蒸气分压

图9-4　热空气与物料间的传热与传质

由此可见，对流干燥过程的实质是湿物料和空气之间进行传热和传质的过程，传质的方向与传热方向相反，并互相制约、互相影响。因而干燥过程进行快慢，与湿物料和热空气之间的传热、传质速率有关。

2.对流干燥进行的条件

要使对流干燥过程得以进行，其必要条件是：物料表面产生的水汽分压必须大于空气中所含水汽的分压。

若湿物料表面所产生的水蒸气分压大于空气中水蒸气的分压时，物料中的水汽将会向空气中转移，干燥可以顺利进行；当湿物料表面产生的水汽分压小于空气中的水汽分压，则物料将吸收空气中的水分，产生所谓"返潮"现象；若物料表面产生的水汽分压等于空气中的水汽分压时，两者处于平衡状态，湿物料中的水分含量会一直保持不变。两者压力差表示汽化水分推动力的大小。压力差越大，干燥进行得越快。所以，干燥介质一定要及时地将汽化的水分带走，以保持一定的推动力。如果压力差为零，表示干燥介质与物料之间的水汽达到动态平衡，干燥将会停止；如果压差为负，将会产生"返潮"现象。为保证此条件，干燥过程中，需要连续不断地提供相对湿度较低的热空气，使得湿物料表面的水分不断被汽化，同时将吸收水分的热空气带走。图9-4展示了空气与物料之间的传热与传质过程。

想一想

（1）湿衣服为什么在空气中能变干？湿衣服在什么样的情况下干得快？请试着从干燥原理进行分析。

（2）饼干在什么情况下会返潮？

知识4　湿空气的性质

湿空气是指含有水蒸气的空气，完全不含水蒸气的空气称为干空气或绝干空气。在干燥过程中，湿空气被加热后称为热空气，既是载热体，又是载湿体。为了满足载热、载湿要求，湿空气的温度应高于被干燥物料的温度，同时水汽分压必须小于同温度下的饱和蒸气压。

湿空气含水量越少，物料中的水分汽化越快；随着干燥过程的进行，湿空气的含水量不断增加，物料中的水汽化速度逐渐变慢；一旦湿空气达到饱和，干燥就不再进行。所以空气湿度对干燥过程有很大影响。

表征湿空气中水分性质的主要参数有压力、湿度、相对湿度、干球温度和湿球温度、露点等。

1. 湿空气的压力

根据道尔顿分压定律，湿空气的总压等于绝干空气的分压和水蒸气的分压之和，即：

$$p = p_{汽} + p_{干} \tag{9-1}$$

式中　p——湿空气的总压，Pa；

　　　$p_汽$——湿空气中水蒸气的分压，Pa；

　　　$p_干$——绝干空气的分压，Pa。

总压一定时，湿空气中水蒸气分压越大，则湿空气中水蒸气含量也越大。当湿空气中的水蒸气分压等于同温度下水的饱和蒸气压时，该湿空气则饱和，所含水蒸气量达到极限，无法再吸水。通常情况下，湿空气中水蒸气和绝干空气的物质的量之比等于其分压之比，即：

$$\frac{n_汽}{n_干}=\frac{p_汽}{p_干}=\frac{p_汽}{p-p_汽} \tag{9-2}$$

式中　$n_汽$——湿空气中水蒸气的物质的量，kmol；

　　　$n_干$——湿空气中绝干空气的物质的量，kmol。

2. 湿空气的湿度

空气湿度又称湿含量或绝对湿度，它是指湿空气中每单位质量绝干空气所带有的水蒸气的量，以符号 H 表示，单位为 kg 水汽/kg 干气。

$$H=\frac{m_汽}{m_干} \tag{9-3}$$

为了便于进行物料衡算，可以将湿空气的总压与水汽的分压换算成湿度：

$$H=\frac{m_汽}{m_干}=\frac{M_汽 n_汽}{M_干 n_干}=\frac{18.02 n_汽}{28.95 n_干}=0.622\times\frac{p_汽}{p-p_汽} \tag{9-4}$$

式中　$m_汽$——湿空气中水蒸气的质量；

　　　$m_干$——湿空气中绝干空气的质量；

　　　H——空气的湿度，kg 水汽/kg 干气；

　　　$M_汽$——湿空气中水蒸气的摩尔质量；

　　　$M_干$——湿空气中绝干空气的摩尔质量。

由上式可知，当总压一定时，湿度仅取决于水汽分压大小。

当总压 p 一定时，湿度 H 随水汽的分压 $p_汽$ 增大而增大。当湿空气达到饱和时，所对应的湿度为饱和湿度，表示为 $H_饱$，该湿空气中水蒸气的分压为 $p_饱$；可以表示为：

$$H_饱=0.622\times\frac{p_饱}{p-p_饱} \tag{9-5}$$

3. 湿空气的相对湿度

在一定总压和温度下，湿空气中的水蒸气分压与同温度下的水蒸气的饱和蒸气压的比值，称为湿空气的相对湿度，用 φ 表示，即：

$$\varphi = \frac{p_{汽}}{p_{饱}} \times 100\% \qquad (9\text{-}6)$$

相对湿度是用来衡量湿空气的不饱和程度，表明湿空气吸收水汽能力的大小。

（1）当 $\varphi=100\%$ 时，即 $p_{汽}=p_{饱}$ 时，表明该湿空气已被水汽饱和，不能再吸收水汽。

（2）当 $\varphi=0$ 时，即 $p_{汽}=0$，表明空气中水汽含量为0，该空气为绝对干燥的空气，又称为绝干空气，具有较强的吸水能力。

（3）当 $\varphi=0 \sim 100\%$ 之间时，说明湿空气处于未饱和状态。φ 越大，表明空气的相对湿度越大，越接近饱和状态，湿空气的吸水能力越差；反之，湿空气的吸水能力越强。

由此可见，相对湿度是表示空气吸水能力的重要指标，反映空气吸水能力的大小；而湿度则只能表示湿空气中所含水汽的多少。

我们知道，水的饱和蒸气压随温度的升高而增大，对于具有一定水汽分压的湿空气，温度升高，相对湿度必然下降。在干燥操作中，将湿空气加热，就可使相对湿度减小，空气的吸湿能力增强。所以，在空气进入干燥器之前，多数情况下都要先进行预热。另外，在干燥操作中，必须不断降低空气的相对湿度。气流干燥器、沸腾床干燥器都能使空气经常保持流动状态，连续不断地将湿度增大的空气带出，以保持干燥器内的空气具有较低的湿度。

4. 干球温度与湿球温度

干、湿球温度计如图9-5所示。图9-5（a）为干球温度计，即普通温度计，其感温球露在空气中；图9-5（b）为湿球温度计，它的感温球上包有湿纱布，使之保持湿润状态。

用干球温度计测得的温度称为湿空气的干球温度，用符号 t 表示，单位为℃或K，干球温度为湿空气的真实温度。

用湿球温度计测得的温度称为湿空气的湿球温度，用符号 $t_{湿}$ 表示，单位为℃或K。湿球温度实际上是湿空气与湿纱布中的水传热与传质达到稳定时，湿纱布中水的温度。湿球温度取决于湿空气的温度和湿度，不饱和湿空气的湿球温度总是小于其干球温度，且其相对湿度越小，干、湿球温度的差距越大。

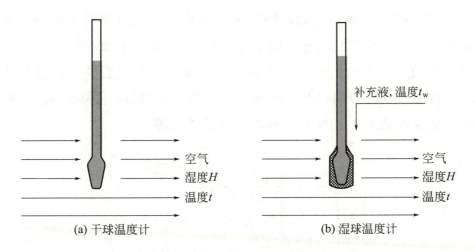

图9-5 干、湿球温度计

5. 露点

将未饱和的湿空气在总压 p 和湿度 H 不变的情况下冷却降温至饱和状态时的温度，称为该空气的露点，用符号 $t_{露}$ 来表示，单位为℃或K。露点时的空气湿度为饱和湿度，此时湿空气中的水蒸气分压为露点时水的饱和蒸气压。若将已达到露点温度的湿空气继续冷却，则湿空气会析出水分。

当湿空气的总压一定时，湿空气的露点只与其湿度有关。

综上所述，表示湿空气性质的干球温度、湿球温度以及露点有如下关系：

对于不饱和的湿空气，$t > t_{湿} > t_{露}$，即干球温度>湿球温度>露点温度；

对于已达饱和的湿空气，$t = t_{湿} = t_{露}$，即干球温度=湿球温度=露点温度。

知识5 湿物料中所含水分的性质

想一想

用对流干燥方法干燥湿物料时，是不是物料中所有水分都能除去呢？

干燥操作是在湿空气和湿物料之间进行的，干燥速率的快慢、干燥效果的好坏，不仅取决于湿空气的性质和流动状态，而且与湿物料中水分的性质密切相关。在一定的空气条件下，根据物料中水分能否除去可分为平衡水分和自由水分；根据其去除的难易程度可分为结合水分和非结合水分。

1.自由水分和平衡水分

(1)平衡水分 在一定条件下,当物料表面产生的水蒸气分压等于空气中的水蒸气分压时,即两者处于平衡状态时,此时物料中的水分不会因为与空气接触时间的长短而有增减,物料中的含水量就是该物料在此空气状态下的平衡含水量,又称平衡水分,用X^*表示,单位为kg水/kg干料。

湿物料的平衡水分的数据,不但与物料本身的性质有关,而且与所接触的空气的状态有关。湿物料的平衡水分,可由实验测得,图9-6为25℃时几种物料的平衡含水量X^*与湿空气相对湿度φ的关系图。

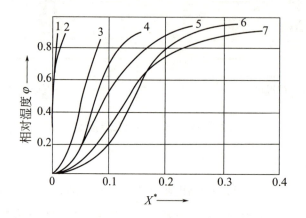

图9-6 某些物料的干燥平衡曲线(25℃)
1—石棉纤维板;2—聚氯乙烯粉(50℃);3—木炭;
4—牛皮纸;5—黄麻;6—小麦;7—马铃薯

由该图可以看出,不同的湿物料在相同的φ值下,其平衡水分不同;同一种物料的平衡水分随空气φ的减小而减小,当空气的相对湿度为零时,各种物料的平衡水分均为零。这就是说,要想获得一个绝干物料,就必须有一个绝对干燥的空气($\varphi=0$)与湿物料进行较长时间的接触,这在实际生产中是很难达到的。当湿物料与具有一定相对湿度的空气接触时,湿物料中总有一部分水分不能被除去,这一部分水分称为平衡水分,它是在一定空气状态下,物料所能干燥的最大极限,在实际生产过程中,干燥往往不能干燥到最大限度,因此,干燥过程中所除去的水分也只是自由水分中的一部分。

(2)自由水分 湿物料中大于平衡含水量的那部分水分,称为自由水分,是能够用干燥方法除去的水分。

关于平衡水分和自由水分还有一种非常通俗的说法,即在一定干燥条件下,能用干燥方法除去的水分称为自由水分;用干燥方法不能除去的水分称为平衡水分。

> **想一想**
>
> 现在你能回答上面提出的问题了吗？是不是物料中的所有水分都能除去呢？

2. 结合水分和非结合水分

根据物料中所含水分被除去的难易程度，可将物料中的水分分为结合水分和非结合水分。物料中毛细管内的水分、细胞壁内的水分以及与物料结合力较强的水分，所产生的蒸气压低于同温度下纯水的饱和蒸气压，用干燥方法不易除去，这部分水分称为结合水分。物料表面的吸附水分和存在于大孔隙中的水分，其饱和蒸气压等于同温度下纯水的饱和蒸气压，与物料之间的结合力弱，用干燥的方法容易除去，这部分水分称为非结合水分。在干燥过程中，除去结合水分比除去非结合水分难。

在一定温度下，平衡水分与自由水分的划分与湿物料的性质以及与之接触的湿空气的状态有关，而结合水分与非结合水分的划分则仅与物料本身的性质有关，与空气的状态无关。同温下，相对湿度为100%时的平衡水分即为湿物料的结合水分。

物料中几种水分的关系可以表示为：

$$\text{物料中的水分}\begin{cases}\text{自由水分}\begin{cases}\text{非结合水分：首先除去的水分}\\\text{能除去的结合水分}\end{cases}\\\text{平衡水分：不能除去的结合水分}\end{cases}$$

在相同的干燥条件下，有的物料很容易干燥，有的物料则很难干燥，就是这个原因。根据物料中水分能否除去或除去的难易程度，可以确定出物料中水分的性质。

知识6　影响干燥速率的因素

1. 干燥速率

干燥速率是指单位时间内、单位干燥面积上所汽化的水分的质量，用符号 U 表示，单位是 $kg水/(m^2 \cdot s)$。

干燥速率是由实验测定的，该实验是用大量空气干燥少量湿物料，故可以看作实验是在恒定干燥条件下进行的。图9-7是由实验所绘得的干燥速率曲线，表明在一定干燥条件下，干燥速率与物料的干基含水量的关系。从该曲线可以看出，干燥速率很明显分为两个阶段，即恒速干燥阶段BC和降速干燥阶段CE。

（1）恒速干燥阶段　如图9-7中BC段所示，在该阶段，干燥速率保持不变，为一恒定值，且不随物料含水量的变化而变化。

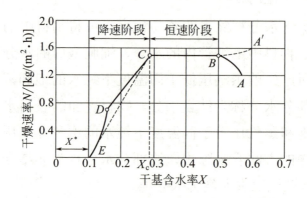

图9-7　恒定干燥条件下的干燥速率曲线

干燥开始进行时，物料表面的含水量较高，其表面的水分可以认为是非结合水分，在恒速干燥阶段，物料内部水分的扩散速率大于表面水分汽化速率，物料表面始终被水汽所润湿。物料表面水分的蒸气压与空气中水分的蒸气压之差保持不变，空气传给物料的热量等于水分汽化所需的热量。此时，干燥速率的大小取决于物料表面水分汽化速率的大小，取决于湿空气的性质，而与湿物料的性质关系很小，因此，恒速干燥阶段又称为表面汽化控制阶段或干燥第一阶段，在该阶段，物料表面的温度基本保持为空气的湿球温度。

（2）降速干燥阶段　如图9-7中CE段所示，在该阶段，干燥速率不断下降。

干燥进行到一定阶段后，由于物料内部水分的扩散速率小于表面水分的汽化速率，物料表面的水分量逐渐减小，干燥速率不断下降。在该阶段，干燥速率主要取决于物料本身的结构、形状和大小等性质，而与空气性质的关系很小。因此，降速干燥阶段又称为内部水分控制阶段或干燥第二阶段。在该阶段，由于空气传给湿物料的热量大于水分汽化所需的热量，湿物料表面温度不断上升，最终接近空气的温度。

恒速干燥阶段与降速干燥阶段的转折点C称为临界点，该点的干燥速率仍为恒速干燥速率，与该点对应的湿物料的含水量称为临界含水量X_c。临界点是物料中非结合水分与结合水分划分的界限,物料的含水量大于临界含水量的部分是非结合水分,小于临界含水量的是结合水分。

干燥速率曲线与横轴的交点E所表示的含水量为物料的平衡含水量X^*,即平衡水分。

综上所述,当物料的含水量大于临近含水量时,属于恒速干燥阶段;当物料的含水量小于临界含水量时,属于降速干燥阶段;当物料的含水量为平衡含水量时,干燥速率为零。实际上,在工业生产过程中,物料干燥的限度不可能是平衡含水量,而是在平衡含水量与临界含水量之间的某一数值,其值视生产要求和经济核算而定。

2.影响干燥速率的因素

影响干燥速率的因素主要有三个方面:湿物料、干燥介质、干燥设备。这三者之间又是相互联系的。

(1)湿物料的性质和形状　在干燥的第一阶段,由于物料的干燥是湿物料表面水分的汽化,因此,物料的性质对于干燥速率影响很小,主要与干燥介质的条件有关。但物料的形状、大小和物料层的厚薄影响物料的临界含水量。在干燥的第二阶段,物料的性质和形状对干燥速率的影响起决定性的作用。

(2)湿物料本身的温度　物料的温度越高,则干燥速率越大。但物料的温度与干燥介质的温度和湿度有关。

(3)湿物料的含水量　物料的最初、最终以及临界含水量决定干燥各阶段所需时间的长短。

(4)干燥介质的温度和湿度　干燥介质的温度越高、相对湿度就会越低,干燥第一阶段的速率就会越大,但是以不损坏物料为原则。对某些热敏性物料,更应该选用合适的温度。在干燥过程中,采用分段中间加热方式可以避免过高的介质温度。

(5)干燥介质的流速和流向　在干燥第一阶段,提高气速可以提高干燥速率,介质的流动方向垂直于物料表面时的干燥速率比平行流过时要大。在干燥第二阶段,气速和流向对干燥速率影响很小。

(6)干燥器的结构　以上影响干燥速率的因素中,大都与干燥器的结构有关,所以在干燥器的设计过程中,都会将这些因素考虑在内。

拓展知识

干燥过程的计算

1. 湿物料中含水量的表示方法

（1）湿基含水量　单位质量湿物料中所含水分的质量，即湿物料中水分的质量分数，称为湿基含水量，用符号 w 表示，单位为 kg水/kg湿物料。

$$w = \frac{\text{湿物料中水分的质量}}{\text{湿物料的总质量}}$$

（2）干基含水量　单位质量绝干物料中水分的质量，称为干基含水量，用符号 X 表示，单位为 kg水/kg绝干物料。

$$X = \frac{\text{湿物料中水分的质量}}{\text{湿物料中绝干物料的质量}} = \frac{\text{湿物料中水分的质量}}{\text{湿物料的总质量} - \text{湿物料中水分的质量}}$$

（3）湿基含水量与干基含水量的换算

换算公式：
$$X = \frac{w}{1-w}$$

$$w = \frac{X}{1+X} \tag{9-7}$$

湿物料在干燥过程中，水分不断被汽化移走，湿物料的总质量在不断减少，所以用湿基含水量有时很不方便。但是，湿物料中绝干物料的质量在干燥过程中始终是不变的，所以，以绝干物料为基准的干基含水量在应用时比较方便。

2. 水分蒸发量的计算

如图9-8所示干燥过程物料流动示意图：

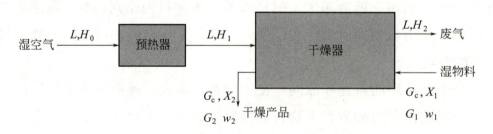

图9-8　干燥系统的物料衡算

用湿基含水量表示水分蒸发量计算式：

$$W = G_1 - G_2 = G_1 \frac{w_1 - w_2}{1 - w_2} = G_2 \frac{w_1 - w_2}{1 - w_1} \tag{9-8}$$

用干基含水量表示水分蒸发量计算式：

$$W = G_c (X_1 - X_2) \tag{9-9}$$

式中　W——单位时间水分蒸发量，kg/s；

　　　G_c——进入干燥器绝干物料的质量，kg/s；

G_1、G_2——干燥前后物料的质量，kg/s；

w_1、w_2——干燥前后物料的湿基含水量；

X_1、X_2——干燥前后物料的干基含水量。

3. 空气消耗量的计算

如图9-8所示干燥过程物料流动示意图：

绝干空气消耗量计算式：
$$L = \frac{W}{H_2 - H_1} \tag{9-10}$$

式中　L——空气消耗量，kg/s；

　　　W——水分蒸发量，kg/s；

　　　H_1——进入干燥器时空气的湿度；

　　　H_2——离开干燥器时空气的湿度。

单位空气消耗量计算式：这是指干燥1kg水所消耗的绝干空气的量。用符号l表示。

$$l = \frac{L}{W} = \frac{1}{H_2 - H_1} \tag{9-11}$$

见图9-8，由于空气经过预热器加热时，其温度升高，湿度不变，故$H_0 = H_1$，所以，式（9-10）和式（9-11）可以表示为：

$$L = \frac{W}{H_2 - H_0} \tag{9-12}$$

$$l = \frac{L}{W} = \frac{1}{H_2 - H_0} \tag{9-13}$$

式中　H_0——进入预热器空气的湿度。

由以上分析可以看出，对一定的水分蒸发量而言，空气的消耗量仅与空气的最初湿度与最终湿度有关，而与经历的过程无关。空气的湿度H_0与当地的气候条件有关,通常情况下,对于同一地区而言,夏季空气的湿度要大于冬季空气的湿度,所以,当要求空气出干燥器的湿度H_2不变时,显然,干燥过程中空气的消耗量夏季比冬季要大,干燥过程中所用的通风机,应以全年中空气消耗最大量为依据。

4. 干燥收率的计算

干燥收率是指干燥实际产品量与理论产品量的比值,用符号η来表示。

$$\eta = \frac{干燥实际产品量}{理论产品量} \times 100\% \tag{9-14}$$

知识链接

干燥技术的未来发展主要表现在如下几个方面:在同等能耗下提高产品质量或在同等质量下降低能耗;与其他加工技术结合使用,达到优化效果;与新兴产业结合并作出应有贡献;降低环境危害并力争可持续发展。

采用可持续或可再生能源的干燥技术。随着全球化能源的紧张,各国都开始了工业化装置的节能降耗工作,单位能耗的产出成了各国国民经济一个重要的指标。节能降耗也是碳达峰、碳中和的重要路径。实现碳达峰、碳中和是一场广泛而深刻的经济社会系统性变革,要把碳达峰、碳中和纳入生态文明建设整体布局,拿出抓铁有痕的劲头,努力实现2030年前碳达峰、2060年前碳中和的目标。干燥是个高能耗的单元操作,如何在干燥过程中节能降耗已成为科研人员、干燥设备制作企业工程技术人员和干燥设备使用人员的共同目标。天然植物气化、液化获得的能源以及太阳能、风能、水能等将成为我们干燥的主要能源。

"绿色"干燥技术,即环保型干燥。"绿色"干燥不仅需要广大干燥界科研人员去研究工程中涉及的水、汽、气的问题,而且还要考虑解决干燥过程中存在的粉尘、噪声、过程气体的臭味、洁净燃烧、干燥中的有机挥发物等问题(例如木材干燥中的有机挥发物VOC)。

干燥技术的活力不仅表现在传统领域,如食品、粮食、化学品、木材、纸张、纺织品等,而且干燥技术的生命力或者说重大影响必然是伴随着新型产业而实现的。这里包括纳米技术、生物技术、微电子技术、太阳能的综合利用等。我们的干燥从业人员一定要在这些技术领域有所发明和创造。国内已经有人在这方面做出了一定的成绩,如徐成海的纳米物质的冷冻干燥、张璧光的太阳能热泵干燥等。新型干燥技术的研究和开发,例如喷雾冷冻干燥、超临

项目9 干燥装置

界喷雾干燥等,这些新的干燥技术有待于理论上的提高,有待于从实验室的小试、中试走向工业化生产。

任务2 认识流化床干燥设备

 任务描述

任务名称	认识流化床干燥设备	建议学时	
学习方法	1. 分组、遴选组长,组长负责安排组内任务、组织讨论、分组汇报; 2. 教师巡回指导,提出问题集中讨论,归纳总结		
任务目标	1. 掌握流化床干燥器的组成部分,熟悉各部分的作用; 2. 掌握流化床干燥器工作原理和使用范围; 3. 了解流化床干燥器的优缺点; 4. 了解流化床干燥常见附属设备; 5. 了解流化床干燥器在使用中的安全环保节能方面的内容		
课前任务: 1. 分组,分配工作,明确每个人的任务; 2. 预习流化床干燥器结构原理和应用		准备工作: 1. 工作服、手套、安全帽等劳保用品; 2. 纸、笔等记录工具	
场地	一体化实训室		
具体任务			
1. 认识流化床干燥器组成; 2. 认识流化床干燥器结构和工作原理; 3. 认识流化床干燥器特点; 4. 熟悉认识流化床干燥附属设备(旋风分离器、袋滤器、螺旋输送机)			

 知识准备

流化床干燥器也叫沸腾床干燥器。通常由空气过滤器、风机、加热器、流化床主机、旋风分离器、高压离心通风机、操作台等组成(如图9-9所示)。

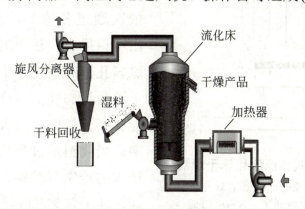

图9-9 流化床干燥器

知识1　流化床干燥器

由于干燥物料的性质不同，配套除尘设备时，可按需要考虑，可同时选择旋风分离器、布袋除尘器，也可选择其中一种。一般来说，密度较大的颗粒物料干燥只需选择旋风分离器，密度较轻的小颗粒状和粉状物料还需配套布袋除尘器，并备有气力送料装置及皮带输送机供选择。

问一问

流化床干燥器一般由哪些部分组成？

1. 流化床干燥器的工作原理和结构

（1）工作原理　热气流以一定的速度从干燥器的多孔分布板底部送入，均匀地通过物料层，物料颗粒在气流中悬浮、上下翻动，形成沸腾状态，气固之间接触面积很大，传质和传热速率显著增大，使物料迅速、均匀地得到干燥。

气流吹动物料层开始松动的速度叫最小流化速度；将物料从顶部吹出的速度叫带出速度。操作时要控制气流速度处于最小流化速度和带出速度之间，使物料保持流化状态。

（2）流化床干燥器结构　流化床干燥器分为立式和卧式，立式又有单层和多层。

图9-10介绍比较常见的卧式多层流化床干燥器。其外形为长方形，干燥器内用垂直的挡板分隔成4～8个室，挡板下端与多孔分布板之间留有一定间隙（一般为几十毫米），使物料能够逐室通过。湿物料由加料器加入，依次通过各室后，越过出口堰板从出料口排出。热空气从底部通入，经过多孔分布板进入干燥室，使物料处于沸腾流态化，这样，物料与热空气能够充分接触，增大了干燥过程的速率。当物料通过最后一室时，与下部通入的冷空气接触，使得产品迅速冷却，便于包装和收藏。

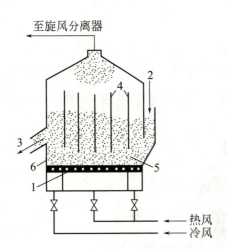

图9-10　卧式多层流化床干燥器
1—多孔分布挡板；2—加料器；3—出料口；
4—挡板；5—物料通道；6—出口堰板

由于热空气分别通到各室内，可以根据各室含水量的不同来调节需用的热空气量，使各室的干燥程度保持均衡，得到的干燥产品比较均匀。

练一练

仔细观察图9-10，对照填写表9-5中空格，熟悉掌握流化床干燥器的结构和作用。

表9-5　卧式多层流化床干燥器各部件的作用

序号	设备名称	设备作用
1	多孔分布挡板	支承固体颗粒物料；使热风通过分布板得到均匀分布；分散气流；在分布板上产生较小的气泡
2	加料器	使湿物料进入干燥器
3	出料口	
4	挡板	使物料干燥更加均匀
5	物料通道	
6	出口堰板	保持物料层有一定厚度，越过堰板的物料从出口排出

2. 流化床干燥器特点

流化床干燥器的优点是结构简单，造价和维修费用都较低；在干燥过程中，颗粒在干燥器内的停留时间可以任意调节；气固接触良好，干燥速率快，热效率好，可以使最终含水量较低；空气的流速较小，物料与设备的磨损较轻，压降较小。

该干燥器适用于处理粉粒状物料，而且要求物料不会因水分较多而引起显著结块，多用于干燥粒径在0.003～6mm的物料，含水量要求在2%～15%，如果物料中的含水量超过范围时，可以掺入部分干料，或者在床内加搅拌器以防止结块。由于流化床干燥器具有很多优点，适应性较广，故在生产中得到广泛应用。

3. 常见干燥器附属设备

（1）除尘装置　气流干燥过程排出的废气中带有大量的固体颗粒，为了净化气体回收物料，需要将气体和固体颗粒分离。下面介绍干燥中常见的两种气固分离设备。

① 旋风分离器　旋风分离器是从气体中分离出固体尘粒的离心沉降设备。主体结构上部为圆筒形，下部为圆锥形（见图9-11），由进气管、上筒体、下锥体和中央升气管等组成。

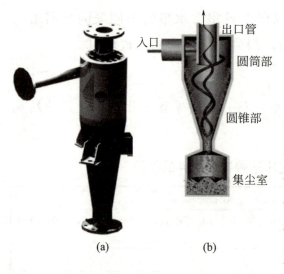

图9-11 旋风分离器

工作原理：含尘气体由进气管进入旋风分离器后，沿圆筒的切线方向，呈螺旋线旋转而下形成一次旋流（外旋流）自上而下作圆周运动，此时气流中的绝大部分颗粒在随气流旋转过程中，受到的离心力大，故逐渐向筒壁运动，到达筒壁后沿壁面落下，自锥体排出进入灰斗；净化后的气流在锥底中心轴附近范围内由下而上做旋转运动形成二次旋流（内旋流、气芯），沿轴线上升最后经顶部排气管排出。外旋流的上部是主要除尘区。

通常情况下，旋风分离器可分离5～10μm颗粒，来提高布袋除尘器的工作负荷和工作效率。设计良好的旋风分离器可以分离2μm的颗粒。

② 袋滤器 袋滤器是利用含尘气体穿过做成袋状而由骨架支撑起来的滤布，滤除气体中尘粒的设备。袋滤器可除去1μm以下的尘粒，常用作最后一级的除尘设备。

袋滤器的形式有多种，含尘气体可以由滤袋内向外过滤，也可以由外向内过滤。图9-12为脉冲式袋滤器的结构示意图。含尘气体由下部进入袋滤器，气体由外向内穿过支撑于骨架上的滤袋，洁净气体汇集于上部由出口管排出，尘粒被截留于滤袋外表面。清灰操作时，开启压缩空气并反吹系统，使尘粒落入灰斗。袋滤

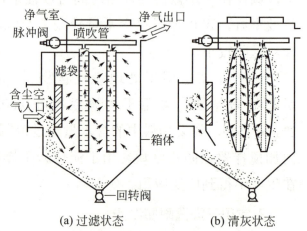

图9-12 脉冲式袋滤器

器具有除尘效率高、适应性强、操作弹性大等优点，但占用空间较大，受滤布耐温、耐腐蚀的限制，不适宜于处理高温（>300℃）的气体，也不适宜带电荷的尘粒和黏结性、吸湿性强的尘粒的捕集。

(2) 固体输送装置 连续输送固体物料输送机械有很多种。下面简单介

绍带式输送机、螺旋输送机和气力输送机。

① 带式输送机 借助一根输送带运输固体物料（见图9-13）。物料放在带子一端，靠带子的传送将物料输送至带子的另一端，再借助重力作用或专门的卸料装置卸下。

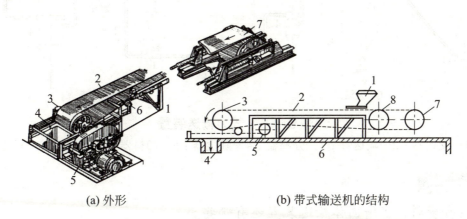

图9-13 带式输送机
1—加料口；2—输送带；3—主动鼓轮；4—卸料口；
5—传动装置；6—支架；7—从动轮；8—托轮

② 螺旋输送机 螺旋输送机也叫绞龙，其结构主要由机槽、螺旋轴、叶片、传动装置等组成（见图9-14）。螺旋输送的工作原理是由螺旋轴的旋转而产生的轴向推动力，使叶片直接作用到物料上面，推动物料前进。

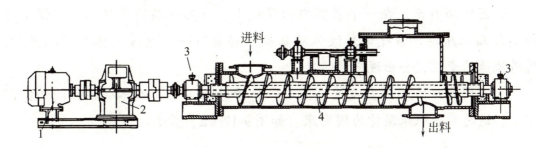

图9-14 螺旋输送机
1—电动机；2—传动装置；3—轴承；4—螺旋叶片

它适用于小块物料和粉粒物料的输送，不适用于硬质或黏性大的物料。优点是结构简单，紧凑，占地面积小，操作方便，输送粉粒状物料时不出现粉尘飞扬。缺点是运行时摩擦阻力大，能耗大，易堵塞，输送距离短，一般不超过20m。

③ 气力输送机 利用气体的流动输送固体颗粒的操作称为气力输送，也叫气流输送、风力输送（见图9-15）。气力输送原理是利用一定速度的气流来

带动粉粒状物料在气流输送管中流动,输送到指定地点。

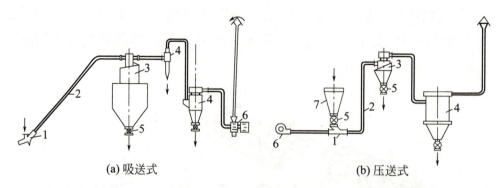

(a) 吸送式　　　　　　　　　　(b) 压送式

图9-15　气力输送装置

1—受料器；2—输送管；3—分离器；4—除尘器；5—卸料器；6—风机；7—料斗

查一查

查查资料,了解固体输送装置还有哪些。

拓展知识

固体流态化技术介绍

固体流态化就是使固体颗粒通过与气体或液体接触而转变成类似流体状态的操作过程。流化床干燥（沸腾床干燥）就是利用了固体流态化技术。

1. 固体流态化的基本过程

如图9-16所示,在一个容器内的筛板上,放置一层固体颗粒,习惯上称作固体颗粒床层。当气体或液体从筛板下部自下而上通过固体颗粒床层时,随着流速的变化,会出现三种情况。

（1）固定床阶段　当流速较低时,粒子静止不动,流体从颗粒间的空隙穿过,这时的颗粒床层称为固定床。如图9-17（a）所示。

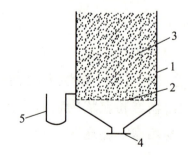

图9-16　流化床示意图

1—筒体；2—分布板；3—固体颗粒；
4—进料管；5—U形管压差计

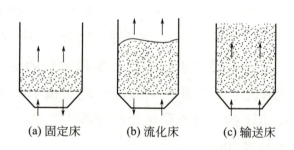

(a) 固定床　　(b) 流化床　　(c) 输送床

图9-17　流态化的三种不同情况示意图

（2）流化床阶段　随着流速的增大，颗粒开始松动，颗粒的位置在一定区间内进行变化，床层略有膨胀，空隙开始增大。流速继续增大，床层继续膨胀，高度增加，直至粒子全部悬浮在向上流动的流体中，空隙继续增大，此时为流化床阶段，床层上部保持一定界面，如图9-17（b）所示。

（3）输送床阶段　当流速继续增大到某一极限值时，流化床的上部界面消失，颗粒分散悬浮在流体中，并被流体带走，这时称为输送床阶段，如图9-17（c）所示。

固体流态化三种状态与气流速度有关。使固体颗粒床层开始松动的气流速度叫临界流化速度或最小流化速度。气流速度增大到流化床界面消失，颗粒开始被带出时的气流速度叫带出速度或最大流化速度。可以看出，流化床的正常操作速度应当在最小流化速度与最大流化速度之间。

2.流化床的特点

流化床外观上如同沸腾的流体，在很多方面呈现出类似流体的性质。如流化床上方的界面始终保持水平，当容器倾斜时，也能自行调节至同一水平。在一定的状态下，流化床层的物料有一定的密度和黏度。当容器壁面开孔时，颗粒会像液体一样地流出。

（1）优点　流化床广泛用于生产中，具有以下优点。

① 床层内温度分布均匀。由于流化床内温度分布均匀，从而避免了产品的任何局部过热，所以特别适合某些热敏性的物料干燥。

② 气固之间传热效果好。由于物料和干燥介质接触面积大，同时物料在床内不断进行激烈搅动，所以传热效果良好。

③ 操作方便，易于实现连续化、自动化。在同一设备内可以连续进行，也可进行间歇操作。单位时间内处理量大，便于大规模生产。

④ 物料在干燥器内的停留时间，可以按需要进行调整，所以产品含水率稳定。

⑤ 干燥操作本身不包括机械运动部件，从而设备的投资费用低，维修工作量较小。

（2）缺点

① 返混现象严重。由于流化床干燥器的物料返混比较激烈，所以在单级连续式流化干燥装置中，物料停留时间不均匀，有可能发生未经干燥的物料随产品一起排出床层。

② 固体颗粒容易破碎，增加了粉尘带出量和回收的负担。

③ 对被干燥物料的颗粒度有一定要求，一般要求不大于30mm，不小于4～6mm为宜。

知识2　干燥器的一般要求

工业生产中常用的干燥设备很多，考虑到干燥器生产能力的大小，被干燥物料的性质及干燥程度的要求，对干燥器一般有如下要求。

1.能满足产品的生产要求

例如，要求干燥产品具有一定的形状和大小；达到规定的干燥程度；干燥均匀等。

2.生产能力大

干燥器的生产能力取决于物料达到规定的干燥程度所需的干燥时间。干燥速率越快，干燥时间越短，同样大小设备的生产能力就越大。

3.热效率高

对流干燥过程中，提高热效率的主要途径是减少废气带走的热量。这就要求干燥器有利于气固接触，有较大的传热和传质推动力，以提高热能利用率。

4.干燥系统的流动阻力要小

流动阻力小可以降低输送机械的能量消耗。

5.操作控制方便，劳动条件良好，附属设备简单

在干燥过程中，由于不同物料的物理、化学性质以及外观形状等差异很大，对干燥设备的要求也就各不相同，干燥器必须根据物料的不同性质来确定它的结构。一般而言，除了干燥小批量、多品种的产品，工业上并不要求一个干燥器能处理多种物料。

知识链接

最早应用的流化床为单层圆筒形，但是由于单层圆筒流化床干燥后所得产品湿度不均匀，因此发展了多层流化床，该流化床不仅可以提高效率，更重要的是能够得到较为均匀的停留分布时间。多层流化床的物料干燥程度均匀，干燥质量易于控制。热效率较高，适用于降速干燥阶段较长的物料以及湿含量较高（水分含量＞14%）的物料的干燥。

卧式多室流化床结构简单、操作方便，适用于各种难干燥的粉粒状物和热敏性物料的干燥。可以说，卧式多室流化床干燥器相当于多个方形界面流化床串联系统。该设备在制药工业中推广较快，目前国内众多药厂用此设备来干燥各种片剂颗粒药物、粉粒状物料以及片状物料。

为了使某些湿颗粒物料或已凝聚成团的物料亦能采用流化干燥技术，我国研究人员在加料口附近装备床内搅拌叶片，使呈团状或块状的物料及时打碎，以利于形成流化，这种装备有搅拌器的流化床称为搅拌流化床。其优点在于适合于湿含量较大、在热气流中不易分散的物料或者可能结块的物料的干燥；可以避免沟流、腾涌和死床现象，获得均匀的流化状态，提高热质传递强度。

离心式流化床是在离心力场中进行流化干燥的一种新型干燥设备，其原理是在机械转动造成的离心力场作用下使粒状物料分布在丝网覆盖的圆筒形多孔壁上，热气流穿过多孔壁使之流化干燥。由于离心力场的存在，离心加速度可以是重力加速度的几倍到几十倍，因此与普通重力流化床相比较，强化了湿分在物料内部的迁移过程，干燥时间短，传热传质速率高，能够有效地抑制气泡的生成及物料的夹带，对于在重力流化床中难以干燥的低密度、热敏性、易黏结的固体物料都可以有效地干燥。

针对一些不易流动的物料及干燥温度不允许超过 50~80℃ 的结晶药物，发展了脉冲式流化床。调节气流的脉冲频率或脉冲气流导通率，使通过孔板的气体流量或流化区发生周期性变化，对物料进行干燥。其主要结构特点是在干燥室底部的周围装有几根热空气进口管，在每根热空气管上装有脉冲阀，它们按一定的频率和次序开启，开启时间与床层厚度和物料性能有关。当气体突然引进时，在短时间内形成一个脉冲，使粒子剧烈流化，促使物料之间进行强烈的传热与传质，当阀门关闭时，床层的流化状态逐渐消失，则物料处于静止状态，此时仍通入部分气体通过床层，以便下一个脉冲能有效地在床中传递。

惰性粒子流化床干燥器具有将物料蒸发、结晶、干燥和粉碎在同一设备中完成的特点。此干燥器中预先装有直径为 1~2mm 的玻璃珠，其在热空气的作用下呈流化状态，物料进入流化床内，在玻璃珠相互球磨的作用下，迅速被粉碎、干燥。

任务3　操作流化床干燥实训装置

 任务描述

任务名称	操作流化床干燥实训装置	建议学时	
学习方法	1. 分组、遴选组长，组长安排岗位、组织讨论、分组汇报； 2. 成员分工、共同协作，完成实际操作； 3. 教师巡回指导，提出问题集中讨论，归纳总结		
任务目标	1. 能正确识别流化床干燥装置中主要设备名称及作用； 2. 识别控制调节仪表和阀门的作用和操作，熟悉装置流程； 3. 能按照操作规程规范、熟练完成流化床干燥装置的开车、正常操作、停车； 4. 了解干燥过程中常见故障，会观察、判断异常操作现象，并能做出正确处理		
课前任务： 1. 分组，分配岗位，明确每个人的岗位职责； 2. 熟读操作规程、熟悉工艺指标，掌握操作要点		准备工作： 1. 工作服、手套、安全帽等劳保用品； 2. 纸、笔等记录工具； 3. 管子钳、扳手、螺丝刀、卷尺等工具	
场地	一体化实训室		
具体任务			
1. 正确规范操作流化床干燥装置，实现系统开车； 2. 分析处理生产过程中的异常现象，维持生产稳定运行，完成生产任务； 3. 生产完成后，对流化床干燥器装置进行正常停车			

 知识准备

流化床干燥装置操作实训过程主要包括以下步骤：准备工作、正常开车、正常运行、停车。操作时要提高安全使用水、电、气，高空作业不伤人、不伤己等安全防范意识。

知识　熟悉流程、熟悉设备仪表及阀门

1.熟悉流程、熟悉设备仪表及阀门等的作用

熟悉现场流化床实训装置，对照图9-2流化床干燥工艺流程图，熟悉流程中主要设备、仪表及阀门的作用，填写表格。

（1）识别流程中的设备名称及作用，填写表9-6。

（2）识别流程中仪表及阀门的作用，填写表9-7。

（3）识别工艺管线，画出空气和物料流程。

项目9 干燥装置

表9-6 流化床干燥流程装置中设备名称及作用

编号	设备名称	设备作用
1	气泵	
2	涡轮流量计	
3	预热器	
4	流化床干燥器	
5	旋风分离器	
6	袋式除尘器	
7	湿物料贮罐	
8	螺旋加料器	
9	干物料贮罐	

表9-7 流化床干燥流程装置中仪表及阀门的作用

设备类型	设备作用
涡轮流量计	
温度计测量仪	
压力测量仪	
截止阀	
球阀	

2.流化床干燥器操作步骤

（1）准备工作

① 全面检查。首先进行检查工作，该过程要对整个系统进行全面细致的检查，主要包括：

a.检查电器仪表是否齐全、灵敏，所有温度计、阀门、流量计等测量仪表是否完好；

b.检查和清除干燥装置和传动系统附近的障碍物，查看各安全保护装置是否齐全牢固；

c.检查快速水分检测仪是否灵敏，开启待用；

d.检查电子天平是否灵敏，开启待用；

e. 检查公用工程系统，如水、电是否处于正常供应状态。

② 准备湿物料，在湿物料贮罐内加装湿物料。

（2）开车

① 开启总电源开关，检查各仪表，记录初始值。

② 通入空气

a. 在自动控制状态下，设置气泵流量设定值为 60.0 m^3/h。

b. 半开气泵出口阀门，全开预热器空气进口阀门、预热器空气出口阀门。

c. 将气泵流量的自动控制状态切换到手动输出状态，下调输出值至0。

d. 开气泵电源开关。

e. 缓慢上调气泵出口流量的输出值，使过程值接近自动控制状态的设定值，迅速将气泵流量切换为自动控制状态。

f. 观察气泵出口流量、预热器空气进口温度、流化床空气进口温度，待稳定后，记录数据。

③ 加热空气

a. 在自动控制状态下，设置干燥器进口热空气温度的设定值为90℃。

b. 开预热器加热电源开关。

c. 观测气泵出口流量、预热器空气进口温度、流化床底部空气进口温度、床层温度，待稳定后，记录数据。

④ 投入湿物料

a. 待床层温度达到60℃时，打开加料器电源开关，逐渐上调加料器转速至规定值。

b. 观察流化床干燥器内床层的流化状态。

c. 观测气泵出口流量、预热器空气进口温度、干燥器进口热空气温度、流化床底部空气进口温度、流化床底部空气进口温度、床层温度、流化床塔顶出风温度、塔压等的过程值，待稳定后，记录数值。

（3）正常运行

① 在正常干燥过程中，注意观察各点的温度，空气的流量是否稳定，若出现变化应随时调节，确保干燥过程在稳定的条件下进行。

② 当空气流量发生变化时，检查风机工作是否正常。

③ 操作过程中要注意观察炉内现象及检查产品质量，并及时进行调节。

④ 经常检查风机运转是否正常，发现问题及时解决。

（4）停车

① 将加料器转速下调至0，关闭加料器电源开关。

② 过10min后，关预热器加热电源开关。

③ 待预热器出口风温下降至室温后，关闭气泵电源开关，关闭预热器空气进口阀门，预热器空气出口阀门，气泵出口阀门。

④ 全开干物料贮罐罐底阀，卸去干物料贮罐内物料，关闭罐底阀。

⑤ 记录数据，关闭总电源。

3. 流化床干燥器的维护及常见故障和处理方法

（1）维护与保养

① 停机时应将干燥器内物料清理干净，保持干燥。

② 保温层良好，发现问题及时维修。

③ 加热器停用时应打开疏水阀，排净冷凝水，防止锈蚀。

④ 经常检查风机并进行必要的清理。

⑤ 经常检查炉内分离器是否畅通并确保炉壁不锈蚀。

（2）常见故障和处理方法　流化床干燥器在运行过程中，由于工艺条件发生变化、操作不当、设备故障等，将会导致不正常情况的出现。所以，在运转过程中，要认真检查，出现不正常情况后，应及时发现、及时处理，以防造成事故。在不造成设备损坏的情况下，教师可以制造一些故障，由学生检查判断并正确处理。流化床干燥器常见故障及处理方法见表9-8。

表9-8　流化床干燥器常见故障和处理方法

编号	故障名称	产生原因	处理方法
1	发生死床	（1）入炉物料太湿或块多 （2）热风量少或温度低 （3）床面干燥层高度不够 （4）热风分布不均匀	（1）降低物料水分 （2）增加风量、提高温度 （3）缓慢出料，增加干料层厚度 （4）调整进风阀的开度
2	尾气含尘量过大	（1）分离器破损导致效率下降 （2）风量大或炉内温度高 （3）物料颗粒太小	（1）检查修理 （2）调整风量和温度 （3）检查操作指标
3	床层流动不好	（1）风压低或物料多 （2）热风温度低 （3）风量分布不合理	（1）调节风量或物料量 （2）加大加热蒸汽量 （3）调节进风阀门

4.数据记录和处理

根据实验过程记录数据于表9-9中,数据单位以现场仪表标识为准。

表9-9 流化床干燥器操作数据记录

操作过程	时间	气泵流量	预热器进口空气温度	预热器出口空气温度	流化床塔底进口空气温度	流化床床层温度	流化床塔压	流化床塔顶出风温度	备注
开车									
运行									
停车									

项目9.2 操作喷雾干燥装置

任务1 认识喷雾干燥的工艺流程

 任务描述

任务名称	认识喷雾干燥的工艺流程	建议学时	
学习方法	1. 分组、遴选组长，组长负责安排组内任务，组织讨论、分组汇报； 2. 教师巡回指导，提出问题集中讨论，归纳总结		
任务目标	1. 能正确识读喷雾干燥装置的流程图及设备、阀门的作用； 2. 能正确叙述喷雾干燥的工艺流程； 3. 能正确识读各测量仪表； 4. 了解任务中的节能降耗及安全环保措施		
课前任务： 1. 分组，分配工作，明确每个人的任务； 2. 预习喷雾干燥器的工艺流程及主要设备作用		准备工作： 1. 工作服、手套、安全帽等劳保用品； 2. 纸、笔等记录工具	
场地	一体化实训室		
具体任务			
1. 通过识读喷雾干燥流程图，现场观察喷雾干燥实训装置，识别主要设备、附属设备及仪表阀门的类型和作用； 2. 清楚物料流程、空气流程及工艺管线的来龙去脉； 3. 根据喷雾干燥流程图和现场观察实训装置，绘制喷雾干燥流程图（方框图即可）； 4. 喷雾干燥过程中能量的利用和安全环保内容			

 知识准备

喷雾干燥是通过将稀料液(如含水75%~80%的溶液)喷洒成雾状细滴，并立即和热气流接触，使雾滴中的水分能在很短时间内(几秒至十几秒)蒸发，从而得到固体干燥粉料的方法。

知识 认识喷雾干燥

1. 认识喷雾干燥流程

如图9-18所示，原料罐内的液体料浆由泵打入喷雾干燥塔的雾化器中，雾化器将液体浆料雾化成细滴，然后被通入干燥塔内的热空气在极短的时间内干燥脱水，获得固体颗粒产品进入干燥塔的底部，而带有微粉及水蒸气的空气经旋风分离器和袋滤器收集微粉后从排风机排出。

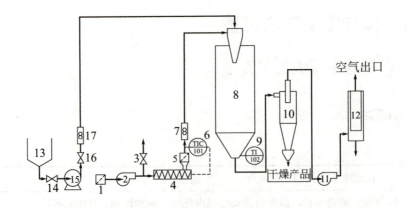

图9-18 喷雾干燥流程

1—空气过滤器；2—送风机；3—送风流量调节阀；4—加热器；5—热风过滤器；
6—进风温度检测仪；7—流量计；8—喷雾干燥器；9—出风温度检测仪；
10—旋风分离器；11—排风机；12—袋滤器；13—原料罐；14—泵进口阀；
15—送料泵；16—泵出口阀；17—流量计

2. 认识喷雾干燥流程中的主要设备及作用

观察图9-18和现场实训装置，熟悉表9-10中的内容并填写空格。

表9-10 喷雾干燥流程装置中主要设备及作用

序号	设备名称	设备作用
1	空气过滤器	
2	送风机	
3	调节阀	调节送风机出口空气流量
4	加热器	
5	热风过滤器	
6	温度检测仪	
7	流量计	涡轮流量计，料浆流量计
8	喷雾干燥器	干燥主体设备，把液体料浆干燥成固体颗粒的设备
9	温度检测仪	
10	旋风分离器	
11	排风机	给排放的废气增加能量
12	袋滤器	
13	原料罐	
14	截止阀	送料泵进口阀
15	送料泵	输送料浆
16	截止阀	送料泵出口阀
17	流量计	涡轮流量计，料浆流量计

项目9 干燥装置

3.识别喷雾干燥流程中的工艺管线

（1）空气流程　空气经过过滤经气泵，再经进一步过滤除去灰尘，经过预热进入喷雾干燥器，经过旋风分离器和袋滤器除尘净化后排出。

（2）物料流程　液体浆料被泵打入喷雾干燥器，在干燥器喷雾干燥后得到干燥的固体产品，同时从流化床干燥器中排出的废气经过旋风分离器和袋滤器也回收了大部分的干物料颗粒。

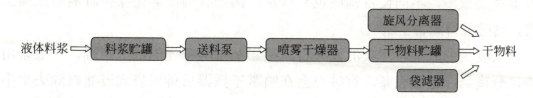

做一做

根据本任务所掌握的知识，画出喷雾干燥流程图（方框图即可）。

任务2　认识喷雾干燥设备

任务描述

任务名称	认识喷雾干燥设备	建议学时	
学习方法	1.分组、遴选组长，组长负责安排组内任务、组织讨论、分组汇报； 2.教师巡回指导，提出问题集中讨论，归纳总结		
任务目标	1.掌握喷雾干燥器的组成部分，熟悉各部分的作用； 2.掌握喷雾干燥器工作原理和使用范围； 3.了解喷雾干燥器的优缺点； 4.了解喷雾干燥常见附属设备； 5.了解喷雾干燥器在使用中的安全环保节能方面的内容		
课前任务： 1.分组，分配工作，明确每个人的任务； 2.预习喷雾干燥器的结构、工作原理及应用		准备工作： 1.工作服、手套、安全帽等劳保用品； 2.纸、笔等记录工具	
场地	一体化实训室		
具体任务			
1.认识喷雾干燥器结构和组成； 2.认识喷雾干燥器工作原理、适用范围、优缺点； 3.以喷雾干燥实训装置观察流化床干燥装置，熟悉流化床干燥器主体设备； 4.认识喷雾干燥附属设备（旋风分离器、袋滤器）			

知识准备

喷雾干燥系统主要由空气加热系统、原料液输送系统、雾化器、干燥系统、气固分离收集系统、控制系统、特殊要求的介质循环系统等组成。

知识1 喷雾干燥装置

1. 喷雾干燥装置构成

喷雾干燥器通常由送风机、空气过滤器、预热器、喷雾干燥器主机、旋风分离器和布袋除尘器、通风机和固体卸料器组成（如图9-19）。由于喷雾干燥器种类很多，不同设备构成也有区别，例如有的在雾化操作时需要压缩空气，这时就得配备空压机。

从废气中对细粉回收的效果将直接影响喷雾干燥的经济指标。一般采用旋风分离器作分离设备，有时也会在喷雾干燥器后再用袋式过滤器除去更小颗粒，满足气体净化和物料回收要求。

2. 喷雾干燥器原理和结构

（1）喷雾干燥器工作原理　它是直接将含水的溶液、悬浮液、浆状物料或熔融液干燥成固体产品的一种干燥设备。在喷雾干燥塔顶部导入热风，同时将料液送至塔顶部，通过雾化器喷成雾状液滴，这些液滴群的表面积很大，与高温热风接触后水分迅速蒸发，在极短的时间内便成为干燥产品，从干燥塔底排出。热风与液滴接触后温度显著降低，湿度增大，它作为废气由排风机抽出，废气中夹带的微粒用分离装置回收。

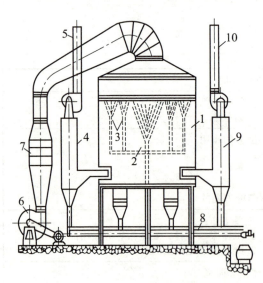

图9-19　喷雾干燥器
1—操作室；2—旋转十字管；3—喷嘴；
4，9—袋滤器；5，10—废气排出口；
6—送风机；7—空气预热器；8—螺旋卸料器

（2）喷雾干燥器结构　图9-19为一种生产上的喷雾干燥器。

主体设备主要由雾化器（嘴喷出细小雾滴）和喷雾干燥室构成。操作时，用高压将浆液以雾状的形式从喷嘴喷出，由于喷嘴随着旋转十字管一起转动，雾状的液滴便均匀地分布于热空气中，空气经预热器预热后由干燥器上部进入，干燥结束后的废气经袋滤器回收其中的物料后由排气管排出，干燥产品从干燥器底部引出。

雾化器是喷雾干燥的关键部分。喷雾干燥法依造雾方法可以分为压力法（用高压泵将料浆从喷嘴高速打出而雾化）、气流法（利用压缩空气或水蒸气使料液雾化）和离心法［料液在雾化器内由高速旋转的甩盘（7000～28000r/min）快速甩出而雾化］三种；而每一种依热空气和物料流动形式又可分成逆流式与顺流式两大类。

目前工业采用较多的是压力混合流法（雾化器为喷嘴）和离心顺流法（雾化器为离心回转盘）两种，前者热能利用率高，喷嘴雾化器的结构简单，拆换容易，但喷嘴的直径小，易磨损和堵塞。然而，离心式喷雾盘的结构较复杂，加工要求严格，维修困难，但在连续操作时的可靠性高，不易磨损和堵塞。

熟悉图9-19所示喷雾干燥器机构，填写表9-11空白处。

表9-11 喷雾干燥器各部件的名称及作用

序号	部件名称	作用
1	操作室	干燥室，在此雾化器喷出的雾滴和热空气接触除去水分得到固体产品
2	旋转十字管	使雾状的液滴均匀地分布于热空气中的装置
3	喷嘴	使液体料浆喷出雾化进入干燥室
4	袋滤器	气固分离设备，使物料颗粒和空气分离，进一步净化废气，回收物料颗粒
5	废气排出口	
6	送风机	
7	空气预热器	
8	螺旋卸料器	

3.喷雾干燥器特点

（1）喷雾干燥器的优点

① 喷雾干燥器的优点是干燥过程进行得很快，一般只有3～5s，能够直接从料浆得到产品。适用于热敏性物料的干燥，例如牛奶、蛋品、血浆、洗涤剂、抗生素、酵母和染料等的干燥。

② 一般不会因高温空气影响其产品质量，产品具有良好的分散性、流动性和溶解性。喷雾干燥可直接获得外形良好的粉体颗粒样品，颗粒呈自然球

体状。

③ 干燥过程中能避免粉尘飞扬，防止发生公害，改善了劳动条件，改善生产环境。

④ 生产能力大，操作稳定，容易实现连续化和自动化生产。

(2) 喷雾干燥器的缺点

① 由于使用空气量大，干燥容积变大，热效率低，能量消耗大。同时很多附属设备能耗也较大。

② 虽然自动化程度很高，但设备复杂，占地面积大，一次性投资较大。

③ 雾化、粉末回收装置价格较高。

(3) 喷雾干燥器应用领域　喷雾干燥最适用于从溶液、乳液、悬浮液和可泵性糊状液体原料中生成粉状、颗粒状或块状固体产品。在化工、轻工、食品、制药领域应用广泛。

知识2　其他典型干燥设备

工业上常用的干燥器的种类很多，下面介绍几种常见的典型干燥设备。

1. 厢式干燥器

图9-20为常见的厢式干燥器。厢式干燥器又称为盘架式干燥器，属于间歇式干燥设备。主要由一外壁绝热的厢式干燥室和放在小车支架上的物料盘构成。物料盘的多少由所处理的物料量的多少而定。干燥器中的物料盘分为上、中、下三组，每组有若干层。盘中物料的厚度一般为10～100mm。空气进入干燥器后，经预热器预热，沿图中箭头所指方向进入下部几层物料盘，再经加热器加热后经过中间几层物料盘，最后再经过加热器加热进入上层物料盘，废气一部分排出，另一部分循环使用。当热空气经过物料盘时，将湿物料中的水分汽化并带走，物料被干燥。空气的流速随物料的粒度而定，一般为1～10m/s。空气分段加热和废气部分循环使用，可使干燥器内空气温度均匀，提高热能利用率。

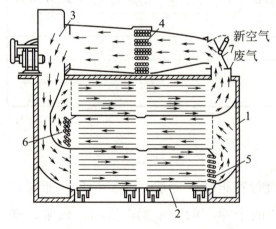

图9-20　厢式干燥器
1—干燥室；2—小车；3—送风机；
4～6—空气预热器；7—蝶形阀

厢式干燥器的优点是结构简单,适应性强,可用于干燥小批量的粒状、片状、膏状、较贵重物料,同时适用于干燥程度要求较高、不允许粉碎的脆性物料,在干燥过程中可以随时改变干燥时间和干燥介质的状态。其缺点是干燥不均匀,劳动强度大,操作条件差等。主要适用于实验室和中小型生产中。

2. 转筒干燥器

图9-21是一台用热空气直接加热的逆流操作转筒干燥器,属连续式干燥设备。主体是一个稍有倾斜的可以旋转的钢制圆筒。转筒外壁装有两个滚圈,整个转筒的重量通过这两个滚圈支撑在托轮上。转筒被腰齿轮带动而回转,转速一般为1~8r/min。干燥过程中,物料由转筒较高的一端加入,在转筒转动的过程中,不断被抄板抄起并均匀地撒下,以使得湿物料与干燥介质能够均匀接触,物料在重力作用下以螺旋运动的方式移动到较低一端时,干燥完毕而被排出。干燥介质由物料的出口端进入,与物料逆流接触,废气从物料的进口端排出。

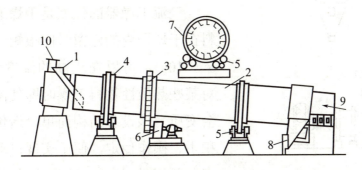

图9-21 转筒干燥器

1—进料口;2—转筒;3—腰齿轮;4—滚圈;5—托轮;6—变速箱;
7—抄板;8—出料口;9—干燥介质进口;10—废气出口

在转筒干燥器中,物料与介质的流向通常有并流和逆流两种。并流操作时,等速干燥阶段的干燥速率快,干燥后的物料温度低,热能利用率高。适用于物料含水量较高时允许快速干燥,而干燥后物料不耐高温、吸湿性很小的物料的干燥。经过逆流操作干燥的物料,其含水量可以降到较低的数值,适用于在等速干燥阶段干燥速率不宜过快,而干燥后能耐高温的物料的干燥。

转筒干燥器的优点是生产能力大,气流阻力小,操作弹性大。缺点是钢材耗用量大,基建费用高,占地面积大。可用于干燥粒状和块状物料,如干燥硫酸铵、硝酸铵、复合肥、碳酸钙、矿渣、陶土等物料。

3. 气流干燥器

图9-22为气流干燥器,它是利用高速流动的热空气,使粉粒状的物料悬浮于气流中,在气力输送过程中完成干燥操作的。操作时,空气由风机经预热器后以很高的流速(10～20m/s)从气流管下部向上流动,湿物料由加料器加入,悬浮于高速气流中。由于物料与空气的接触非常充分,且两者都处于运动状态,故传热与传质的效果很好,湿物料中的水分很快被除去。干燥后的物料和废气一起经物料下降管进入旋风分离器,在旋风分离器中进行气固分离,废气经袋滤器进一步分离,干燥产品则由旋风分离器下部排出。

气流干燥器的优点是干燥速率很快,物料在干燥器内的停留时间很短(通常不超过5～10s),可以在较高的温度下进行干燥,对某些热敏性物料干燥时即使温度很高也不会变质。该设备结构简单、造价低、占地面积小、操作稳定,便于实现自动化操作。缺点是设备太高(气流管高度通常在10m以上),气流阻力大,动力消耗多,产品易磨碎,不适用于干燥晶粒不允许破坏和黏着性强的物料。气流干燥器广泛适用于化肥、塑料、制药、食品和染料等工业中,用于干燥粒径在10mm以下含非结合水分较多的物料。

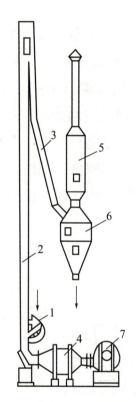

图9-22 气流干燥器

1—加料器;2—气流管;
3—物料下降管;4—空气预热器;
5—袋滤器;6—旋风分离器;
7—风机

4. 滚筒干燥器

图9-23为双滚筒干燥器,属于传导干燥器,是由传动装置带动一对钢制的中空圆筒转动,每分钟转数为3～8r。操作时,加热蒸汽由滚筒的中空轴通入筒内,通过间壁将黏附在筒外的物料加热烘干,干料层的厚度由两滚筒

间的间隙来控制。

滚筒干燥器的优点是热效率高,在操作过程中,可以根据物料黏度的大小和要求的干燥程度,来调节滚筒间的间距和滚筒的转速。适用于处理悬浮液、膏糊状物料,不适用于含水量较低的热敏性物料。该干燥器在国内多用于染料工业中。

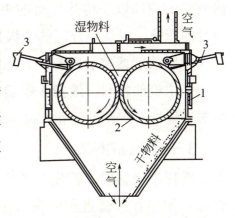

图9-23 双滚筒干燥器
1—外壳;2—滚筒;3—刮刀

知识3 干燥设备的选择

工业生产过程中,由于干燥器的种类很多,待干燥的物料也是种类繁多,而且对产品质量的要求也各不相同。所以为了能够满足产品质量要求,同时又能节省能耗,选择合适的干燥器就非常重要。选择干燥器时,首先要考虑被干燥物料的性质和工业要求,其次考虑所选干燥器的操作费用与设备费用,并对其进行经济核算,最终确定干燥器的类型。

选择干燥器时,要综合考虑以下几个问题。

1. 操作方式

干燥器的操作方式分为间歇式和连续式两种。间歇操作的干燥器生产能力小,笨重,物料是静止的,不符合现代大工业化的要求,只适用于干燥小批量、多品种的产品,例如厢式干燥器。连续操作的干燥器生产能力较大,可以缩短干燥时间,提高产品质量,操作稳定,容易控制,适用于干燥大批量的物料,例如气流干燥器。

2. 物料的性质

首先,物料对热的敏感性决定了干燥过程中物料的温度上限,同时物料承受温度的能力还与干燥时间的长短有关。对于某些热敏性物料,如果干燥时间很短,即使在较高温度下进行干燥,产品也不会变质。如气流干燥器和喷雾干燥器适于热敏性物料的干燥。其次,物料不同,达到干燥程度所需的干燥时间差异也很大,对于吸湿性物料或临界含水量很高的物料,应选择干燥时间长的干燥器,而对于干燥时间很短的干燥器如气流干燥器,仅适于干燥临界点水量很低的易于干燥的物料。最后,物料的黏附性也影响到干燥器内物料的流动以及传热传质的进行，所以，应了解物料由湿状态到干状态黏附性的变化，以选择合适的干燥器。

干燥液状或浆状物料时，常用滚筒干燥器或喷雾干燥器，滚筒干燥器也适用于浓稠的物料。滚筒干燥器比喷雾干燥器易于控制干燥温度和干燥时间，喷雾干燥器对于制取粉状产品时最有效，干燥后产品不需要再粉碎。

3.干燥产品的性质

选择干燥器时，首先要考虑对产品形态的要求，例如陶瓷制品和饼干等食品，如果在干燥过程中失去了原有的形状，也就失去了它们的商品价值。其次，干燥食品、药品等不能受污染的产品时，所选用的干燥介质必须纯净，或者采用间接加热蒸汽干燥。干燥时，有的产品不仅要求有一定的几何形状，而且要求有良好的外观，这些物料在干燥过程中，若干燥速度太快，可能会使产品表面硬化或严重收缩发皱，直接影响到产品的价值。

4.其他

干燥器的热效率是选择干燥器的重要经济指标，选择干燥器时，在满足干燥基本要求的条件下，尽可能选择热效率高的干燥器。其次，还要考虑对环境的影响，若废气中含有对大气有污染的成分时，必须对废气进行处理后排放。最后，选择干燥器时，还要考虑劳动强度，设备的制造、操作、维修等。

通过以上学习可以知道，干燥操作的目的是将物料中的含水量降到规定的指标以下，且不出现龟裂、焦化、变色、氧化和分解等物理和化学性质上的变化；干燥过程的经济性主要取决于热能的消耗及利用率。工程上，除非是干燥小批量、多品种的产品，否则一般不要求一个干燥器能处理多种物料。对干燥过程而言，通用设备不一定符合经济、优化原则。因此，在干燥生产中，应从实际出发，选择合适的干燥器，在适宜的干燥条件下进行操作，以达到优质、高产、低耗的目标。

想一想

若需从牛奶料液直接得到奶粉制品，应选用什么样的干燥器呢？如果要干燥小批量，晶体在摩擦下易碎，但又希望保留较好的晶形的物料，又应选用哪种干燥器较为合适？

项目9 干燥装置

任务3 操作喷雾干燥实训装置

 任务描述

任务名称	操作喷雾干燥实训装置	建议学时	
学习方法	1. 分组、遴选组长，组长负责安排岗位、组织讨论、分组汇报； 2. 成员分工、共同协作，完成实际操作； 3. 教师巡回指导，提出问题集中讨论，归纳总结		
任务目标	1. 能按照操作规程规范熟练完成喷雾干燥装置的开车、正常操作、停车； 2. 会观察、判断异常操作现象，并能做出正确处理		
课前任务： 1. 分组，分配岗位，明确每个人的岗位职责； 2. 熟读操作规程、熟悉工艺指标，掌握操作要点		准备工作： 1. 工作服、手套、安全帽等劳保用品； 2. 纸、笔等记录工具	
场地	一体化实训室		
具体任务			
1. 正确规范操作喷雾干燥装置，正确进行开车前检查并实现正常开车； 2. 分析处理生产过程中的异常现象，维持生产稳定运行，完成生产任务； 3. 生产完成后，对喷雾干燥装置进行正常停车			

 知识准备

喷雾干燥装置操作实训过程主要包括以下步骤：准备工作、正常开车、正常运行、停车。操作时要提高安全使用水、电、气，高空作业不伤人、不伤己等安全防范意识。

1.认识喷雾干燥实训装置（气流雾化法）

喷雾干燥实训装置（气流雾化法）如图9-24所示。

本实训装置中的雾化方法采用气流雾化法，利用压缩空气使料浆进行雾化。操作时，液体料浆、压缩空气和热空气进入雾化器经喷嘴打入喷雾干燥器内，被通入干燥塔内的热空气干燥脱水，干燥后的固体颗粒进入干燥塔的底部，而带有微粉及水蒸气的空气经旋风分离器和袋滤器收集微粉后从排风机排出。

仔细观察图9-24喷雾干燥实训装置（气流雾化法）对照任务1中的喷雾干燥流程图的相同点和不同点，认真填写表9-12。

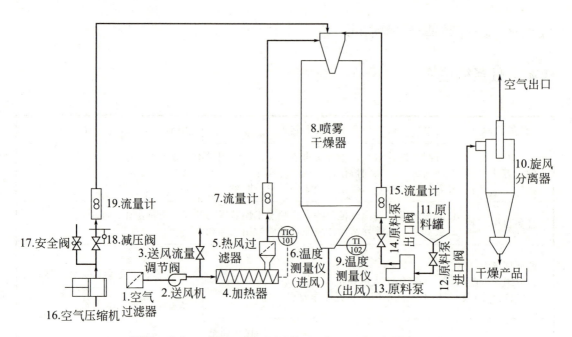

图9-24 喷雾干燥实训装置流程（气流雾化法）

表9-12 喷雾干燥实训装置（气流雾化法）主要设备及作用

序号	设备名称	设备作用
1	空气过滤器	
2	送风机	
3	送风流量调节阀	
4	加热器	
5	热风过滤器	
6	温度测量仪（进风）	
7	流量计	
8	喷雾干燥器	
9	温度测量仪（出风）	
10	旋风分离器	
11	原料罐	
12	原料泵进口阀	
13	原料泵	蠕动泵，给料浆提供能量，把料浆打入喷雾干燥器
14	原料泵出口阀	
15	流量计	
16	空气压缩机	提供实训过程所用压缩空气
17	安全阀	
18	减压阀	通过调节空气流量计底部的减压阀，调节压缩空气流量
19	流量计	

2.操作步骤

(1) 准备工作　首先进行检查工作,该过程要对整个系统进行全面细致的检查,主要包括:

① 检查电器仪表是否齐全、灵敏,所有温度计、阀门、流量计等测量仪表是否完好;

② 检查和清除干燥装置和传动系统附近的障碍物,查看各安全保护装置是否齐全牢固;

③ 检查快速水分检测仪是否灵敏,开启待用;

④ 检查电子天平是否灵敏,开启待用;

⑤ 试验用样品的准备,植物黄酮、酶制剂、奶粉。

(2) 开车

① 打开鼓风机电源开关。打开鼓风机风量调节进风量在规定值90%左右。

② 打开加热器电源开关,接通电加热器电源。调节热风温度为某值(植物黄酮喷雾干燥要求大于120℃;酶制剂喷雾干燥要求大于60℃;奶粉喷雾干燥要求大于100℃)。

③ 打开空气压缩机电源开关。调节空气流量表下的减压阀旋钮大于10%。

④ 当进风温度接近设定值时,调节蠕动泵进料量设定值为40%~70%。

⑤ 通过调节进风量设定值、进风温度设定值、压缩空气减压阀、进料量设定值以达到调节目标。确保进风温度达到要求。

(3) 正常操作要点

① 在正常干燥过程中,注意观察各点的温度,空气的流量是否稳定,若出现变化应随时调节,确保干燥过程在稳定的条件下进行。

② 当空气流量发生变化时,检查风机工作是否正常。

③ 操作过程中要注意观察干燥器内现象及检查产品质量,并及时进行调节。

④ 经常检查风机、压缩机、喷雾干燥器运转是否正常,发现问题及时解决。

(4) 停车

① 关闭蠕动泵。

② 将空气流量计底部减压阀关闭,关闭空气压缩机。

③ 关闭电加热器。

④ 等进风温度降到室温时，关闭鼓风机。

⑤ 切断总电源，清理现场。

思考与练习

一、简答题

1. 什么是干燥操作？你知道干燥的方法有哪些？

2. 你能说出对流干燥的实质是什么吗？

3. 你知道对流干燥进行的必要条件吗？

4. 干燥操作时，采用什么方法可以使湿空气的相对湿度降低？

5. 对于同样的干燥要求，夏季和冬季哪一个季节的空气耗用量大？为什么？

二、判断题

1. 对流干燥过程是传热和传质同时进行的双向过程，传热和传质方向一致。（ ）

2. 气流干燥器适用于干燥热敏性物质。（ ）

3. 干燥操作时，空气的相对湿度越大，吸湿能力越强，干燥速率越大。（ ）

4. 湿空气的干球温度和湿球温度相差越大，说明该空气偏离饱和程度越远。（ ）

5. 同一种物料在一定的干燥速率下进行干燥时，物料越厚，其临界含水量越大。（ ）

6. 食品包装袋里的干燥剂能够保持食品的干燥，它采用的是对流干燥的方法。（ ）

7. 空气进入干燥器前一般都要进行预热，其目的是提高空气的温度，同时降低其相对湿度。（ ）

8. 当空气的相对湿度小于100%时，物料的平衡水分一定是结合水分。（ ）

9. 对流干燥中，湿物料的平衡水分与湿空气的性质有关。（ ）

10. 对于不饱和空气，其干球温度＞湿球温度总是成立的。（ ）

三、选择题

1. 相对湿度 φ 越大，则该空气吸水能力越（　　）。

   A. 强　　　　　　　B. 弱　　　　　　　C. 不变　　　　　D. 不能确定

2. 干燥过程可以除去的水分是（　　）。

   A. 结合水和平衡水分　　　　　　　　B. 结合水分和自由水分

   C. 平衡水分和自由水分　　　　　　　D. 非结合水分和自由水分

3. 当空气的湿度 H 一定时，温度越高，相对湿度越（　　）。

   A. 高　　　　　　　B. 低　　　　　　　C. 不变　　　　　D. 不能确定

4. 在（　　）阶段中，干燥速率主要取决于物料本身的结构、形状和大小等性质，而与空气性质的关系很小。

   A. 预热　　　　　　B. 恒速干燥　　　　C. 降速干燥　　　D. 不能确定

5. 流化床干燥器尾气含尘量大的原因是（　　）。

   A. 热风温度低　　　　　　　　　　　B. 风量分布分配不均

   C. 风量大　　　　　　　　　　　　　D. 物流层高度不够

6. 某物料在干燥过程中达到临界含水量后干燥时间过长，为提高干燥速率，下列措施最有效的是（　　）。

   A. 提高气流速速　　　　　　　　　　B. 提高气流温度

   C. 提高物料温度　　　　　　　　　　D. 减小颗粒粒度

7. 下列条件中，影响恒速干燥阶段干燥速率的是（　　）。

   A. 湿物料颗粒大小　　　　　　　　　B. 湿物料的含水量

   C. 干燥介质的流速　　　　　　　　　D. 湿物料的结构

8. 影响干燥速率的主要因素除了湿物料、干燥设备外，还有（　　）。

   A. 干物料　　　　　　B. 平衡水分　　　　C. 干燥介质　　　D. 湿球温度

参考文献

[1] 何灏彦,刘绚艳,禹练英.化工单元操作.3版.北京:化学工业出版社,2020.
[2] 刘红梅.化工单元过程及操作.北京:化学工业出版社,2008.
[3] 刘兵,陈效毅.化工单元操作技术.北京:化学工业出版社,2014.
[4] 佘媛媛,童孟良,刘绚艳.化工单元操作实训.3版.北京:化学工业出版社,2021.